吉安市大气污染物排放与颗粒物来源解析

◎ 方华军 程淑兰 张 强 著

中国农业科学技术出版社

图书在版编目（CIP）数据

吉安市大气污染物排放与颗粒物来源解析 / 方华军，程淑兰，张强著. --北京：中国农业科学技术出版社，2021.10

ISBN 978-7-5116-5533-2

Ⅰ.①吉… Ⅱ.①方… ②程… ③张… Ⅲ.①大气污染物—排污—研究—吉安 ②粒状污染物—污染源—研究—吉安 Ⅳ.①X51

中国版本图书馆 CIP 数据核字（2021）第 204632 号

责任编辑	申　艳
责任校对	贾海霞
责任印制	姜义伟　王思文

出 版 者	中国农业科学技术出版社
	北京市中关村南大街12号　　邮编：100081
电　　话	（010）82106636（编辑室）　（010）82109702（发行部）
	（010）82109709（读者服务部）
传　　真	（010）82106636
网　　址	http://www.castp.cn
经 销 者	各地新华书店
印 刷 者	北京捷迅佳彩印刷有限公司
开　　本	200 mm×260 mm　1/16
印　　张	17.25
字　　数	400千字
版　　次	2021年10月第1版　　2021年10月第1次印刷
定　　价	198.00元

序言

　　大气污染物排放清单是研究大气污染特征、机制和成因，开展环境空气质量数值模拟和预报预警的重要数据基础，也是制定城市及区域大气污染控制措施、开展污染防治工作的重要依据。在空气质量管理过程中，源清单可以对大气污染来源识别与量化，既是开展大气污染研究和控制的起点，也是评估污染控制效果的落脚点。各种来源的污染物在大气中通过复杂的物理和化学反应生成不同形态的大气颗粒物，不仅对人体呼吸系统有直接刺激作用，还会携带细菌、病毒和具有致癌性的化学物质进入人体，造成更为严重的健康危害。此外，由于大气颗粒物很轻，不易沉降，总是飘浮在空中，阳光照射在这些微尘上被吸收或散射，是大气能见度降低的主要原因。由高浓度颗粒物引起的灰霾天气，将对居民生活、人身健康、城市环境等各方面产生严重不利影响。

　　为了全面贯彻落实党的十九大精神，牢固树立和切实践行习近平总书记提出的"绿水青山就是金山银山"理念，2018年国务院印发《打赢蓝天保卫战三年行动计划》，明确了到2020年蓝天保卫战的攻坚目标。污染防治攻坚战作为决胜全面建成小康社会的三大攻坚战之一，要求坚持全民共治、源头防治，持续实施大气污染防治行动，打赢蓝天保卫战。深入推进铁腕治霾、科学治霾、协同治霾，增强科技在大气污染防治科学决策和精准施策中的支撑和引领作用。江西省生态环境厅为坚决打赢蓝天保卫战，加大大气污染防治工作力度，摸清江西省各类大气污染源、各项污染物排放情况，构建准确、完整、更新及时的大气污染源排放清单，全面提升大气环境管理系统化、科学化和精细化水平，结合实际下发了《江西省大气污染源排放清单编制工作方案》（赣环大气函〔2018〕13号），要求各市均开展大气污染物源排放清单编制和源解析工作。

　　吉安市是"红色摇篮"井冈山的所在地，自古耕读文化兴盛，被誉为"江南望郡金庐陵"。近年来，吉安市的城市建设、工业产业迅猛发展，人民生活水平显著提高。但是，在经济快速发展的同时，大气环境污染的压力也日益增大。吉安市的环境空气质量不断恶化，大气污染防治面临严峻的考验，尤其是冬季大气污染日趋严重，已成为吉安市对外开放和经济可持续发展的重要制约因素。为全面贯彻党的十九大精神以及生态环境部和江西省生态环境厅关于大气污染源排放清单编制的工作要求，打赢蓝天保卫战，吉安市的大气污染防治工作需要更加科学、精准、有效的指导。作为江西省唯一的国家生态保护与建设示范区，吉安市更要深入贯彻落实习近平生态文明思想，坚持生态优先、绿色发展，巩固提升吉安市优良生态环境，以更高标准推动打造美丽中国"江西样板"。

基于上述背景，该书结合吉安市大气污染防治面临的问题和挑战，以进一步准确摸清吉安市大气污染物排放情况为目标，结合吉安市的社会经济发展、能源产品消耗、工业结构特征、生活生产水平等实际情况，利用系统化、精细化、本地化的技术方法，建立科学、完善、及时更新的高分辨率大气污染源排放清单，全面提升大气环境治理的系统化、科学化、精细化、信息化水平，为吉安市开展环境空气质量数值模拟和预报预警提供数据基础，为制定城市及区域大气污染控制措施、开展污染防治工作提供技术依据。同时，对吉安市城区大气颗粒物进行质量浓度、化学成分、粒径分布等特征进行联网观测研究，并对典型霾污染过程中颗粒物化学成分和粒径分布特征进行对比分析，从而对吉安市大气颗粒物污染的来源、形成机理、传输机制及其生态效应形成系统而深入的认识。

该研究由江西省吉安市生态环境局委托项目"吉安市大气污染源排放清单编制与颗粒物来源解析"〔JXRC（JA）-2019-CG75〕资助，中科吉安生态环境研究院、中国科学院地理科学与资源研究所、中国科学院大学、西北大学、北京师范大学等合作完成。该书中的大气污染源排放清单数据翔实可靠，编写严谨规范，结果合理可信。采用空气质量模型和源解析受体模型，识别吉安市大气$PM_{2.5}$的主要来源，量化了传输贡献，研究结果对吉安市大气污染防治工作具有重要的指导意义。该书可供从事大气污染研究的科研人员、有关决策者、研究生参考。

中国科学院地理科学与资源研究所所长

2021年8月25日

前言

　　近年来，随着城市建设、工业产业的迅猛发展，吉安市大气环境污染的压力也日益增大，尤其是冬季大气颗粒物污染日趋严重，已成为吉安市对外开放和经济可持续发展的重要制约因素。为贯彻落实《江西省打赢蓝天保卫战三年行动计划（2018—2020年）》，摸清吉安市各类污染源、各项污染物排放情况，使大气污染防治工作更加科学、更加精准，为开展颗粒物来源解析、臭氧污染成因分析、空气质量预警预报、重污染天气应急预案制定及效果评估、污染物总量减排核查核算、空气质量达标规划等工作提供核心基础数据支撑。同时，有必要对吉安市大气颗粒物进行质量浓度、化学成分、粒径分布等特征进行联网观测研究，对典型霾污染过程中颗粒物化学成分和粒径分布特征进行对比分析，从而对吉安市大气颗粒物污染的污染来源、形成机理、传输机制及其生态效应形成系统而深入的认识。

　　本书以2018年为基准年，对吉安市10类污染源排放情况和9类污染物产生源进行全面调查，摸清吉安市大气污染源的排放特征，完成大气污染排放清单的编制，为全市大气污染防治、重污染天气应急管控、网格化管理等环境管理提供决策依据。同时，构建本地化排放因子和源成分谱数据库，全面掌握吉安市主要污染物的排污总量、季节特征、空间特征、行业贡献、污染监测设施状况、减排潜力。在源清单编制的基础上，深入开展资料整理、信息收集和样品采集与分析，基于离线和在线数据，采用源清单、空气质量模型和源解析受体模型，对吉安市开展了大气$PM_{2.5}$源解析工作，识别主要污染源，量化其传输贡献。本书对吉安市$PM_{2.5}$污染状况进行了全面的、多角度的和逻辑清晰的研究分析，结合研究成果和吉安市实际情况，给出了吉安市大气$PM_{2.5}$污染防控减排对策建议，为吉安市大气污染防治提供了有力的科技支撑，对今后吉安市大气污染治理工作有着重要的指导意义。

　　由于时间有限，书中可能存在不足之处，敬请广大读者批评指正。

2021年6月15日

目录

上　篇

吉安市2018年大气污染物排放清单

第一章 编制总则

1.1 工作背景

以习近平新时代中国特色社会主义思想为指导，全面贯彻落实党的十九大精神，牢固树立和切实践行"绿水青山就是金山银山"理念。2018年国务院印发《打赢蓝天保卫战三年行动计划》，明确了到2020年蓝天保卫战的攻坚目标和路线图。污染防治攻坚战作为决胜全面建成小康社会的三大攻坚战之一，要求坚持全民共治、源头防治，持续实施大气污染防治行动，打赢蓝天保卫战。深入推进铁腕治霾、科学治霾、协同治霾，增强科技在大气污染防治科学决策和精准施策中的支撑和引领作用。

大气污染源排放清单是研究大气污染特征、机制和成因，开展环境空气质量数值模拟和预报预警的重要数据基础，也是制定城市及区域大气污染控制措施、开展污染防治工作的重要依据。在整个空气质量管理过程中，源清单可以对大气污染来源进行识别与量化，它既是开展大气污染研究和控制的起点，也是评估污染控制效果的落脚点。

目前的环境统计体系仅覆盖了主要工业和生活源的SO_2、NO_x和烟粉尘排放量，无法支持针对$PM_{2.5}$复合污染的控制决策。基于研究建立的区域排放清单在城市尺度应用时存在口径差异、时空分辨不足、不确定性大等问题；少数城市建立的城市排放清单，在源分类体系、源排放计算方法、活动水平、排放系数获取方法等方面各有不同，质量参差不齐，可比性和推广性不足。至今，大部分城市没有建立科学精细的排放清单，决策者对主要污染物的排放总量、时空分布、行业贡献、减排潜力等信息掌握不足。城市层面无排放清单可用，"底数不清"的状况成为我国城市大气污染防治的瓶颈。

为全面贯彻党的十九大精神以及生态环境部和江西省生态环境厅关于大气污染源排放清单编制的工作要求，打赢全市蓝天保卫战，吉安市的大气污染防治工作需要更加科学、精准、有效的指导。作为江西省唯一的国家生态保护与建设示范区，吉安市更要深入贯彻落实习近平生态文明思想，坚持生态优先、绿色发展，巩固提升吉安市优良生态环境，以更高标准推动打造美丽中国"江西样板"走前列。

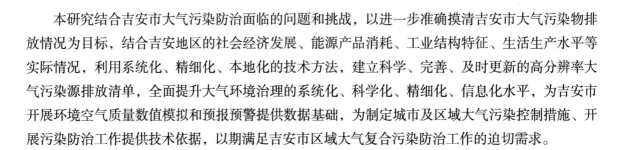

本研究结合吉安市大气污染防治面临的问题和挑战，以进一步准确摸清吉安市大气污染物排放情况为目标，结合吉安地区的社会经济发展、能源产品消耗、工业结构特征、生活生产水平等实际情况，利用系统化、精细化、本地化的技术方法，建立科学、完善、及时更新的高分辨率大气污染源排放清单，全面提升大气环境治理的系统化、科学化、精细化、信息化水平，为吉安市开展环境空气质量数值模拟和预报预警提供数据基础，为制定城市及区域大气污染控制措施、开展污染防治工作提供技术依据，以期满足吉安市区域大气复合污染防治工作的迫切需求。

1.2 工作目标

建立大气污染源排放清单编制工作体系，充分利用现有统计体系和指南推荐排污系数，全面开展化石燃料固定燃烧源、工艺过程源、移动源、扬尘源、溶剂使用源、农业源、生物质燃烧源、储运运输源、废弃物处理源、餐饮油烟源等10类污染源排放情况调查，开展VOCs、$PM_{2.5}$、SO_2等污染物产生源调查，摸清吉安市大气污染源排放特征，完成大气污染源排放清单的编制，为吉安市冬季大气污染防治、重污染天气应急管控、网格化管理等环境管理提供决策依据。

此外，建立科学、完善、更新及时的高分辨率大气污染源排放清单编制工作体系，构建本地化排放因子和源成分谱数据库，在深入开展10类源和9类污染物调查的基础上，全面掌握吉安市主要污染物的排放总量、空间特征、行业贡献、污染监测设施状况和减排潜力。

1.3 编制依据

按照国家生态环境部颁布的"大气污染源排放清单编制技术指南"和贺克斌主编的《城市大气污染物排放清单编制技术手册》（两者以下简称：清单编制技术指南/手册）编制吉安市大气污染源本地化排放清单。污染源分级分类体系、编制技术方法符合清单编制技术指南/手册相关要求，包括化石燃料固定燃烧源、工艺过程源、移动源、扬尘源、溶剂使用源、农业源、生物质燃烧源、储运运输源、废弃物处理源、餐饮油烟源10类污染源，覆盖二氧化硫（SO_2）、氮氧化物（NO_x）、一氧化碳（CO）、挥发性有机物（VOCs）、可吸入颗粒物（PM_{10}）、细颗粒物（$PM_{2.5}$）、黑炭（BC）、有机碳（OC）、氨（NH_3）9种污染物。具体依据以下指导文件：
- "大气污染源排放清单编制技术指南"；
- 《城市大气污染物排放清单编制技术手册》；
- 《大气细颗粒物一次源排放清单编制技术指南（试行）》；
- 《大气可吸入颗粒物一次源排放清单编制技术指南（试行）》；
- 《道路机动车大气污染物排放清单编制技术指南（试行）》；
- 《非道路移动源大气污染物排放清单编制技术指南（试行）》；

- 《生物质燃烧源大气污染物排放清单编制技术指南（试行）》；
- 《大气挥发性有机物源排放清单编制技术指南（试行）》；
- 《大气氨源排放清单编制技术指南（试行）》；
- 《城市扬尘源排放清单编制技术指南（试行）》（征求意见稿）；
- 《民用煤大气污染物排放清单编制技术指南（试行）》。

1.4 编制原则

此次大气污染物排放清单编制需做到基于统一标准数据来源，大气污染源涵盖完整，通过规范科学的污染排放量核算，建立高时空分辨率的排放清单。此次编制过程遵循以下原则。

1.4.1 分类指导原则

依据吉安市现有的行业和产品分类，充分考虑当前各个行业不同工艺水平和污染控制技术带来的排放特征差异，进行深层次划分，使各类污染物排放源尽可能涵盖潜在的、可能带来排放的活动部门。

1.4.2 因地制宜原则

本次工作多数污染源类别采用《城市大气污染物排放清单编制技术手册》推荐的排放因子，少数采用了本地化的排放因子。为了力求本次排放清单的准确性，在活动水平的收集、整理、核实过程中要因地制宜，根据吉安市污染特征、气候条件、经济发展水平、环境管理需求等实际出发，结合指南，对各污染源活动水平进行调研。

1.4.3 全面性原则

本次源清单涉及10种污染源和9种污染物，污染源类别众多，而且污染源涉及的子类更多。在数据调查过程中，要充分利用现有的环统和监测数据，以及全省挥发性有机物（VOCs）排放摸底调查、燃煤锅炉与"小散乱污"企业排查等有关成果，尽可能全面地涵盖所有已知的、潜在的、可能带来污染物排放的活动部门或污染源子类。

1.4.4 统一性原则

针对不同的大气污染物采用同样的污染源分类方法，能够更好地开展同一污染源在相同时空范围内不同污染物排放水平的对比，便于更好地展示最终的污染源排放清单；同时，这也使不同地域的污染源排放清单能够进行相互对比，便于数据的交流和清单的校验。

第二章 编制范围与对象

2.1 基准年

以2018年为基准年，结合污染源普查数据、排污许可数据、固定污染源排口在线监测数据等基础信息，在对大气污染源进行全面调查、摸排的基础上，基于生态环境部已经发布的清单编制技术指南提供的技术方法，建立2018年吉安市大气污染物排放清单。

2.2 清单覆盖范围

吉安市辖区范围13个县（市、区）。

2.2.1 自然地理状况

吉安市位于江西省中部（图2-1），赣江中游，西接湖南省，南揽罗霄山脉中段，据富饶的吉泰平原，是江西建制最早的古郡之一，是赣文化发源地之一。吉安市地势上，属罗霄山脉中段，扼湖南、江西两省咽喉通道。境内有自北向南纵贯的京九铁路、105国道和由东向西的319国道，大广高速和泉毕高速成十字形贯穿全境，是连接北京、西南、华南、港澳地区的天然纽带；上可溯赣江沟通闽粤，下可泛鄱阳湖与长江相连，顺抵长江下游发达省市，在江西省地理上占有特殊位置。

吉安市地理位置位于北纬25°59′~27°58′，东经113°46′~115°56′，全市长约218 km，东西宽约208 km，总面积为25 271 km²。

吉安市地形以山地、丘陵为主，东、南、西三面环山。境内溪流河川、水系网络似叶脉，赣江自南而北贯穿其间，将吉安市切割为东西两大部分。地势由边缘山地到赣江河谷，徐徐倾斜，逐级降低，往北东方向逐渐平坦。北为赣抚平原，中间为吉泰平原。

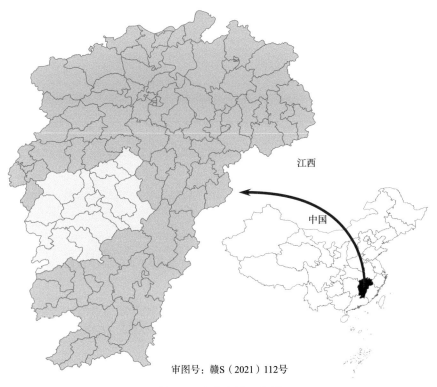

审图号：赣S（2021）112号

图2-1 吉安市地理位置

吉安市属山地丘陵盆地地貌，分中山、低山、高丘、低丘、岗阜台地、河谷平原、盆谷地7类，中山为海拔1 000～2 000 m的山地，面积约1 920 km²，占总面积的7.59%。低山为海拔500～1 000 m的山地，面积约为5 352 km²，占总面积的21.17%，沿吉泰盆地的四周分布，形成"盆缘"。高丘海拔为200～500 m，面积约4 515 km²，占总面积的17.86%，广泛分布在境内中部地带，多与低山相接或镶嵌。低丘为海拔100～200 m的山地，面积约为7 052 km²，占总面积的27.89%，是境内面积最大的一种地貌类型。岗阜台地为海拔50～100 m的山地，岗阜台地包括低丘向河谷延伸部分的岗地和由河流流水冲积物堆积而成的洪积、冲积台地（河谷阶地）两大部分，面积约1 905 km²，占总面积的7.53%，均沿赣江及主要支流两岸呈带状分布（图2-2）。河谷平原分为干流谷地和溪流谷地两大类，面积约4 388 km²，占总面积的17.37%。吉泰平原为吉安市最大的平原，也是吉安市自然条件最好、经济最发达的吉泰走廊所在地。盆谷地系指印支运动以来的继承复合性断陷盆谷地，四周为低山、高丘所包围，盆地呈圆形，周围小溪汇入盆地，形成辐射状水系，面积约150 km²，占总面积的0.59%。

吉安市属亚热带季风性湿润气候区，具有冬春阴冷、夏热秋燥、初夏多雨、伏秋干旱、云系多、光照少、无霜期长等特点（图2-3）。热量资源丰富，但冷热差异较大；雨水充沛，但丰而不衡；光照虽少，但光热同季，光能潜力大；山地垂直气候多样，适宜高温作物栽培，有利于作物安全越冬，有发展农、林、牧各业大农业的气候优势，但又伴有旱、涝、风冷等自然灾害。

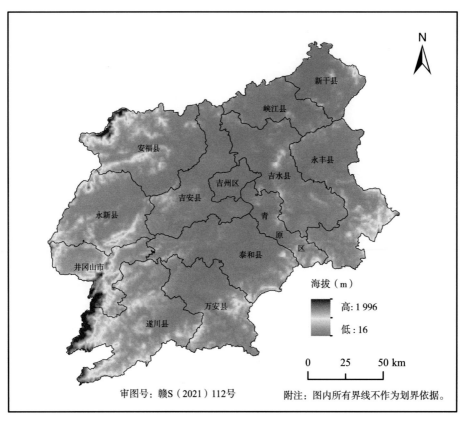

图2-2 吉安市地形地貌图

全市多年平均气温为17.1~18.6℃，高温区出现在遂川、泰和、万安三县，夏秋时节扩大到吉安、吉水、永新三县；低温区冬季出现在北部，其他季节出现在与湖南接壤的西部山区，年平均地气温南北和东西均差0.9℃。吉安市年均降水量约1519mm。

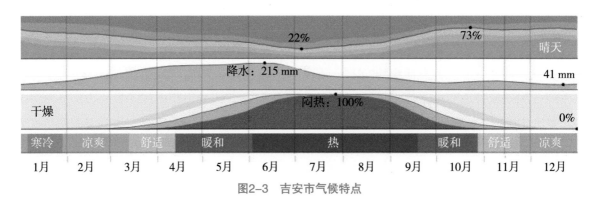

图2-3 吉安市气候特点

2.2.2 社会经济状况

吉安市现辖2区（吉州区、青原区）1市（井冈山市）10县（吉安县、泰和县、万安县、遂川县、永新县、永丰县、吉水县、峡江县、安福县、新干县），吉安市行政区划如图2-4所示。

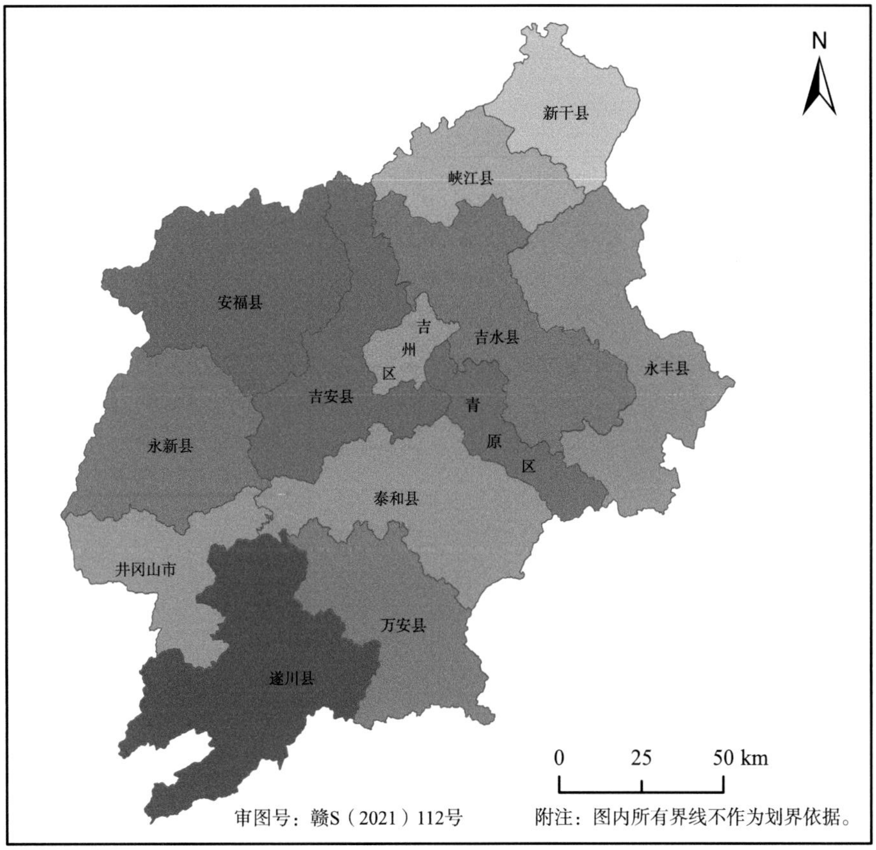

审图号：赣S（2021）112号　　　　附注：图内所有界线不作为划界依据。

图2-4　吉安市行政区划

吉安市行政区划与面积见表2-1。

表2-1　吉安市行政区划与面积

县（市、区）	镇（个）	社区（个）	行政村（个）	面积（km²）
吉州区	4	54	77	424.49
青原区	6	22	106	916.31
吉安县	13	32	312	2 122.16
吉水县	15	29	249	2 506.33
峡江县	6	7	85	1 297.75
新干县	7	25	134	1 244.90
永丰县	8	17	216	2 710.28
泰和县	16	31	291	2 660.15
遂川县	12	27	309	3 100.94

（续表）

县（市、区）	镇（个）	社区（个）	行政村（个）	面积（km²）
万安县	9	19	132	2 038.15
安福县	7	18	256	2 793.29
永新县	10	24	238	2 180.96
井冈山市	7	19	106	1 288.11
总计	120	323	2 511	25 283.80

2018年年底吉安市总人口495.66万人，比上年年末增加1.46万人。人口出生率13.76‰，较上一年增加0.21个千分点；死亡率5.98‰，较上一年下降0.01个千分点；人口自然增长率为7.78‰，比上年下降0.21‰。2018年全市城镇人口260.48万人，农村人口235.49万人，城镇化率达到52.52%，较2017年提高1.58个百分点。城镇居民人均可支配收入34 692元，农村居民人均可支配收入13 820元，2013—2018年吉安市城镇居民和农村居民人均可支配收入变化情况见图2-5。

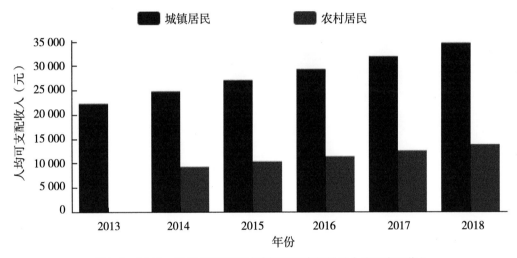

图2-5　2013—2018年吉安市城镇居民和农村居民人均可支配收入

2018年，吉安市地区生产总值为1 742.23亿元，按可比价格计算，比上年增长8.9%。其中，第一产业为207.99亿元，增长3.7%，第二产业为790.05亿元，增长8.9%，第三产业为744.19亿元，增长11.1%，人均生产总值为35 202万元，增长8.5%。吉安市三产比重由2017年的14.9∶44.5∶40.6变为2018年的11.9∶45.4∶42.7，第二产业经济占全市经济比重大，且2018年较2017年有所上升。

吉安市南北向有京九铁路、大广高速、105国道、220国道、238国道、赣江航道，东西向有沟通京九、京广两条铁路大动脉的衡茶吉铁路、泉南高速、319国道、322国道、356国道。吉安市道路交通状况见图2-6。

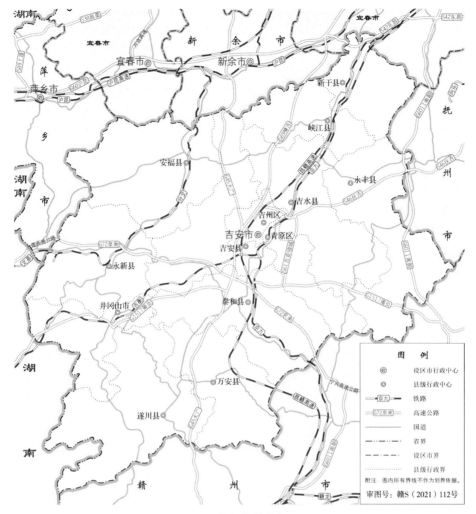

图2-6　吉安市道路交通图

截至2018年年底，公路通车里程2.317万km（含村道）。公路密度达到0.98 km/km²。2018年，公路客运量4 382万人，比上年下降6.1%；公路旅客周转量比上年下降5.9%；公路货物周转量较上年增长9.6%。

民用航空开通了吉安市至北京、上海、杭州、深圳、西安等12条国内航线。2018年旅客运输量65.8万人，同比增长4.9%；货运量2 534.9 t，较上年增长14.2%；飞机起降总架次21 390架次，增长69.7%；有航线架次为6 990架次，较上年增长11.6%。

2018年全市粮食产量424.09万t，比上年增加0.4万t，增长0.1%；油料产量16.98万t，增长1.6%；水果产量59.89万t，增长4.4%；水产品产量22.19万t，增长3.3%；生猪出栏431.12万头，下降3.5%，年末生猪存栏205.83万头，下降8.7%；出笼家禽9 084.02万羽，增长5.3%，年末家禽存笼3 078.22万羽，增长3.5%；出售和自宰肉用牛41.38万头，增长0.8%，年末牛存栏70.39万头，增长0.8%。

全年全市实现农林牧渔业总产值382.80亿元，增长3.8%。年末全市共有214个乡镇，乡村劳动力资源总数为238.52万人，乡村从业人员为205.45万人，外出（离乡）的从业人员为107.75万人，其中出省从业的为76.09万人。

2.2.3 能源消费状况

2018年吉安能源消费总量为508.54万t标准煤，比上年增长3.8%，万元GDP能耗（按2015年可比价）为0.294 3 t标准煤，比上年下降4.7%。其中，万元规模工业增加值能耗为0.472 3 t标准煤，比上年下降9.5%。2018年1—12月吉安市工业用电量为67.61亿kWh，增长9.14%，列全省第四，其中制造业用电量为41.15亿kWh，增长12.92%，列全省第六。2018年，用气总量首次破亿，达1.05亿m³，较2017年度增长2 821万m³，同比增幅为36.7%。工业用气、居民用气和工商服务业用气均实现了用气量和用气户数双增长。工业用气量达5 868.22万m³，有178家工业用户，较2017年度用气量增长1 415.23万m³，用户增加74家，同比分别增长31.8%、71.1%。居民用气量达2 184.23万m³，有204 300家居民用户，较2017年度用气量增长448.47万m³，用户增加26 456家，同比分别增长25.8%、14.9%。工商服务业用气量达1 827万m³，有2 321家用户，较2017年度用气量增长336万m³，用户增加464家，同比分别增长22.5%、25.0%。

2.2.4 生态环境现状

吉安市完成人工造林22.55万亩（1亩≈667 m²），建设国储林39.1万亩，湿地保护率升至52.4%。林业总产值突破460亿元，稳居全省第二，林业规模和质量效益不断提升。全市森林覆盖率稳定在67.4%以上。在林业用地中，林地（森林）面积147.99万hm²，占林业用地面积的84.3%，全市森林覆盖率为67.61%，活立木蓄积量为8 238万m³。2018年江西省河长制、湖长制工作考核结果，全省设区市中，吉安市排名第二。峡江县、青原区、井冈山市排名全省前十位；全省林长制工作考核结果，吉安市排名第二，为优秀设区市。

吉安市全市森林覆盖率高达67.61%，建成区绿化覆盖率45.75%，绿地率41.15%，人均公共绿地面积16.97 m²。

从生态学角度看，吉安市伏秋旱对农业生产影响较大，沿江地区易受洪涝灾害威胁，其生态敏感性主要体现在水环境污染和土壤侵蚀中度敏感，酸雨和地质灾害轻度敏感，易受伏秋旱、洪涝威胁等方面。未来应采取的措施建议：切实保护森林植被，加大水土保持生态修复力度；综合治理各类污染，确保水质安全；加大农田水利建设力度，提高单位面积产量和复种指数；积极创建吉安生态市，优先建设大乌山-老营盘山区生态功能保护区。

2.2.5 空气质量现状

2018年江西省各设区市环境空气质量综合指数排序见图2-7。由图2-7可知，2018年吉安市环境空气质量较好，全省排名第4，综合指数3.81。

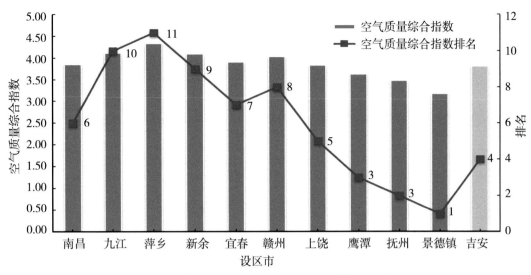

图2-7 2018年江西省各设区市环境空气质量综合指数排序

2015—2018年江西省11个设区市空气质量综合指数和排名如表2-2所示。

表2-2 2015—2018年江西省11个设区市空气质量综合指数和排名

设区市	空气质量综合指数				空气质量综合指数排名			
	2015	2016	2017	2018	2015	2016	2017	2018
南昌	4.561	4.713	4.660	3.847	8	8	7	6
九江	4.912	4.741	4.597	4.110	10	9	4	10
萍乡	5.358	5.311	4.937	4.328	11	11	11	11
新余	4.399	4.703	4.802	4.088	6	7	9	9
宜春	4.058	4.903	4.636	3.905	3	10	5	7
赣州	4.326	4.540	4.770	4.025	5	5	8	8
上饶	4.698	4.667	4.847	3.829	9	6	10	5
鹰潭	4.427	4.291	4.247	3.619	7	3	3	3
抚州	4.111	4.046	4.085	3.470	4	2	2	2
景德镇	3.916	3.829	3.863	3.172	1	1	1	1
吉安	3.977	4.313	4.658	3.810	2	4	6	4

吉安市13个县（市、区）2018年环境空气质量状况见图2-8，监测数据见表2-3。

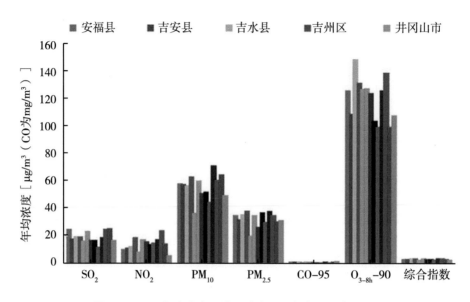

图2-8　2018年吉安市13个县（市、区）主要污染物状况

2018年各县（市、区）SO_2的年均浓度最高为26 μg/m³，NO_2的年均浓度最高为24 μg/m³，两项指标均达到了《环境空气质量标准》（GB 3095—2012）二级标准（SO_2年均浓度：60 μg/m³，NO_2年均浓度：40 μg/m³）的要求。各县（市、区）PM_{10}的年均浓度为37～71 μg/m³，仅峡江县（71 μg/m³）未达到二级标准（70 μg/m³）的要求。各县（市、区）$PM_{2.5}$的年均浓度为20～39 μg/m³，吉水县、泰和县、峡江县、吉州区未达到二级标准（35 μg/m³）的要求，其余县（市、区）均已达到二级标准的要求。

新干县是污染物排放浓度最高的区域，环境空气质量综合指数为全市最高（4.03）。新干县的SO_2、NO_2、PM_{10}和臭氧（O_3）等4项主要指标年均浓度在全市13个县（市、区）中排名靠后，$PM_{2.5}$年均浓度为35 μg/m³，刚刚达到《环境空气质量标准》（GB 3095—2012）中二级标准的要求；井冈山市环境空气质量综合指数为全市最低2.72，各项指标的年均浓度均低于《环境空气质量标准》（GB 3095—2012）中的二级标准。

2.3　污染物类别

本研究污染物类别涵盖SO_2、NO_x、CO、VOCs、NH_3等5种气态污染物和PM_{10}、$PM_{2.5}$、BC、OC共9种污染物。

表2-3　2018年吉安市13个县（市、区）环境空气质量监测数据

县（市、区）名称	SO₂均值（μg/m³）	NO₂均值（μg/m³）	PM₁₀均值（μg/m³）	PM₂.₅均值（μg/m³）	CO-95（mg/m³）	O₃₋₈ₕ-90（μg/m³）	空气质量综合指数
安福县	25	11	58	35	1.4	126	3.66
吉安县	18	12	58	32	1.5	109	3.39
吉水县	19	12	57	36	1.2	149	3.69
吉州区	19	19	63	39	1.0	132	3.87
井冈山市	17	9	37	20	1.3	128	2.72
青原区	24	17	60	35	1.5	128	3.86
遂川县	17	16	51	26	1.0	124	3.20
泰和县	17	14	52	37	1.0	104	3.34
万安县	12	15	45	30	0.9	100	2.91
峡江县	19	18	71	38	1.3	126	3.99
新干县	25	24	61	35	1.1	139	4.03
永丰县	26	15	65	31	1.6	100	3.62
永新县	17	6	50	32	1.7	108	3.14

2.4　污染源类别

按照清单编制技术指南/手册要求，将吉安市行政区内的人为大气污染源分为10大类。

2.4.1　化石燃料固定燃烧源

包括电力行业、工业锅炉和集中供暖锅炉（主要包括宾馆、浴室和餐饮等），锅炉类型涵盖质检部门特种设备目录范围内工业及生活锅炉等。

2.4.2　工艺过程源

污染源普查、环境统计中所有涉及大气污染物排放的企业以及未纳入上述范围的重污染行业（水泥制造，砖瓦、石材等建筑材料制造，造纸和纸制品业，陶瓷制品制造，化学原料和化学制品，黑色金属冶炼和压延加工业，有色金属冶炼和压延加工业，计算机、通信和其他电子设备制造业等）的所有企业，包括工艺过程中各类炉窑。

2.4.3　移动源

包括道路机动车、船舶、铁路内燃机、工程机械、农业机械、建筑机械等非道路机械。

2.4.4　溶剂使用源

包括包装印刷和工业涂装等工业企业，还包括沥青、建筑涂料、干洗、汽修、家用溶剂、农药使用等非工业有机溶剂源。

2.4.5　农业源

包括畜禽养殖、氮肥施用、土壤本底、秸秆堆肥、人体排放等，其中畜禽规模养殖场参照《畜禽规模养殖污染防治条例》执行，规模以下养殖场按面积统计总量。

2.4.6　扬尘源

包括土壤扬尘、道路扬尘、施工扬尘、堆场扬尘（指港口、码头、车站及相关企业货场中物料堆放）等。

2.4.7　生物质燃烧源

包括生物质露天焚烧、生物质锅炉和农村农户用生物质燃料燃烧。

2.4.8　油气储运源

包括各类加油站、油库以及涉及有机溶剂储存和运输的企业。

2.4.9　废弃物处理源

包括污水处理厂、垃圾处理厂（场）、垃圾焚烧厂、危险废物及医疗废物处置厂，及钢铁、水泥、火电等企业烟气脱硝过程。

2.4.10　其他污染源

上述几大类中未包含的污染源，主要为餐饮油烟。

各类污染源调查内容按调查表要求进行，基于污染源分类的排放清单编制方法见图2-9。

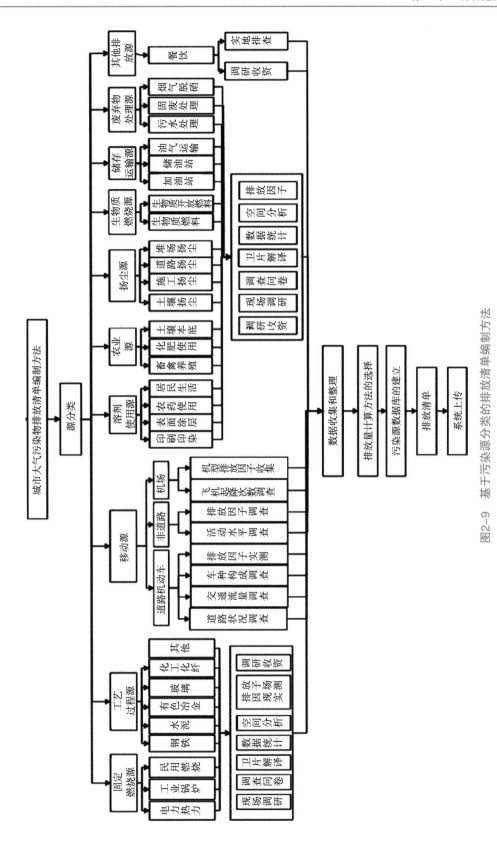

图2-9 基于污染源分类的排放清单编制方法

第三章　工作内容和编制方法

3.1　编制技术路线

此次吉安市大气污染物排放清单编制工作的技术路线见图3-1。

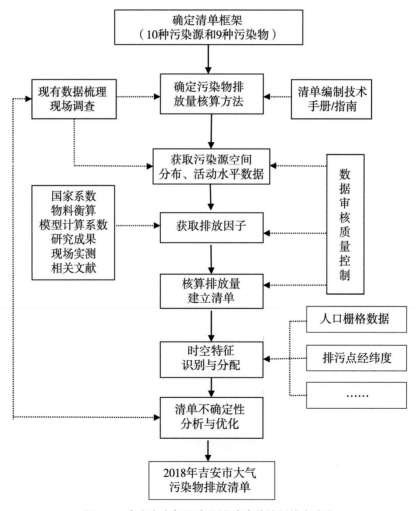

图3-1　吉安市大气污染物排放清单编制技术路线

3.2 大气污染源识别与分类

大气污染物排放清单建立的一个重要前提和关键问题，是要有一个统一、规范的污染源分类体系，只有在科学合理的源分类体系基础上，清单结果才能可靠、全面、科学、可利用，最终起到指导污染源研究的作用。虽然目前国内外研究学者和机构均对污染源分类体系进行了一定的研究，但由于现有分类方法较为混杂，加之江西省大气污染物污染源具有多样性、复杂性和分散性等特点，现有分类方法无法很好地体现该区域的排放特点，可能导致重要污染源的遗漏或者重复，影响污染物排放清单的质量和可靠性，更难以满足空气质量模型和环境管理部门的需求。因此，本清单编制根据吉安市大气污染源排放特征，结合国民经济行业分类特点，充分考虑活动水平数据获取的途径与可能性，以及空气质量模型对污染源分类的要求，尝试建立起一套统一、完整、规范且适用于实际情况的区域大气污染源分类体系，以保证区域大气污染源排放清单开发的质量与可比性，满足后续研究需求。

3.2.1 污染源分类体系建立原则与方法

根据编制指南，分析吉安市大气污染源特征，识别污染源类别，建立精细化的本地污染源分类体系。

3.2.1.1 分类原则

鉴于吉安市不同县（市、区）间存在经济发展水平、产业结构、能源消费结构等方面的差异，以及综合污染源构成、排放特征、控制技术水平的差异，为满足污染源排放清单的编制与应用需求，污染源分类体系的建立应满足全面性、统一性、主次分明、合理性、可行性和满足模型需求等原则，做到既尽可能地涵盖已知的、可能的排放活动，同时也兼顾效率，在合理考虑吉安市各县（市、区）经济社会发展水平、产业结构等关键因素的前提下，分主次对污染源进行细分与合并，使该分类体系具有实际可操作性，也能充分满足空气质量模型的使用需求。

（1）全面性　大气污染源涉及的子类众多，污染源分类体系尽可能全面地涵盖所有已知的、潜在的可能带来污染物排放的活动部门或污染源。为了保证污染源分类的全面性和科学性，分类最基本的思路和最重要的原则是以我国国民经济行业分类以及产品统计目录为依据，结合污染源相关统计数据的统计口径等来构建全面、规范、系统、普遍使用的污染源分类体系。

（2）统一性　针对不同的大气污染物采用同样的污染源分类方法，能够更好地开展同一污染源在相同时空范围内不同污染物排放水平的对比，便于更好地展示最终的污染源排放清单；同时也使不同地域的污染源排放清单能够进行相互对比，便于数据的交流和清单的校验。

（3）主次分明　大气污染源分类应遵循主次分明的原则，即对于排放贡献较大且因不同技术工艺而产生较大排放特征差异的污染源，应该多层次体现导致排放差异的因素，进而对污染源进行进一步的细分。对于排放贡献较小或在现有条件下很难进行区分的污染源，为使清单研究和编制工作能够进行有效、顺利的开展，可将污染源合并为一个基本排放单位。

（4）合理性　大气污染源分类体系的合理与否直接影响到后期污染源排放清单的建立和应用，甚至关系到污染物排放控制措施的制定和实施，因此在构建源分类体系时，应充分考虑社会经济发展水平、产业结构特点以及各级政府行政部门职能的划分特点等，以便客观、准确地反映污染物的排放特征，并为政府管理部门制定和实施高效可行的污染控制策略提供科学合理的决策依据。

（5）可行性　大气污染源分类体系必须建立在活动水平可获取的基础上。一般来说，我国污染源排放清单开发所采用的活动数据大多来源于政府部门、统计年鉴、行业协会公布的统计数据和实际调研结果，因此清单开发所需的污染源活动数据类别应该与我国目前已有的行业或产品分类相一致，才能快速有效地获取可靠的活动水平信息。另外，污染源分类体系还需考虑排放因子的可选择范围和可获取性。目前大部分所需的排放因子均是参考已有的国内外研究成果，故污染源分类要遵循能够获取代表当地污染源排放水平、污染控制措施效果等信息的原则。

（6）满足模式需求　大气污染源排放清单建立的目的主要是提供能满足利用区域空气质量模型模拟大气污染过程和预报预警所需的清单数据。为了方便对污染源排放清单进行时空分配及化学物种分配，同一个分类体系下的污染源必须拥有相似的空间特征、时间特征和化学物种组分特征，从而满足区域空气质量模型模拟的需求。

3.2.1.2　分类方法

根据《城市大气污染物排放清单编制技术手册》，我国大气污染源分为化石燃料固定燃烧源、工艺过程源、移动源、溶剂使用源、农业源、扬尘源、生物质燃烧源、储存运输源、废弃物处理源和其他污染源等10大类。

针对污染物产生机理和排放特征的差异，按照部门/行业、燃料/产品、燃烧/工艺技术以及末端控制技术将每类污染源分为四级，自第一级至第四级逐级建立完整的污染源分类分级体系。第三级污染源重点识别排放量大、受燃烧/工艺技术影响显著的重点污染源。对于排放量受燃烧/工艺技术影响不大的燃料和产品，第三级层面不再细分，在第二级下直接建立第四级分类。

3.2.2　吉安市大气污染源分类体系

基于以上原则和方法，构建吉安市大气污染源分类体系，化石燃料固定燃烧源、工艺过程源、移动源、溶剂使用源、农业源、扬尘源、生物质燃烧源、储存运输源、废弃物处理源和其他污染源等10个一级大类，见表3-1，吉安市大气污染源二级、三级和四级分类见表3-2。

表3-1　污染源的一级分类

名称	定义描述
化石燃料固定燃烧源	利用煤炭、石油和天然气等化石燃料燃烧时产生的热能和水蒸气，为发电、工业生产和居民生活、公益事业、商业等活动提供热能和动力的能源供应行为
工艺过程源	工业生产过程中，原料发生物理或化学变化的同时，可能向大气排放污染物的工业行为，如原料加工、燃烧、加热、冷却过程
移动源	指由发动机牵引、能够移动的各种客运、货运交通设施和机械设备
溶剂使用源	指生产、使用有机溶剂的工业生产和生活部门
农业源	在农业生产和畜牧业养殖过程中排放大气污染物的各种活动和行为
扬尘源	道路、施工或地面松散颗粒物质在自然力或人力作用下进入环境空气中形成的一定粒径范围的空气颗粒而对大气造成污染的行为
生物质燃烧源	指锅炉、炉具等使用未经过改性加工的生物质材料的燃烧过程，以及森林、草原火灾、秸秆露天焚烧等
储存运输源	挥发性油气产品被收集、储存、运输和销售的过程
废弃物处理源	由工业和生活部门产生，进入集中处理处置设施内的废水、固体废弃物以及烟气脱硝过程副产品
其他污染源	上述源分类未涵盖的大气污染物污染源集合

表3-2　吉安市大气污染源分类体系

部门	行业	二级分类	三级分类	四级分类
化石燃料固定燃烧源	电力	煤炭、各种气体和液体燃料等化石燃料	锅炉和炉灶等燃烧设备	除尘、脱硫和脱硝污染控制措施和无控制措施
	工业锅炉			
	民用源			
工艺过程源	玻璃	行业主要产品，如水泥、砖瓦、陶瓷等	主要生产工艺和技术设备，如新型干法、粉磨等	除尘、脱硫和脱硝污染控制措施和无控制措施
	水泥			
	金属制品			
	化工			
	其他			

部门	行业	二级分类	三级分类	四级分类
移动源	道路移动源	微、小、中、大型载客：汽油、柴油、其他	国一前、国一、国二、国三、国四、国五和国六	按无控情况处理
		微、轻、中、重型载货：汽油、柴油、其他		
		普通、轻便摩托车：汽油		
		三轮汽车：柴油		
		低速货车：柴油		
	非道路移动源	拖拉机、联合收割机、排灌机械等		
		挖掘机、推土机、装载机、叉车等		
溶剂使用源	印刷印染	杀虫剂、除草剂、杀菌剂使用及建筑涂料、汽车喷涂和表面涂装等溶剂使用过程	传统/新型油墨	按无控情况处理
	表面涂层		水性涂料、溶剂涂料等涂料类型	
	农药使用			
	其他溶剂使用			
	建筑涂料			
农业源	畜禽养殖	化肥、畜禽、固氮植物和秸秆等	散养/集约化养殖和放牧	按无控情况处理
	氮肥施用		—	
	土壤本底			
	固氮植物			
	秸秆堆肥			
	人体粪便			
扬尘源	道路扬尘	农田、荒地、道路、施工工地和料堆等扬尘排放表面	涵盖各种土壤、道路和施工过程	包括洒水、清扫、喷洒抑尘剂等城市扬尘源治理措施
	施工扬尘			
	土壤扬尘			
	堆场扬尘			
生物质燃烧源	生物质燃料	秸秆、薪柴、生物质成型燃料	生物质锅炉、户用炉具和开放燃烧等燃烧方式	生物质锅炉：除尘、脱硫和脱硝，其他均按无控措施处理
	生物质开放燃烧	草原、森林等		
储存运输源	油气储存	汽油、柴油等储存、运输以及加油站销售过程	—	一次以及二次油气回收和无油气回收的情况
	油气运输			
	油气销售			

（续表）

部门	行业	二级分类	三级分类	四级分类
废弃物处理源	污水处理	废水	—	按无控情况处理
	固体废弃物处理	固体废弃物	固废填埋/堆肥/焚烧	
	烟气脱硝	脱硝烟气	选择性催化还原法和选择性非催化还原法	
其他污染源	生活餐饮源	炊事油烟	—	油烟净化器和无控制措施情况

3.3 排放清单编制方法

区域污染源排放清单由于污染源种类复杂、活动水平数据收集困难及污染源排放特征研究的缺乏，很难用单一的方法与手段来建立。一般采用"自下而上""自上而下"相结合的方法，综合运用物料衡算、排放因子、专家判断、模型计算、经验系数等方法。

"自下而上"指的是通过估算每一个企业个体的排放量，再汇总得到每一个城市的排放量。这种方法更多应用于有详细活动水平信息的污染源，如电厂、能源工业燃烧以及部分行业的工业过程排放等。"自上而下"通常指的是利用市级的活动水平数据及平均排放因子估算出各市的污染物总量，再结合相关代用空间权重参数进一步获得个体网格区域的污染物排放。这种方法多应用于较为分散的面源以及线源等，通常较难获取这些污染源活动水平数据，仅能获得其市一级水平信息。

物料衡算法是根据物质质量守恒定律，对生产过程中使用的物料变化情况进行定量分析的一种方法。在清单估算中，物料衡算法通常用于估算燃料燃烧的SO_2排放，其基本计算公式如下：

$$E = \sum_{i=1}^{n} C_k W_{i,k} S_{i,k} (1 - \eta_i) \qquad （3-1）$$

其中，E为SO_2排放总量；i为第i个企业；n为企业数量；k为燃料类型；C_k为燃料系数，当k为燃煤时，$C_k=16$，当k为燃油时，$C_k=20$；W为燃料的消耗量；S为燃料的含硫率；η为企业控制措施的去除效率。

排放因子法是将污染源按照经济部门、技术特征等划分为若干个基本排放单元，并为每个单元获取活动水平信息和包含了控制减排效应的排放因子信息，以计算出污染物的排放量。其中，排放因子指的是在当前的经济、技术和管理条件下，单位活动水平信息与产生的污染物间的量比关系。该方法的基本计算公式如下：

$$E_i = \sum_p A_p \times EF_{pi} \qquad\qquad （3-2）$$

其中，E 为某一污染物的年排放量；i、p 分别为污染物种类及污染源类别；A 为活动水平数据；EF 为相应的排放因子。针对不同污染源，活动水平特指的数据类型不同，如电厂、其他工业锅炉燃烧的活动水平为燃料消耗量，工艺过程排放的活动水平指的是工业产品产量或原辅材料用量。

3.4 排放因子和活动水平数据的确定与获取

3.4.1 化石燃料固定燃烧源

化石燃料固定燃烧源是指利用煤炭、石油和天然气等燃料燃烧时产生的热能和水蒸气，为发电、工业生产和居民生活、公益事业、商业等活动提供热能和动力的能源供应行为。化石燃料固定燃烧源的污染物排放与能源使用部门密切相关，主要污染源包括电厂、供热、工业燃烧和民用燃烧等，它们向大气排放 SO_2、NO_x、VOCs、NH_3、PM_{10}、$PM_{2.5}$、BC、OC、CO 等常规污染物。

3.4.1.1 电力行业

包括各类火力发电企业、含热电厂和企业自备电厂。以机组为单位，按点源处理，机组基本信息来源于吉安市电力行业调研结果。其估算方法及活动水平、排放因子等参数确定及数据来源见表3-3。

表3-3 电力行业排放估算方法及所需参数

污染物	估算方法	估算公式	所需参数	数据来源
SO_2	物料衡算法	$E = S \times A \times C \times (1-\eta_{SO_2}) \times 10^{-3}$ E：SO_2 排放量，t	S：机组发电煤炭平均含硫率	调研数据；污染源普查数据
			A：机组发电煤炭消耗量，t	
			C：SO_2 释放系数，燃煤机组取1.7，燃油机组取2.0	—
			η_{SO_2}：机组的综合脱硫效率	调研数据；污染源普查数据

污染物	估算方法	估算公式	所需参数	数据来源
NO$_x$ VOCs PM$_{2.5}$ PM$_{10}$ BC OC CO	排放因子法	$E_i = \sum A_k \times EF_{i,k,m} \times (1-\eta) \times 10^{-3}$ $EF_{PM_{10}/PM_{2.5}} = 10 \times Aar \times (1-ar) \times f_{PM_{10}/PM_{2.5}}$ E_i: 污染物排放总量，t i: 污染物种类 k: 燃料类别 m: 燃烧技术类型	A_k: 电力机组对应的燃料消耗量，t	调研数据；污染源普查数据
			$EF_{i,k,m}$: 排放因子，g/kg	EF_{NOx}: "十二五"主要污染物总量减排核算细则 $EF_{PM_{10}/PM_{2.5}}$: 根据清单编制技术指南/手册中排放因子计算公式得到 EF_{VOCs}、EF_{NH_3}: 清单编制技术指南/手册
			Aar: 平均燃煤收到基灰分，%	调研数据；污染源普查数据
			ar: 灰分进入底灰的比例	调研得到的污染控制技术结合清单编制技术指南/手册
			$f_{PM_{10}/PM_{2.5}}$: 污染源产生的总颗粒物中PM$_{10}$/PM$_{2.5}$所占比例	

3.4.1.2 工业锅炉

包括使用工业锅炉的各类工业企业。以企业为单位，基本信息来源于吉安市实地调研数据和污染源普查数据。锅炉脱硫除尘方法通过调研获取。工业锅炉排放的SO$_2$、NO$_x$、VOCs、PM$_{2.5}$、PM$_{10}$、BC、OC和CO计算方法同电力行业，其中NO$_x$按照直排计算，具体参数及数据来源见表3-4。

表3-4 工业锅炉排放估算方法及所需参数

污染物	估算方法	所需参数		数据来源
SO$_2$	物料衡算法	燃料消耗量		调研数据，结合污染源普查数据
		燃料平均含硫率		
		综合脱硫效率		
NO$_x$ VOCs PM$_{2.5}$ PM$_{10}$ BC OC CO	排放因子法	活动水平	燃料消耗量	调研数据，结合污染源普查数据
		排放因子	EF_i，排放因子	根据清单编制技术指南/手册中排放因子计算公式得到
		控制技术	污染物控制效率	调研得到的污染控制技术，结合清单编制技术指南/手册

3.4.1.3 民用源

包括商业、城市居民、农村居民使用的各种固定燃烧设施。以县为单位，生活燃煤量通过吉安市统计数据，结合生活民用散煤调研数据获得，生活民用源产生的SO_2、NO_x、VOCs、$PM_{2.5}$、PM_{10}、BC、OC和CO等多种气态污染物和颗粒物排放量均采用基于活动水平数据的排放因子法进行估算，各项污染物均按照直排计算（表3-5）。

表3-5　民用源排放估算方法及所需参数

污染物	估算方法	所需参数		数据来源
SO_2 NO_x VOCs $PM_{2.5}$ PM_{10} BC OC	基于活动水平数据的排放因子法	活动水平	以县为单位的生活燃煤量和生活燃气量	吉安市生活民用能源调研数据
		排放因子	EF_i，排放因子	清单编制技术指南/手册
		控制技术	污染物控制效率	按直排进行计算

3.4.2 工艺过程源

工艺过程源是指工业生产和加工过程中，以对工业原料进行物理和化学转化为目的的工业活动，包括所有在工业生产过程中，由于原料发生物理或化学变化，如原料加工、燃烧、加热、冷却过程而向大气排放污染物的工业行为。主要包括建材、化工、有色冶金等行业。既有生产过程中由于原辅材料加工反应而产生的排放，也有原料在生产过程中运输和处理时的排放；既有经工厂烟囱的有组织排放，也有加工过程中由于逸散、泄漏而产生的无组织排放。

工艺过程源污染物排放量估算所需要的活动数据主要包括工业产品产量、原料消耗或处理量、控制措施类型及其去除效率等信息。其中，产品产量数据主要有3个来源：一是调研；二是第二次全国污染源普查统计数据；三是江西省和吉安市的统计年鉴。

3.4.2.1 建材

包括水泥、砖瓦、石灰石膏、陶瓷等产品。其中，水泥以生产线为单位，基本信息来源于吉安市水泥行业调研数据。建材生产过程中产生的SO_2、NO_x、VOCs、$PM_{2.5}$、PM_{10}、BC、OC和CO等多种气态污染物和颗粒物，其排放量采用基于产品产量的排放因子法进行估算（表3-6）。

表3-6 建材排放估算方法及所需参数

污染物	估算方法	所需参数		数据来源
SO$_2$ NO$_x$ VOCs PM$_{2.5}$ PM$_{10}$ BC OC CO	基于产品产量的排放因子法	活动水平	各种工艺产品产量	水泥：吉安市水泥行业调研数据 其他建材企业：工业企业大气污染物排放调研数据
		排放因子	EF_i，排放因子	根据清单编制技术指南/手册中排放因子计算公式得到
		控制技术	污染物控制效率	根据污染物普查数据和调研数据，参考清单编制技术指南/手册中各种污染控制技术的去除效率

3.4.2.2 化工

以企业为单位，基本信息来源于吉安市污染源普查数据和化工行业调研数据。

化工化纤生产过程中排放的SO$_2$、VOCs、NII$_3$、PM$_{2.5}$、PM$_{10}$和CO等多种气态污染物和颗粒物，其排放量采用基于产品产量的排放因子法进行估算（表3-7）。

表3-7 化工排放估算方法及所需参数

污染物	估算方法	所需参数		数据来源
SO$_2$ VOCs NH$_3$ PM$_{2.5}$ PM$_{10}$ CO	基于产品产量的排放因子法	活动水平	各工艺产品产量	吉安市污染源普查数据结合化工行业调研数据
		排放因子	EF_i，排放因子	根据清单编制技术指南/手册中排放因子计算公式得到
		控制技术	污染物控制效率	第二次全国污染源普查数据和调研得到的污染控制技术结合清单编制技术指南/手册

3.4.2.3 其他工艺过程

以企业为单位，基本信息来源于吉安市污染源普查数据。

其他工艺过程排放的SO$_2$、NO$_x$、VOCs、PM$_{2.5}$、PM$_{10}$、BC、OC和CO等多种气态污染物和颗粒物排放量估算方法同化工一致，采用基于产品产量的排放因子法，其所需参数及数据来源同化工行业一致。

3.4.3 移动源

3.4.3.1 道路移动源

道路移动源包括交通运输设施设备在道路交通，发动机汽油蒸发逸散和轮胎、刹车装置以及路面磨损过程中排放大气污染物的行为。在道路上行驶的机动车一般是靠燃烧化石燃料（汽油、柴油、液化石油气等）的内燃机来提供动力，在实际燃烧过程中由于燃烧不充分，机动车尾气中会含有SO_2、NO_x、VOCs、NH_3、$PM_{2.5}$、PM_{10}、BC、OC和CO等多种气态和颗粒态污染物，其估算方法及数据来源见表3-8。

表3-8 机动车排放估算方法及所需参数

污染物	估算公式	所需参数	数据获取
SO_2 NO_x VOCs NH_3 $PM_{2.5}$ PM_{10} BC OC CO	$E_i = \sum P_j \times VKT_{ij} \times EF_{i,j} \times 10^{-6}$ E_i：机动车i类污染物年排放总量，t i：污染物种类 j：车型分类，包括车型、燃料类型、排放标准等因素	$EF_{i,j}$：j型车的第i类污染物的平均排放因子，g/（km·辆）	清单编制技术指南/手册
		P_j：j型车的机动车保有量，辆	吉安市污染源普查数据，结合交运部门调研获取
		VKT_{ij}型车的年平均行驶里程，km/辆	清单编制技术指南/手册推荐值

3.4.3.2 非道路移动源

非道路移动源是指排放大气污染物的所有配备燃烧引擎但不在道路上行驶的移动机械和设备，主要包括农业机械、工程机械、船舶、火车和飞机等类别。非道路移动机械的主要动力装置是内燃机，机型多为柴油机，燃料以重油和柴油为主，尾气中存在SO_2、NO_x、VOCs、颗粒物（PM_{10}、$PM_{2.5}$）、BC、OC和CO等污染物。与道路移动源相比，非道路移动源具有使用期限长、保有量大、使用维护水平低、单机排放量高的特点。

吉安市涉及的非道路移动源包括农业机械、工程机械、火车。由于火车活动水平数据无法获得，本次估算仅考虑农业机械和工程机械两类源，排放量具体参数及数据来源见表3-9。

表3-9 农业机械和工程机械排放估算方法及所需参数

污染物	估算方法	估算公式	所需参数	数据获取
SO_2 NO_x VOCs NH_3 $PM_{2.5}$ PM_{10} BC OC CO	排放因子法	$E_i = \sum P_j \times G_j \times LF \times hr_j \times EF_{i,j} \times 10^{-6}$ E_i：非道路移动源i类污染物年排放总量，t i：污染物种类 j：非道路移动机械的类别	P_j：农业机械和工程机械保有量 G_j：j类机械平均额定净功率，kW	P_j农业机械保有量：由农业农村局调研获取；工程机械保有量：由水利局和住建局获取 G_j：参考清单编制技术指南/手册
			$EF_{i,j}$：j型车的第i类污染物的平均排放因子，g/（kWh）	清单编制技术指南/手册
			LF：负载因子	清单编制技术指南/手册推荐值，取0.65
			hr_j：年使用小时数	调研获取

3.4.4　溶剂使用源

有机溶剂使用源是指有机溶剂在生产和使用过程由于溶剂挥发导致的VOCs排放源。它涉及的行业非常广泛，包括涂料和胶黏剂的使用、印刷、农药使用、干洗、生活和商业溶剂使用等污染源。有机溶剂使用源涉及居民生活和工业、服务业等众多行业类型，并且污染源分散、复杂，这往往造成其活动数据较难获取（表3-10）。

表3-10　VOCs排放估算方法及所需参数

污染物	估算方法	估算公式	所需参数	数据来源
VOCs	排放因子法	$E_j = \sum A_{i,j} \times EF_{i,j} \times (1-\eta) \times 10^{-3}$ i：原辅料类型/产品类型等 j：行业类 E_i：VOCs排放量，kg/a	$A_{i,j}$：行业j的第i种原辅料消耗量/产品产量等，kg/a η：污染控制技术去除效率 $EF_{i,j}$：行业j的第i种原辅料用量/产品产量排放因子等，g/kg	污染源普查数据；吉安市统计年鉴；相关行业报告；典型企业实地调研；等 清单编制技术指南/手册

3.4.5　农业源

在农业生产和畜牧业发展过程中，畜禽养殖、肥料施用、秸秆堆肥等相关活动都会向大气中排放污染物，其中以NH_3排放为主。

3.4.5.1　农田生态系统

农田生态系统中包括氮肥施用、固氮植物、土壤本底等活动，其中氮肥种类包括尿素、碳铵、硝铵、硫铵、其他氮肥5类。农田生态系统排放估算方法及所需参数见表3-11。

表3-11　农田生态系统排放估算方法及所需参数

排放过程	估算方法	估算公式	所需参数	数据获取
氮肥施用	排放因子法	$E_{氮肥}=E_{尿素}+E_{碳铵}+E_{硝铵}+E_{硫铵}+E_{其他}$ $E_{尿素}=A_{尿素} \times EF_{尿素}$ $E_{碳铵}=A_{碳铵} \times EF_{碳铵}$ $E_{硝铵}=A_{硝铵} \times EF_{硝铵}$ $E_{硫铵}=A_{硫铵} \times EF_{硫铵}$ $E_{其他}=A_{其他} \times EF_{其他}$	A：各种氮肥施用量，kg EF：实际排放系数=基准排放系数×施肥率校正系数×施肥方式校正系数，kg氨/kg	调研数据 参考排放清单编制技术指南/手册推荐的基准排放系数，其中气象要素参考气象监测数据，土壤酸碱度性质参见《中国土壤数据集》 施肥率校正系数：每亩耕地施肥高于13 kg氮的地区，施肥率校正系数为1.18，其他地区为1.0 施肥方式校正系数：覆土深施时为0.32，表面撒施时为1.0

（续表）

排放过程	估算方法	估算公式	所需参数	数据获取
土壤本底	排放因子法	$E = A \times EF$	EF：土壤本底排放系数为每亩耕地每年向大气排放NH_3的量	大气氨源排放清单编制技术指南/手册推荐值，取0.12 kg/（亩·a）
			A：活动水平为该地区的耕地面积，亩	调研数据
固氮植物	排放因子法	$E = A \times EF$	EF：固氮植物排放系数，即该植物单位固氮量排放大气NH_3的量	吉安主要考虑的固氮植物为大豆，大气氨源排放清单编制技术指南推荐值，0.07 kg/（亩·a）
			A：活动水平为该地区固氮植物的种植面积，亩	调研数据

3.4.5.2 畜禽养殖

畜禽养殖中，NH_3排放主要来自包括粪便和尿液在内的动物排泄物，在微生物作用下，排泄物中的含氮物质进行氧化和分解，有机氮转化为无机氮并以氨的形式排放到大气中。NH_3排放首先与畜禽种类有直接关系，决定了其排泄物的产生量，粪便产生后的NH_3排放则受到畜禽舍结构、舍内地面类型、粪便清理方式、储存设施等因素的影响。畜禽养殖排放估算方法及所需参数见表3-12。

表3-12 畜禽养殖排放估算方法及所需参数

排放过程	估算方法	估算公式	所需参数	数据获取
	排放因子法	$E = \sum A_i \times EF_i \times 1.214$ E：畜禽养殖释放NH_3总量 i：户外、圈舍-液态或圈舍-固态过程	EF_i：排放系数，百分比或氨氮/总铵态氮	清单编制技术指南/手册推荐值
			A_i：活动水平	实地调研数据

（续表）

排放过程	估算方法	估算公式	所需参数	数据获取
室内、户外总铵态氮		$TAN_{室内,户外}=$畜禽年内饲养量×单位畜禽排泄量×含氮量×铵态氮比例×室内户外比	畜禽年内饲养量	对于饲养周期大于1 a（365 d）的畜禽，如黄牛、母猪、蛋鸡等，畜禽年内饲养量可视为畜禽养殖业统计资料中的动物"年底存栏数"表示。对于肉用畜禽来说，除牛、羊外，饲养期都小于1 a，用统计数据中的"出栏数"表示
			单位畜禽排泄量	排放清单编制技术指南推荐值
			含氮量	
			铵态氮比例	
			室内户外比	散养和放牧养殖时畜禽排泄物在室内、户外各占50%
圈舍内排泄阶段		$A_{圈舍-液态}=TAN_{室内}×X_{液}$ $A_{圈舍-固态}=TAN_{室内}×（1-X_{液}）$	$X_{液}$：液态粪肥占总粪肥的质量比重，散养畜禽均取11%，集约化养殖中畜类取50%，禽类取0，放牧畜禽均取0	排放清单编制技术指南/手册推荐值
粪便储存处理	排放因子法	$A_{储存-液态}=TAN_{室内}×X_{液}-EN_{圈舍-液态}$ $A_{储存-固态}=TAN_{室内}×（1-X_{液}）-EN_{圈舍-固态}$ 其中，$EN_{圈舍-液态}=A_{圈舍-液态}×EF_{圈舍-液态}$，$EN_{圈舍-固态}=A_{圈舍-固态}×EF_{圈舍-固态}$	EF：计算粪便存储过程的氮损失（以N_2O、NO和N_2形式排放），参考编制技术指南中粪便存储过程N_2O、NO和N_2的排放系数	排放清单编制技术指南/手册推荐值
施肥过程中液态和固态的总铵态氮	排放因子法	$A_{施肥-液态}=[TAN_{室内}×X_{液}-EN_{圈舍-液态}-EN_{储存-液态}-ENN_{损失-液态}]×（1-R_{饲料}）$ 其中，$EN_{储存-液态}=A_{储存-液态}×EF_{储存-液态}$，$EN_{储存-固态}=A_{储存-固态}×EF_{储存-固态}$	R：饲料为粪肥用作生态饲料的比重，通常仅考虑集约化养殖过程	排放清单编制技术指南/手册推荐值
	排放因子法	$EN_{N损失-液态}=[TAN_{室内}×X_{液}-EN_{圈舍-液态}]×（EF_{储存-液态-N_2O}+EF_{储存-液态-NO}+EF_{储存-液态-N_2}）$ $ENN_{损失-固态}=[TAN_{室内}×（1-X_{液}）-EN_{圈舍-固态}]×f×（EF_{储存-固态-N_2O}+EF_{储存-固态-NO}+EF_{储存-固态-N_2}）$	f：固态粪便储存过程中总铵态氮向有机氮转化的比例（%），3种养殖过程中各种畜禽均取10%	排放清单编制技术指南/手册推荐值

3.4.5.3　人体粪便

除农田生态系统、畜禽养殖等活动，农村人口的人体粪便也会向大气排放NH_3，其估算方法及活动水平、排放因子等参数来源见表3-13。

表3-13　人体粪便排放估算方法及所需参数

污染物	估算方法	估算公式	所需参数	数据来源
NH_3	排放因子	$E=W \times EF$ E：NH_3排放量	W：农村人口数	吉安市统计年鉴
			EF：排放因子	清单编制技术指南/手册推荐值

3.4.6　扬尘源

包括道路扬尘、施工扬尘、堆场扬尘和土壤扬尘。道路扬尘涉及的活动水平有道路长度、平均车流量和不起尘天数等，活动数据主要来自统计年鉴和吉安市历史气象统计数据。施工扬尘的活动水平主要为施工区域面积和施工月份数，活动数据主要来自吉安市住建局。

道路、施工和地表松散颗粒物质在自然力或人力作用下进入环境空气中形成一定粒径范围的空气颗粒物，称为扬尘。扬尘源是一个开放污染源，其排放特征受到天气环境、地表类型、人类活动强度等众多因素的影响。扬尘的来源十分混杂，一般将扬尘分为土壤扬尘、施工扬尘、道路扬尘、堆场扬尘等类别。

一般情况下，道路可以分为铺装和未铺装道路两种类型。铺装道路是指人工铺设了水泥、沥青的硬化水泥路面，通常城市道路、高速公路和等级公路都属于铺装道路。铺装道路由于是柏油或水泥硬化表面，自身产生的扬尘量极为有限，因而大多扬尘为外界颗粒物聚集到道路表面形成的二次起尘。相比之下，那些没有经过人工铺设沥青或水泥砖的道路就是未铺装道路，常见的未铺装道路有乡村土路、碎石路等。未铺装道路的扬尘主要来自未硬化路面本身的颗粒物扬起，因此一次扬尘较多。铺装和未铺装道路的扬尘排放特征差异较大，因此有必要将两者进行区分处理。

进行估算时，通常把施工扬尘看作面源，建筑施工扬尘排放量主要与施工面积和施工运作活动有关，采用基于施工面积的排放因子法进行估算。

3.4.6.1　土壤扬尘

土壤扬尘是指直接来源于裸露地面的颗粒物在自然或人力的作用下形成的扬尘。土壤扬尘排放估算方法及所需参数见表3-14。

表3-14　土壤扬尘排放估算方法及所需参数

污染物	估算方法	估算公式	所需参数	数据获取
PM$_{10}$ PM$_{2.5}$	排放因子法	$W_{Si} = E_{Si} \times A_s$ $= D_i \times C \times (1-\eta) \times 10^{-4} \times A_s$ $= (k_i \times I_{we} \times f \times L \times V) \times$ $\left(0.504 \times \dfrac{u^3}{PE^2}\right) \times$ $(1-\eta) \times 10^{-4} \times A_s$ E_{Si}：土壤扬尘中PM_i总排放量，t/a A_s：排放系数，t/（m^2·a） D_i：PM_i的起尘因子，t/（10^4m^2·a） C：气候因子，表征气象因素对土壤扬尘的影响	A_s：土壤扬尘源的面积	吉安市统计年鉴；各县（市、区）调研数据
			η：污染控制技术对扬尘的去除效率	清单编制技术指南/手册推荐值
			k_i：PM_i在土壤扬尘中的百分含量	参考清单编制技术指南/手册推荐值
			I_{we}：土壤风蚀指数，t/（10^4m^2·a）	
			f：地面粗糙因子	
			L：无屏蔽宽度因子	
			V：植被覆盖因子	
			u：年平均风速，m/s PE：桑氏威特降水-蒸发指数	吉安市历史气象数据

3.4.6.2　道路扬尘

道路扬尘主要指在车辆碾压和气流夹带等合力的作用下，沉积在路面上的尘土、松散料重新扬起进入大气环境中的过程。道路扬尘可分为两类：铺装道路扬尘和未铺装道路扬尘，主要排放污染物包括PM$_{10}$及PM$_{2.5}$。道路扬尘排放估算方法及所需参数见表3-15。

表3-15　道路扬尘排放估算方法及所需参数

污染物	估算方法	估算公式	所需参数	数据获取
PM$_{10}$ PM$_{2.5}$	排放因子法	$W_{Ri} = E_{Ri} \times L_R \times N_R \times$ $\left(1 - \dfrac{n_r}{365}\right) \times 10^{-6}$ W_{Ri}：道路中PM_i总排放量，t/a E_{Ri}：排放系数，g/（km·辆）	L_R：道路长度，km	吉安市统计年鉴；城市道路相关数据来源于住建部门，等级公路相关信息来源于交通部门，高速公路相关信息来源于公路部门
			N_R：该段道路上的平均车流量	现场调研；高速公司调研数据
			n_r：不起尘天数	可用一年中降水量大于0.25 mm/d的天数表示，来源于气象监测数据

关于排放因子E_{Ri}，分铺装道路和非铺装道路进行估算，具体参数详见表3-16。

表3-16　铺装道路和非铺装道路排放估算方法及所需参数

道路类别	估算公式	所需参数	数据获取
铺装道路	$E_{Pi} = k_i \times (sL)^{0.91} \times (W)^{1.02} \times (1-\eta)$ E_{Pi}：铺装道路的扬尘中PM_i排放系数，g/km	k_i：产生的扬尘中PM_i的粒度乘数	清单编制技术指南/手册推荐值
		sL：道路积尘负荷，g/m^2	清单编制技术指南/手册推荐值
		W：平均车重，t	
		η：污染控制技术对扬尘的去除效率	参考清单编制技术指南/手册中铺装道路扬尘控制措施的控制效率
非铺装道路	$E_{UPi} = \dfrac{k_i \times (s/12) \times (v/30)^a}{(M/0.5)^b} \times (1-\eta)$ E_{UPi}：非铺装道路的扬尘中PM_i排放系数，g/km	k_i：产生的扬尘中PM_i的粒度乘数	粒度乘数及其系数a、b的取值参考清单编制技术指南推荐值
		s：道路表面有效积尘率	调研
		v：平均车速，km/h	
		M：道路积尘含水率	清单编制技术指南/手册推荐值

3.4.6.3　建筑扬尘

　　建筑扬尘是指城市市政基础设施建设、建筑物建造与拆迁、设备安装工程及装饰修缮工程等施工场所在施工过程中产生的扬尘。建筑扬尘源的第一分级按照施工类型划分，包括城市市政基础设施建设、建筑物建造与拆迁、设备安装工程及装饰修缮工程等4类施工活动；第二分级按照施工阶段划分，包括土方开挖、地基建设、土方回填、主体建设和装饰装修等5个阶段。建筑扬尘排放估算方法及所需参数见表3-17。

表3-17　建筑扬尘排放估算方法及所需参数

污染物	估算方法	估算公式	所需参数	数据获取
PM_{10} $PM_{2.5}$	排放因子法	$W_{Ci} = E_{Ci} \times A_C \times T$ $E_{Ci} = 2.69 \times 10^{-4} \times (1-\eta)$ W_{Ci}：施工扬尘源中PM_i总排放量，t/a E_{Ci}：整个施工工地PM_i的平均排放系数，t/（$m^2 \cdot$月）	A_C：施工区域面积，m^2	吉安市统计年鉴
			T：工地的施工月份数，一般按施工天数/30计算	现场调研
			η：污染控制技术对扬尘的去除效率，%	参考清单编制技术指南/手册中施工扬尘控制措施的控制效率

3.4.6.4　堆场扬尘

　　堆场扬尘是指各种工业料堆、建筑料堆、工业固体废弃物、建筑渣土及垃圾、生活垃圾等由于堆积、装卸、输送等操作以及风蚀作用造成的扬尘。此外，采石、采矿等场所和活动中产生的扬尘也归为堆场扬尘。

堆场扬尘源的第一分级按照堆放物料种类划分，包括工业料堆、建筑料堆、工业固体废弃物、建筑渣土及垃圾、生活垃圾等5类；第二分级按照操作程序划分，包括物料装卸与输送、物料堆放2个阶段；第三分级为堆场扬尘源的控制措施，包括密闭存储、密闭作业、喷淋、覆盖、防风围挡、硬化稳定和绿化等。堆场扬尘排放估算方法及所需参数见表3-18。

表3-18　堆场扬尘排放估算方法及所需参数

污染物	估算方法	估算公式	所需参数	数据获取
PM_{10} $PM_{2.5}$	排放因子法	$$W_Y = \sum_{i=1}^{m} E_h \times G_{Yi} \times 10^{-3} + E_w \times A_Y \times 10^{-3}$$ W_Y：堆场扬尘源中颗粒物总排放量，t/a E_h：堆场装卸运输过程的扬尘颗粒物排放系数，kg/t E_w：料堆受到风蚀作用的颗粒物排放系数，kg/m^2	m：每年料堆物料装卸总次数 G_{Yi}：第i次装卸过程的物料装卸量，t A_Y：料堆表面积，m^2	各行业调研结合工业管理部门数据

装卸、运输物料过程扬尘排放系数的估算见表3-19。

表3-19　物料扬尘排放估算方法及所需参数

排放过程	估算公式	所需参数	数据获取
装卸、运输物料过程	$$E_h = k_i \times 0.001\,6 \times \frac{\left(\frac{u}{2.2}\right)^{1.3}}{\left(\frac{M}{2}\right)^{1.4}}(1-\eta)$$ E_h：堆场装卸扬尘的排放系数，kg/t	k_i：物料的粒度乘数 M：物料含水率，%	清单编制技术指南/手册推荐值
		u：地面平均风速，m/s	吉安市气象局统计数据
		η：污染控制技术对扬尘的去除效率	参考清单编制技术手册/指南中施工扬尘控制措施的控制效率
堆场风蚀扬尘排放过程	$$E_w = k_i \times \sum_{i=1}^{n} P \times (1-\eta) \times 10^{-3}$$ $$P_i = \begin{cases} 58 \times (u*-u_t*) + 25 \times (u*-u_t*); (u* > u_t*) \\ 0; (u* \leqslant u_t*) \end{cases}$$ E_w：堆场风蚀扬尘的排放系数，kg/m^2 P_i：第i次扰动中观测的最大风速的风蚀潜势，g/m^2	k_i：物料的粒度乘数 n：料堆每年受扰动的次数	清单编制技术指南/手册推荐值
		η：污染控制技术对扬尘的去除效率，%	参考清单编制技术手册/指南
		$u*$：摩擦风速； u_t*：阈值摩擦风速，即起尘的临界摩擦风速，m/s	根据地面风速、地面风速监测高度、地面粗糙度等参数计算得到

3.4.7　生物质燃烧源

生物质燃烧指包括锅炉、炉具等使用未经过改性加工的生物质材料的燃烧过程，以及森林火灾、草原火灾和秸秆露天焚烧等。森林火灾和草原火灾为突发情况，且本清单编制区域不属于灾害重点地区，因此暂不将它们列入清单范围。生物质开放燃烧排放计算方法见表3-20。

表3-20 生物质开放燃烧排放估算方法及所需参数

污染物	估算方法	估算公式	所需参数	数据获取
SO$_2$ NO$_x$ VOCs NH$_3$ PM$_{2.5}$ PM$_{10}$ BC OC CO	排放因子法	$E_i = \sum_{i,j,m}(A_{i,j,k,m} \times EF_{i,j,m})/1\,000$ $A = P \times N \times R \times \eta$ E_i：大气污染物的排放量，t A：污染源活动水平 i：某一种大气污染物 j：地区如县（市、区） m：秸秆类型	EF：排放系数	清单编制技术指南/手册推荐值
			P：农作物产量，t	统计年鉴
			N：草谷比，指秸秆干物质量与作物产量的比值	清单编制技术指南/手册推荐值
			R：秸秆露天焚烧比例	清单编制技术指南/手册推荐经验值取20%
			η：燃烧率	清单编制技术指南/手册推荐值，取0.9
			B：单位面积农作物产量，t/hm^2	调研

生物质锅炉排放量采用排放因子法，计算方法及数据获取见表3-21。

表3-21 生物质锅炉排放估算方法及所需参数

污染物	估算方法	估算公式	所需参数	数据来源
SO$_2$ NO$_x$ VOCs NH$_3$ PM$_{2.5}$ PM$_{10}$ BC OC CO	排放因子法	$E = A \times EF \times (1-\eta)$	A：生物质锅炉燃料消耗量	企业调研
			EF：排放因子	清单编制技术指南/手册
			η：污染控制设施的控制效率	企业调研

3.4.8 储存运输源

储存运输源是指原油、汽油、柴油、天然气在储藏、运输及装卸过程中逸散泄漏造成可挥发性有机物排放的污染源。储存运输源的排放过程主要包括油品灌装、油品运输和油品储存过程。

储存运输的排放量主要基于排放系数法进行计算，其排放因子参考环境保护部排放清单编制技术指南推荐值。储存运输源排放估算方法及所需参数见表3-22。

表3-22 储存运输源排放估算方法及所需参数

污染物	估算方法	估算公式	所需参数	数据来源
VOCs	排放因子法	$E=\sum_m Q_{i,j} \times EF_{i,j,m} \times (1-\eta)$	Q: 油气运输量或储存量	企业调研和吉安市商务局获取
			$EF_{i,j,m}$: 排放因子 i: 污染源 j: 地区 m: 第三级污染源的技术和工艺	清单编制技术指南/手册
			η: 污染控制设施的控制效率	企业调研结合清单编制技术指南/手册获取

3.4.9 废弃物处理源

废弃物处理源是指由工业和生活部门产生，进入集中处理处置设施内的废气、固体废弃物以及烟气脱硝过程副产物。废物处理处置包括污水处理、固废填埋、堆肥和烟气处理过程。

一般情况下，污水处理厂分布于城区或近郊，是对局地空气质量影响较大的NH_3排放来源。污水处理过程NH_3排放主要来自污水处理工艺中活性污泥厌氧消化过程。

固体垃圾处理包括垃圾的焚烧、填埋和堆肥，可能产生SO_2、NO_x、CO、VOCs、PM_{10}、$PM_{2.5}$、BC、OC、NH_3等多种空气污染物。

对于废弃物处理处置过程NH_3排放量，主要采用基于污水处理量或废弃物处理量的排放因子进行估算。其排放因子参考环境保护部排放清单编制技术指南推荐值。废弃物处理源排放估算方法及所需参数见表3-23。

表3-23 废弃物处理源排放估算方法及所需参数

污染物	估算方法	估算公式	所需参数	数据来源
VOCs NH_3	排放因子法	$E=\sum A \times EF \times (1-\eta)$	A: 污染源活动水平，即废水和固废处理量	企业调研结合吉安市污染源普查数据
			EF: 排放因子	清单编制技术指南/手册
			η: 污染控制设施的控制效率	企业调研结合清单编制技术指南/手册获取

3.4.10 其他污染源

其他污染源是指上述源分类未涵盖的大气污染物污染源集合，目前仅包括餐饮油烟。对于餐饮油烟源，某一大气污染物的排放量E的计算采用下面的公式：

$$E=A \times EF \times (1-\eta) \qquad\qquad (3-3)$$

其中，*A*为污染源活动水平；*EF*为排放因子；*η*为油烟净化器去除效率。

吉安市餐饮油烟源按面源处理，按县（市、区）收集活动水平信息，从城市管理局获取相关数据；排放因子和油烟净化器去除效率采用排放清单编制指南/手册推荐值。

3.5　排放清单编制质控质保方法与措施

排放清单质量保证与质量控制包括清单编制过程中的质量控制和排放清单的评估与验证，主要通过不确定性分析、宏观统计数据校核和空气质量检验进行质量控制。

3.5.1　实施方案的质量控制

依据源清单编制技术手册，结合吉安市实际，制订吉安市大气污染源排放清单编制实施方案，邀请江西省及吉安市的相关部门、省内外大气环境领域专家对吉安市大气污染源排放清单编制实施方案进行论证，并根据专家意见对实施方案进行修改完善。

3.5.2　编制过程中的质量控制

清单基础数据的调查工作按照国家统一的调查模板，调查人员及数据处理专业人员必须进行专业培训，按照规范格式整理汇总收集到的基础数据，以及重点污染源包括重点工业企业、VOCs排放重点企业、民用散煤、机动车、开放扬尘活动水平调查数据。调查结果必须保证数据的完整性和规范性。

质量控制程序包括对数据的收集和处理过程、相关计算过程、清单完整性以及文档编制等进行一般性质量检查，质量控制程序贯穿清单编制所有过程，包括数据筛选、数据录入和处理、清单建立过程、不确定性分析、过程和记录存档的检查。

（1）数据筛选　清单计算过程中所用到的活动水平数据尽量从吉安市多个来源获取，并对多个来源的数据进行比对，对相差较大的数据进行校核取舍，优先考虑企业现场调研、环境统计数据及各部门统计数据等公开数据。同时，通过重点行业的补充调研，对已获取的活动水平数据进行校核验证，并获取在统计数据中无法获取的部分参数。

（2）数据录入和处理　在数据录入时，标记好数据来源和对应的参考文献，对于部分无法直接获取的参数，选取替代数据时同时保留选取依据。在完成初次的数据录入后，安排专人对数据反复核查。

（3）清单建立过程检查　在清单建立过程中，由于数据量庞大、参数复杂等因素，操作极易出现失误。在此过程中，进行反复的检查和确认，主要是确定计算公式与估算方法是否对应，活动数据与选取的排放因子是否具有一致性，计算过程是否存在人为错误等。对于清单估算结果汇总、数据拷贝和汇总求和过程进行反复的检查，避免数据移动和加和过程中的人为操作失误。

（4）不确定性分析过程检查 对清单编制过程中的各个环节可能出现的不确定性进行定性分析，验证各类数据假设、推算、替代和估算过程以及专家判断是否合理和可靠。

（5）记录存档的检查 检查针对清单估算过程所做的文档记录，如数据来源、数据处理等部分的记录是否详细、完整，记录的文档内容与实际的清单估算过程是否一致等。

具体清单编制过程质量控制措施及检查要点见表3-24。

表3-24 排放源清单编制过程质量控制措施

类型	检查要点
排放源类别	是否遗漏重要排污行业/排污工艺等？
	子类排放源是否遗漏或重复？
	……
估算方法	估算方法是否合理，公式是否有误？
	……
活动水平数据	统计数据是否异常？统计口径是否有变？
	基于推算获取的数据是否合理？
	数据单位是否一致，单位转换是否有误？
	机动车保有量的统计口径、单位等是否一致？
	机动车保有量数据是否发生陡增或骤降情况？
	行驶里程是否符合各车型行驶特点？
	不同道路类型车流量数据之间的逻辑关系是否合理？
	是否遗漏主要燃料类型？
	企业产品产量与产值是否一致？
	……
排放因子及参数	排放因子选取与燃料匹配是否合理？
	排放因子的类型和单位是否正确？
	排放因子是否与排放源子类一致？
	含硫率是否符合当前社会燃油状况？
	企业治理设施的使用情况和治理效率是否合理？
	……
污染物排放量	颗粒物和VOCs排放量，与行业/企业的规模、生产技术、管理水平以及行业主要排污特征是否相符？
	单位活动水平或单位时间的污染物排放量是否合理？
	对比综合清单结果，分析道路移动源对不同污染物贡献比例是否合理？
	行业排放贡献是否符合该行业发展情况？

3.5.3 数据审核的质量控制

调查数据除填写员外，必须有审核员。在清单编制过程中安排专人对数据进行检查和校对，通过正确性检验、一致性检验和完整性确保数据质量和传递的准确性。正确性检验包括：查明各污染源活动水平数据，确保记录和归档的正确性；校对数据，对异常数据进行核实；检查数据单位是否正确。一致性检验包括：不同污染源活动水平调查空间和时间范围相同；排放量计算参数具有内在一致性；确保通过调查获得的数据采取统一的处理方法和储存格式，保证数据收集传递质量。完整性检验包括：活动水平调查范围涵盖所有污染源类型；点源和面源覆盖完整并受城市综合能源平衡表和工业产品量约束；确保城市和区域排放清单耦合构建污染源和污染物覆盖完整的综合排放清单。并应用2018年统计的能源消耗量、各类产品产量和原料消耗量，核对排放清单基础数据的准确性。在计算分析阶段应当注意：燃料、产品信息与排放源分类体系之间的对应关系是否准确；计算方法和排放因子的选取是否和当地实际情况吻合；排放量和行业分布是否合理。

3.5.4 清单验证

排放清单的评估与验证通过宏观统计数据校核、不确定性分析和利用空气质量模型模拟校验等方式进行。宏观统计数据校核应用能源消耗量/工业产品量结合平均排放系数校核总量，初步评估排放清单的合理性；点源排放量计算结果应与环境部门统计的各企业污染物排放量核对，逐一核实差别较大的污染源，排查造成差异的原因。利用不确定性分析方法分析影响各级源大气污染物排放的不确定性因素。空气质量模型模拟校验将网格化的清单数据输入模型模拟环境空气质量，验证清单的准确性。

3.6 排放清单的动态更新机制

建立完善的排放清单动态更新机制，主要包括5个方面的工作：①充分调研各污染源产污环节，建立完善、全面的区域活动水平调查表格或调查系统，组织相关部门、行业、企业进行生产、排放数据的申报工作。②广泛吸取其他数据统计方式的经验，建立规范的申报机制、环保行政主管部门审核流程，确保活动水平数据的真实、有效性。③结合区域实际生产及治理水平，选择合理的排放总量核算办法；结合排污活动水平，进行各污染源的总量核算工作。④根据总量核算结果，选择合理的污染源分类体系，形成调查时间段内的排放清单。⑤总结经验，完善申报表格和系统，形成定期更新机制，逐步形成不同时期的污染源排放清单，完善各污染源排放数据库，构建污染源排放清单动态更新平台。图3-2为大气污染源排放清单动态更新平台工作流程（"是"代表审核通过，"否"代表审核未通过）。

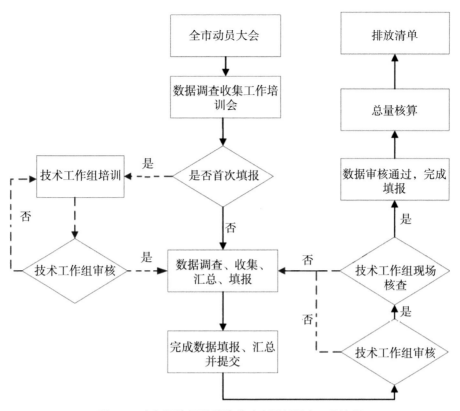

图3-2 大气污染源排放清单动态更新平台工作流程

第四章 排放清单结果与讨论

4.1 吉安市大气污染物排放清单

依据"大气污染源排放清单编制技术指南",构建了以2018年为基准年,涵盖化石燃料固定燃烧源、工艺过程源、移动源、溶剂使用源、农业源、扬尘源、生物质燃烧源、储存运输源、废弃物处理源和其他污染源共10大类一级污染源,包括37个行业污染源的吉安市大气污染物排放清单,各污染源行业活动水平见表4-1。

表4-1 吉安市2018年大气污染源行业活动水平

污染源	行业	活动水平
化石燃料固定燃烧源	电力	5家电厂,其中2家为火力发电厂,其余3家为生物质能发电厂;10台发电机组(其中5台为燃煤发电,4台为生物质发电,1台为煤矸石/油页岩发电);煤炭消耗量为374.574 7万t;生物质燃料消耗量为44.431 2万t;煤矸石/油页岩消耗量为6万t
	工业锅炉	10蒸吨及以上11台,其中燃气锅炉2台,燃煤锅炉8台,燃油锅炉1台;燃煤消耗量为26.632 5万t、燃气消耗量为1 509.2万m³、柴油消耗量为6 102.69 t
	民用锅炉	民用锅炉柴油消耗量为145 t;生物质成型燃料消耗量为2 034.6 t;燃气消耗量为31.82万m³
	民用燃烧	2018年吉安市各区、县、社区、村镇散煤消耗量为2.445 5万t,洁净煤消耗量为7 211.662 t,薪柴消耗量200.268 3万t,秸秆消耗量为3.221万t,生物质成型燃料消耗量为3 272.1 t,天然气消耗量为836.892万m³,煤气消耗量为22.71万m³,罐装液化气消耗量为4.328万t,液化石油气消耗量为8 056.342 t
工艺过程源	水泥	共123家水泥企业,其中,111家产品为水泥制品,其产量为1 282.34万t,12家企业产品为水泥,水泥产量为394.24万t
	玻璃	44家玻璃企业,其中,43家产品均为玻璃制品,其全年产量为21.554万t
	砖瓦、石材等建筑材料制造业	共有307家,主要产品有煤矸石砖、烧结砖和页岩砖、规格板等
	造纸和纸制品业	共有43家,主要产品有纸板、卫生纸、牛皮纸、瓦楞纸、纸箱等,共计约31万t

（续表）

污染源	行业	活动水平
工艺过程源	陶瓷制品制造业	井冈山市陶瓷企业以恒华陶瓷和映山红陶瓷等为代表，各类陶瓷企业30余家，主要产品有日用陶瓷、陶瓷墙砖等，各类日用陶瓷共计约13万t；瓷餐具及其他日用陶瓷、陶瓷工件等共计20 839万件
	化学原料和化学制品制造业	一共有319家，主要包括林产化学产品制造企业61家、化学试剂与助剂制造类企业29家、化学药品原料制造企业26家、化学农药制造企业24家、有机化学原料制造企业24家、其他基础化学原料制造企业23家等
	金属制品类	一共有148家企业，主要包括金属表面处理及热处理加工企业39家、金属结构制造企业30家、金属门窗制造企业19家、金属废料和碎屑加工处理企业14家等
	计算机、通信和其他电子设备制造业	一共有238家，主要由电子电路制造业、其他电子元件制造、其他电子专用设备制造、电子元件及组件制造等行业组成，主要产品有线路板、耳机、数据线、变压器、LED灯、各类电子元件等
	有色金属冶炼和压延加工业	一共有41家，主要分布在峡江县、永丰县和遂川县等县（市、区）
	……	……
移动源	道路移动源	2018年汽车保有量607 032辆，其中载人客车373 591辆，载货汽车63 864辆，摩托车152 366辆，公交车1 160辆，出租车1 315辆等
	非道路移动源	吉安市农业机械共680辆
		吉安市工程机械共4 274辆
		小型通用机械全年燃油消耗量932 t
		吉安市共有普通货船301只，柴油消耗量为12 000 t；客船8只，柴油消耗量81.3 t
		飞机A320/A319全年起降4 196架次；B738/B737全年起降2 336架次；E190全年起降110架次；MA60全年起降314架次
溶剂使用源	印刷印染	全年溶剂使用量23.189 1 t，以新型油墨为主
	汽修	全市汽修企业共87家，全年溶剂使用量为38.751 t，溶剂类型以水性溶剂为主
	工业涂装	全年溶剂使用量1 217.182 t
	建筑涂料	全年溶剂使用量1 380.375 t，以水性涂料为主
	农药使用	全年农药使用量705.250 5 t，主要农药有敌敌畏、氯氰菊酯、草甘膦、多菌灵、氧乐果、稻瘟净等
	其他溶剂点源	干洗业全年溶剂使用量8.559 5 t，主要溶剂有四氯乙烯，石油溶剂
	其他溶剂面源	其他溶剂面源全年溶剂使用量为1.4万t

（续表）

污染源	行业	活动水平
农业源	畜禽养殖点源	点源主要为各养殖场，全年存栏量：蛋鸡10.14万只、肉鸡108.602 5万只、山羊0.944 8万只、生猪190.588 4万头、奶牛0.092万头、肉牛0.896 3万头、鸭0.92万只、狮头鹅6.75万只
	畜禽养殖面源	面源主要为散户养殖，全年存栏量：蛋鸡72.662 4万只、肉鸡1 109.602 3万只、奶牛0.453 8万头、肉牛41.864 9万头、生猪114.340 3万头、母猪3.573 9万头
	氮肥施用	全年尿素施用3.824 3万t，其他氮肥：复合肥施用4.032 9万t，硫铵、碳铵、硝铵施用0.068 6万t
	土壤本底	耕地面积17.796 6万亩
	固氮植物	大豆（含豌豆、蚕豆、绿豆等）种植面积39.95万亩，花生（含其他）种植面积1.075 1万亩
	秸秆堆肥	全年秸秆堆肥178.927 5万t
	人体粪便	2018年农村人口400.3万人
扬尘源	施工扬尘	全年施工面积157.713 3万m^2
	道路扬尘	全年公路通车里程9 243.211 km
	土壤扬尘	全市面积2.534万km^2，其中裸露土地17.65 km^2
	堆场扬尘	露天堆场436个
生物质燃烧源	生物质燃料	104家企业使用生物质锅炉，生物质燃料全年使用量6.46万t
	生物质开放燃烧	2018年吉安市共有65处秸秆焚烧现象，其中，1月9处，2月19处，3月11处，4月12处，9月4处，10月10处
储存运输源	油气销售	全市销售汽油28.055万t，柴油27.645万t
废弃物处理源	污水处理	全年共处理废水6 809.79万t
	固体废物处理	全年共填埋固体废物57.149万t
	烟气脱硝	全年烟气脱硝企业使用燃料26.63万t
其他污染源	餐饮油烟	全市3 933家餐饮企业

　　根据吉安市2018年大气污染源排放清单结果，吉安市10类一级污染源共计排放SO$_2$ 7 505.03 t、NO$_x$ 12 894.62 t、VOCs 22 313.29 t、NH$_3$ 15 180.48 t、一次源排放PM$_{2.5}$共计18 067.76 t、一次源排放PM$_{10}$共计26 580.44 t、BC 2 000.90 t、OC 4 014.38 t、CO 108 904.53 t。因CO排放量远高于其他数据，为了使图形结果更鲜明，此处仅对比其他8种大气污染物，具体见图4-1。

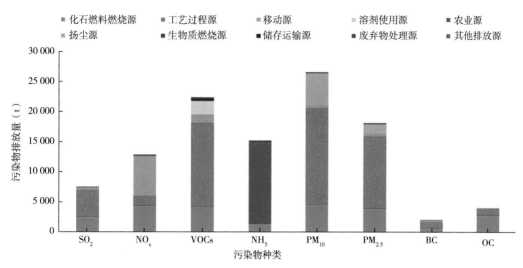

图4-1 吉安市各一级污染源大气污染物综合排放总量

吉安市化石燃料固定燃烧源、工艺过程源、移动源等污染源的大气污染物排放量占比见图4-2，化石燃料燃烧源排放的各种污染物中CO占比最大（64.19%），排放量为42 251.75 t，可见化石燃料等不完全燃烧现象仍普遍存在。PM_{10}、NO_x、VOCs和$PM_{2.5}$的排放量相近，分别为4 453.10 t、4 283.73 t、4 074.00 t和3 775.28 t。

工艺过程源排放的污染物中CO的排放量最大，为58 151.95 t，占比53.11%。VOCs、PM_{10}和$PM_{2.5}$的排放量分别列第二、第三和第四位，分别为14 135.20 t、16 159.97 t和12 202.15 t。

移动源排放的各种污染物中CO和NO_x占比较大，分别为45.59%和38.87%，排放量分别为7 765.09 t和6 619.96 t。道路移动源各项污染物的排放量都远大于非道路移动源。

溶剂使用源只排放VOCs，其排放量为2 274.85 t。其中，建筑涂料、农药使用和其他溶剂面源污染占比较大，加快新型非溶剂原料替代是降低这部分VOCs排放量的关键环节。

农业源排放的污染物主要是NH_3，其排放量为13 371.83 t，其中畜禽养殖点源、畜禽养殖面源和人体粪便排放量较大，分别为1 511.20 t、7 765.15 t和3 162.53 t。

扬尘源主要排放PM_{10}和$PM_{2.5}$，PM_{10}和$PM_{2.5}$的排放量占比分别为76.96%和23.04%。在各项二级污染源中以道路扬尘源的排放量最高，堆场扬尘源次之，道路扬尘的PM_{10}和$PM_{2.5}$排放量分别为2 265.26 t和822.07 t，堆场扬尘的PM_{10}和$PM_{2.5}$排放量分别为2 101.39 t和392.68 t。

生物质燃烧源排放的各项污染物中CO和NO_x的排放量较大，分别为705.74 t和180.39 t，在各项污染物中的占比分别为53.44%和13.66%。

废弃物处理源排放的污染物主要为NH_3和VOCs，固废处理过程排放NH_3和VOCs，废水处理和烟气脱硝过程都只排放NH_3，NH_3和VOCs的排放量分别为365.50 t和131.44 t，占比分别为73.55%和26.45%。

其他排放源主要是指餐饮业的排放，各项污染物中PM_{10}和$PM_{2.5}$的排放量较大，分别为98.34 t

和78.67 t，占比分别为37.65和30.12%。

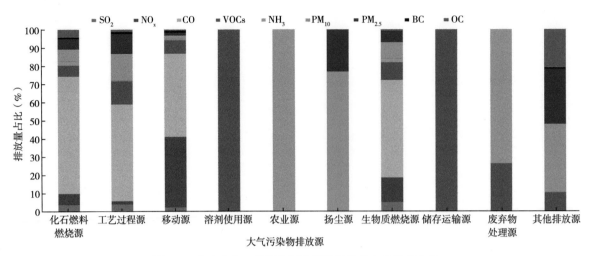

图4-2 吉安市各一级污染源大气污染物综合排放量占比

4.2 污染来源特征分析

4.2.1 SO₂排放分布

根据吉安市大气污染源综合排放清单结果，各污染物一级源SO₂排放量占比见图4-3。由图可知，工艺过程源和化石燃料固定燃料源是全市SO₂排放的最主要来源，其中，工艺过程源排放SO₂共计4 594.09 t，占比61.21%，化石燃料固定燃烧源排放SO₂共计2 423.29 t，占比32.29%，两者排放共占全部排放量的93.50%，其余部分为道路移动源和生物质燃烧源的排放，分别为418.71 t和68.93 t，分别占全部SO₂排放量的5.58%和0.92%。

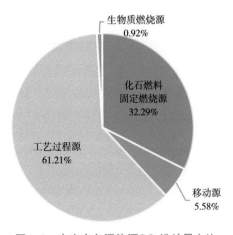

图4-3 吉安市各污染源SO₂排放量占比

为了进一步确定各行业SO₂排放情况，化石燃料固定燃烧源和工艺过程源二级污染源SO₂排放量占比见图4-4。由图可知，除其他工业外，工艺过程源中水泥制造SO₂排放量最大，为1 611.22 t，占比为35.07%；砖瓦、石材等建筑材料制造行业排放的SO₂也不低，为1 090.08 t，在工艺过程源中占比为23.73%。此外，还有化学原料和化学制品业、玻璃制造业等行业，排放的SO₂相对较少。

图4-4B展示了化石燃料固定燃烧源中各个二级污染源SO₂排放量的占比情况，其中：电力供热的SO₂排放量最大，为1 776.67 t，占比高达73.31%；民用燃烧的SO₂排放量在化石燃料固定燃烧源中位居第二，排放量为363.94 t，占比为15.02%；工业锅炉的SO₂排放量为280.82 t，占比为11.59%；民用锅炉的SO₂排放量为1.86 t，占比为0.08%，在各个化石燃料固定燃烧源的二级污染源中占比最低。

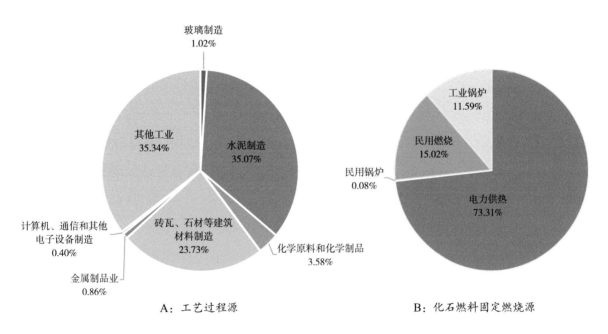

A：工艺过程源　　　　　　　　B：化石燃料固定燃烧源

图4-4　吉安市工艺过程源、化石燃料固定燃烧源二级污染源SO₂排放量占比

图4-5为结合一级污染源和二级污染源后吉安市各污染源SO₂排放量占比图。由图可知，电力供热在SO₂排放的各级排放源中占比最高，占总排放量的23.88%，排放量为1 776.67 t，因此控制其SO₂排放对于吉安市SO₂减排起到关键作用；水泥制造的SO₂排放量也相对较大，共1 661.22 t，占比为21.67%；其他SO₂主要来源依次为砖瓦、石材等建筑材料制造（占比14.66%），化学原料和化学制品（占比2.21%），民用燃烧（占比4.89%）和工业锅炉（占比3.78%），排放量分别为1 090.08 t、164.24 t、363.94 t和280.82 t。安装有效脱硫设备、治理上述行业的SO₂污染对于降低吉安市SO₂排放总量同样至关重要。

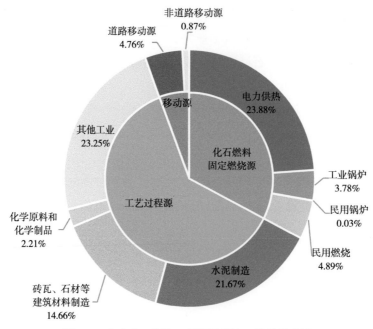

图4-5　吉安市一级和二级污染源SO_2排放量占比

4.2.2　NO_x排放分布

根据吉安市大气污染源综合排放清单结果，各一级污染源NO_x排放量占比见图4-6。由图可知，在各类一级污染源中，移动源为全市NO_x排放最大的来源，排放量为6 619.96 t，占比达51.34%，化石燃料固定燃烧源次之，NO_x排放量为4 283.73 t，占比为33.22%，其余为工艺过程源和生物质燃烧源的排放，排放量分别为1 810.54 t和180.39 t，占比分别为14.04%和1.40%。

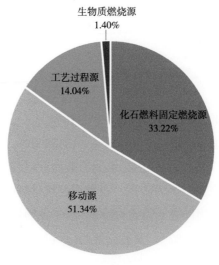

图4-6　吉安市各污染源NO_x排放量占比

为了进一步明确各行业NOₓ排放情况，分析了化石燃料固定燃烧源、工艺过程源及移动源的二级污染源NOₓ排放量占比（图4-7）。由图4-7A可知，电力供热在化石燃料固定燃烧源中占比最大，为68.98%，排放量为2 954.58 t；其次为民用燃烧，占比24.78%，排放量为1 061.62 t；其余部分为工业锅炉（占比6.10%）和民用锅炉（占比0.14%），排放量分别为261.39 t和6.14 t。

图4-7B为工艺过程源的二级污染源NOₓ排放量占比情况，除其他工业外，砖瓦、石材等建筑材料制造的排放量相对较大，共排放NOₓ 268.16 t，占比为14.81%，水泥制造占比14.07%，玻璃制造占比5.92%，两者排放量分别为254.74 t和107.11 t。其他工业为工艺过程源中NOₓ排放的主要来源，排放量为1 113.92 t，占比为61.52%。

在移动源排放的NOₓ中（图4-7C），道路移动源排放量为5 778.91 t，占比为87.30%；非道路移动源排放量为841.05 t，占比为12.70%。

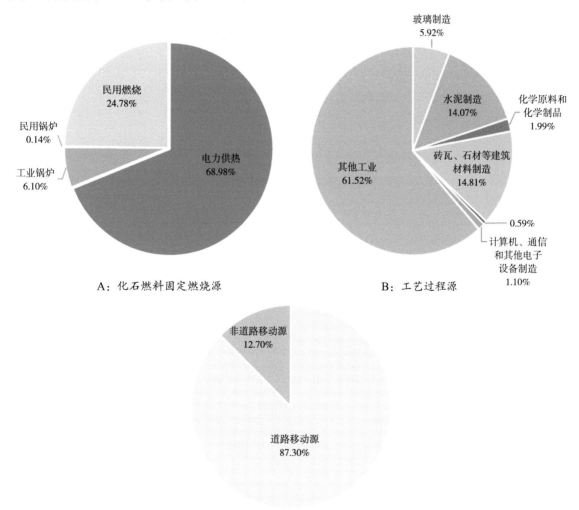

A：化石燃料固定燃烧源　　B：工艺过程源

C：移动源

图4-7　吉安市化石燃料固定燃烧源、工艺过程源、移动源的二级污染源NOₓ排放量占比

　　图4-8为结合污染物排放一级污染源和二级污染源后吉安市NO$_x$排放量占比图。由图可知，道路移动源在吉安市NO$_x$排放量中占比最大，为45.44%，排放量为5 778.91 t。因此，推动移动源尾气处理装置升级改造可促进吉安市NO$_x$排放量降低。其次为电力供热、其他工业和民用燃烧，分别占比23.24%、9.29%和8.35%，排放量分别为2 954.58 t、1 180.16 t和1 061.62 t；其余依次为非道路移动源，砖瓦、石材等建筑材料制造，工业锅炉，水泥制造，玻璃制造和民用锅炉，排放量分别为841.05 t、268.16 t、261.39 t、254.74 t、107.11 t和6.14 t。推动移动源尾气装置升级，推动电力供热、其他行业低氮燃烧技术利用及脱硝装置的安装，确保脱硝装置高效稳定运行对于降低吉安市NO$_x$排放总量至关重要。

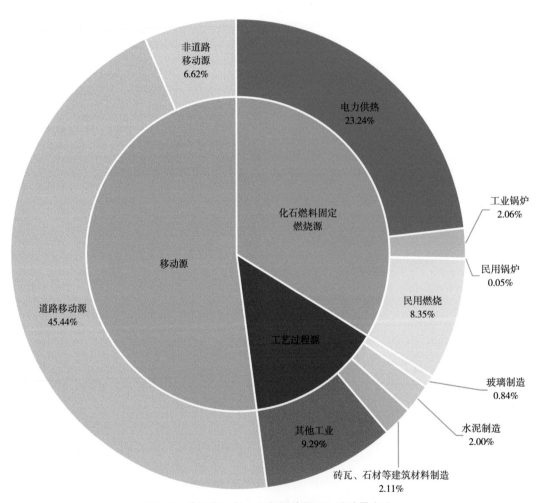

图4-8　吉安市一级、二级污染源NO$_x$排放量占比

4.2.3 VOCs排放分布

根据吉安市大气污染源综合排放清单，各类一级污染源VOCs排放情况见图4-9A。从结果来看，工艺过程源是VOCs排放最大的一级污染源，占比高达63.35%，排放量为14 135.20 t；化石燃料固定燃烧源排放VOCs 4 074.00 t，占比为18.26%；其余依次为溶剂使用源、移动源和储存运输源等，VOCs排放量分别为2 274.858 t、1 272.17 t和269.87 t。

为掌握各行业VOCs排放情况，图4-9B至图4-9E展示了各二级污染源VOCs排放量占比。图4-9B为化石燃料固定燃烧源二级污染源排放VOCs的占比图，由图可知，民用燃烧占比最大，达76.24%，排放量为3 105.95 t；其他二级污染源分别为电力供热（占比16.00%）、工业锅炉（占比7.70%）和民用锅炉（占比0.06%），排放量分别为651.90 t、313.85 t和2.30 t。

工艺过程源的二级污染源VOCs排放量占比见图4-9C，从图中可看出，除其他工业外，化学原料和化学制品业占据工艺过程源绝大部分，排放量为5 184.73 t，占比为36.68%；砖瓦、石材等建筑材料制造行业VOCs排放量为764.57 t，占比为5.41%；水泥制造业排放量为420.32 t，占比为2.97%。此外，还有金属制品业（占比0.62%），计算机、通信和其他电子设备制造（占比2.93%）和玻璃行业（占比0.60%）。其他工业的VOCs总排放量为7 179.51 t，占据工艺过程源总排放量的50.79%。4.4小节中，将对工艺过程源中各个行业进行了进一步的详细分析。

图4-9D展示了溶剂使用源的二级污染源VOCs排放情况，由图可知，其他溶剂面源为溶剂使用源VOCs排放的最大来源，排放量为1 536.45 t，占比达67.53%。建筑涂料和农药使用的排放量分别为339.39 t和255.98 t，占比分别为14.92%和11.25%。剩余部分为工业涂装、其他溶剂点源、印刷印染和汽修行业，排放量分别为130.92 t、8.16 t、2.66 t和1.29 t，占比分别为5.76%、0.36%、0.12%和0.06%。

移动源二级污染源VOCs排放量占比见图4-9E，道路移动源和非道路移动源分别占比89.23%和10.77%，排放量分别为1 135.13 t和137.04 t。

结合污染物排放一级源和二级源，吉安市2018年各污染源VOCs排放量占比见图4-10。由图可知，工业过程源是吉安市VOCs排放的最大来源，在工艺过程源中，除其他工业外，化学原料和化学制品业VOCs排放量最大，占比为23.40%，排放量为5 184.73 t。因此，做好化学原料和化学制品业VOCs无组织排放管控工作，提高有组织排放VOCs处理效率可大幅度降低吉安市VOCs排放总量。其他依次为砖瓦、石材等建筑材料制造业（占比3.45%），水泥制造（占比1.90%），计算机、通信和其他电子设备制造业（占比1.87%），玻璃制造（占比0.39%）；其他工业的排放总量为7 266.49 t，占比为32.78%。VOCs排放总量较大的还有民用燃烧和其他溶剂面源，排放量分别为3 105.95 t和1 536.45 t，占比分别为14.02%和6.93%。总体来看，吉安市的VOCs排放量主要来源于化学原料和化学制品业的有组织排放和其他溶剂面源及民用燃烧，降低上述行业VOCs无组织排放、提高VOCs收集处理率、提升VOCs处理效率能够明显减少VOCs排放总量。

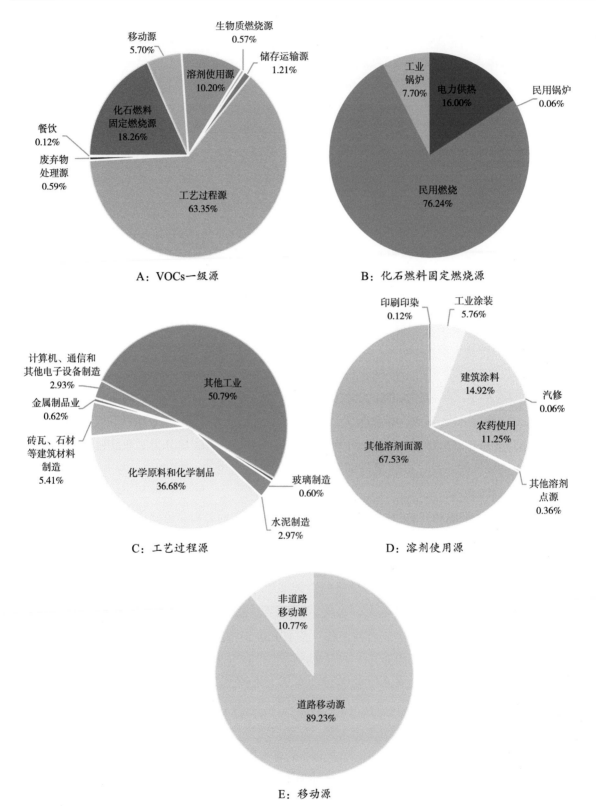

图4-9 吉安市各污染源VOCs排放量占比

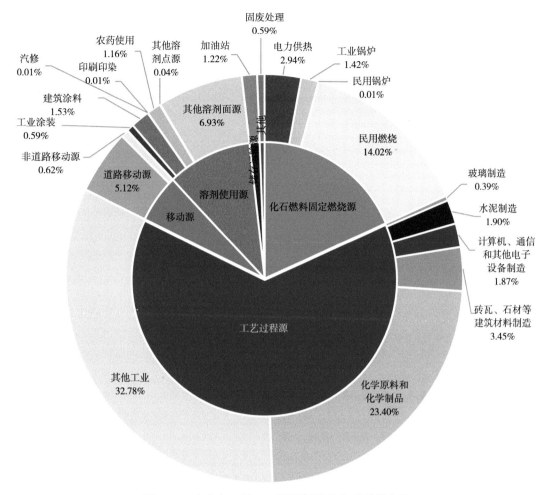

图4-10　吉安市一级、二级污染源VOCs排放量占比

4.2.4　PM$_{2.5}$排放分布

　　吉安市各类一级污染源PM$_{2.5}$排放情况见图4-11。由图可知，工艺过程源PM$_{2.5}$排放占总排放量的比重最大，排放量为12 202.15 t，占比为67.53%；化石燃料固定燃烧源和扬尘源也是PM$_{2.5}$的重要排放源，排放量分别为3 775.28 t和1 629.47 t，占比分别为20.90%和9.02%；其余部分依次为移动源、生物质燃烧源和餐饮，占比分别为1.68%、0.44%和0.44%，排放量分别为302.80 t、79.39 t和78.67 t。

　　各类二级污染源PM$_{2.5}$排放情况见图4-12。图4-12A为化石燃料固定燃烧源二级污染源PM$_{2.5}$排放量占比图，结果表明，民用燃烧为化石燃料固定燃烧PM$_{2.5}$排放的最主要来源，排放量为3 241.01 t，占比达85.85%。因此，加强民用散煤的管控，减少PM$_{2.5}$一次排放是改善吉安市空气质量的有效途径。电力供热源的PM$_{2.5}$排放量次之，排放量为518.01 t，占比为13.72%。确保除尘装置稳定、高效运行有利于降低吉安市PM$_{2.5}$的排放，改善空气质量。

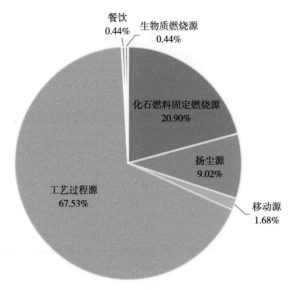

图4-11 吉安市各类一级污染源PM$_{2.5}$排放量占比

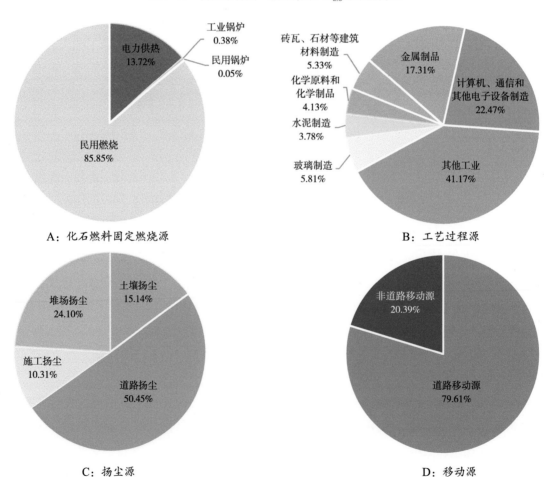

图4-12 吉安市二级污染源PM$_{2.5}$排放量占比

图4-12B为工艺过程源的二级污染源PM$_{2.5}$排放量占比图。由图可知，其他工业源为工艺过程源PM$_{2.5}$排放的主要部分，排放量为5 023.29 t，占比达41.17%；第二大污染源为计算机、通信和其他电子设备制造业，排放量为2 741.43 t，占比为22.47%；其余部分为：金属制品业，排放量为2 112.32 t，占比17.31%；砖瓦、石材等建筑材料制造业排放量为650.01 t，占比为5.33%；化学原料和化学制品业排放量为504.4 t，占4.13%；玻璃制造行业排放量为708.93 t，占比5.81%；水泥制造行业排放量为461.77 t，占比3.78%。

图4-12C为扬尘源的二级污染源PM$_{2.5}$排放量占比图。由图可知，道路扬尘贡献最大，排放量为822.07 t，占比达50.45%；其次是堆场扬尘，排放量为392.68 t，占比24.10%；土壤扬尘和施工扬尘排放排放量分别为246.71 t和168.00 t，占比分别为15.14%和10.31%。

图4-12D为移动源的二级污染源PM$_{2.5}$排放量占比图，由图可知，道路移动源和非道路移动源分别占比79.61%和20.39%，排放量分别为241.06 t和61.74 t。

结合PM$_{2.5}$一级污染源和二级污染源排放情况，图4-13展示了吉安市2018年各污染源PM$_{2.5}$排放量占比。由图可知，工艺过程源是吉安市PM$_{2.5}$最大的排放源，其中，其他工业为全市PM$_{2.5}$第一大贡献源，排放量为5 023.29 t，占比达27.81%；其次是计算机、通信和其他电子设备制造业，排放量为2 741.43 t，占比为15.17%；然后是金属制品业（占比11.69%），玻璃制造（占比3.92%），砖瓦、石材等建筑材料制造（占比3.60%），化学原料和化学制品（占比2.79%）和水泥制造（占比2.56%）。因此，督促各行业对产粉尘段工艺做好粉尘收集、处理、洒水工作，尤其是提升细颗粒物处理装置除尘效率，维护除尘装置高效、稳定运行，将极大推动吉安市PM$_{2.5}$减排工作。

民用燃烧源和道路扬尘源PM$_{2.5}$排量占比较大，排放量分别为3 241.01 t和822.07 t，占比分别为17.94%和4.55%。因此，监管民用用煤以及确保道路按时清扫保洁可有效降低吉安市PM$_{2.5}$排放总量。

总之，各易起扬尘路段应做好洒水工作，各工段做好粉尘收集、处理工作并维护除尘装置高效运行，督促民众使用清洁型燃料替代散煤、生物质燃烧可大幅度降低吉安市PM$_{2.5}$排放总量。

4.2.5 PM$_{10}$排放分布

吉安市各类一级污染源PM$_{10}$排放情况见图4-14，工艺过程源是PM$_{10}$最大的来源，排放量为16 159.97 t，占比60.81%；扬尘源排放位列第二，占比为20.47%，排放量为5 442.16 t；化石燃料固定燃烧源排放量为4 453.10 t，占比为16.75%；其余PM$_{10}$排放量分别由移动源、生物质燃烧源和餐饮行业贡献，排放量分别为308.95 t，117.93 t和98.34 t，占比分别为1.16%、0.44%和0.37%。

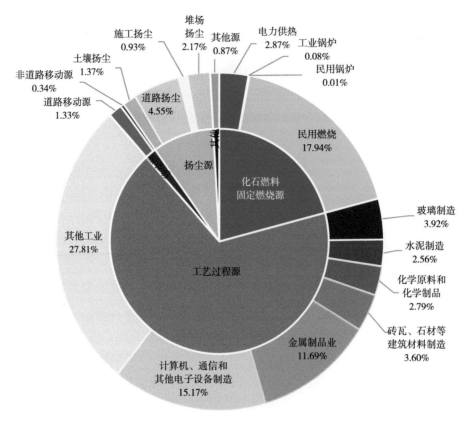

图4-13 吉安市一级、二级污染源PM$_{2.5}$排放量占比

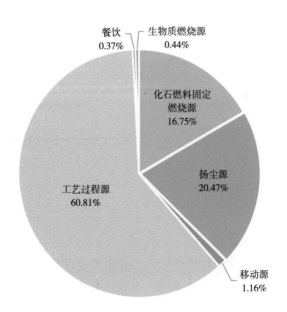

图4-14 吉安市各污染源PM$_{10}$排放量占比

各类二级污染源PM$_{10}$排放量占比见图4-15。图4-15A表明民用燃烧源在化石燃料固定燃烧源中PM$_{10}$排放量最大，排放量为3 526.99 t，占化石燃料固定燃烧源PM$_{10}$排放总量的79.20%；其余的PM$_{10}$排放量依次来源于电力供热源（占比19.46%）、工业锅炉源（占比1.29%）和民用锅炉源（占比0.05%），其排放量分别为866.48 t、57.28 t和2.35 t。

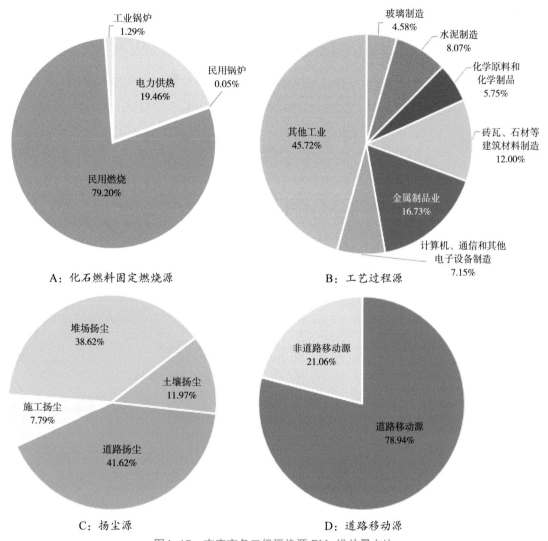

图4-15　吉安市各二级污染源 PM$_{10}$排放量占比

图4-15B为工艺过程源各二级污染源PM$_{10}$排放量占比图。从图中可知，其他工业源是工艺过程源中PM$_{10}$的最大来源，排放量为7 387.32 t，占比为45.72%；金属制品业次之，排放量为2 703.13 t，占比为16.73%；之后是砖瓦、石材等建筑材料制造业，排放量为1 938.65 t，占比为12.00%；此外，还有水泥制造业（占比8.07%），计算机、通信和其他电子设备制造（占比7.15%），化学原料和化学制品业（占比5.75%）和玻璃制造（占比4.58%）。

图4-15C为扬尘源二级污染源PM_{10}排放量的占比图，道路扬尘源PM_{10}排放占扬尘源PM_{10}总排放量的份额最大，排放量为2 265.26 t，占比达41.62%，其他分别为堆场扬尘（占比38.62%）、土壤扬尘（占比11.97%）和施工扬尘（占比7.79%），排放量分别为2 101.39 t、651.43 t和424.08 t。对道路采取湿扫、吸扫、洒水雾炮等抑尘措施，对堆场实行全面苦盖、洒水雾炮等可有效降低扬尘源PM_{10}的排放量。

图4-15D展示了移动源的二级污染源PM_{10}排放量的占比情况，道路移动源和非道路移动源的PM_{10}排放量分别为243.89和65.05 t，占比分别为78.94%和21.06%。

结合PM_{10}排放的一级和二级污染源，吉安市2018年各污染源PM_{10}排放量占比见图4-16。工艺过程源是吉安市PM_{10}排放的主要污染源，其中，其他工业的PM_{10}排放最大，共排放7 387.32 t，占比为27.79%；金属制品业PM_{10}排放量次之（2 703.13 t），占比为10.17%；然后是砖瓦、石材等建筑材料制造（1 938.65 t），占比为7.29%。扬尘源中，道路扬尘和堆场扬尘排放量相对较大，分别为2 265.26 t（占比8.52%）和2 101.39 t（占比7.91%）。化石燃料固定燃烧源中，民用燃烧排放量占比较大，排放量为3 526.99 t，占比为13.27%。移动源和其他排放源的PM_{10}排放相对较少。

对各无组织产粉尘工艺段进行粉尘收集、处理，安装高效先进的除尘设备，确保除尘装置稳定运行，对道路采取湿扫、吸扫、洒水雾炮等抑尘措施，严格落实施工场地的"六个百分百"，并督促村民使用清洁型燃料可大幅降低吉安市PM_{10}排放总量。

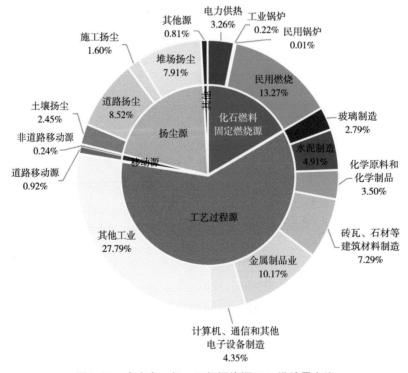

图4-16 吉安市一级、二级污染源PM_{10}排放量占比

4.2.6 CO排放分布

吉安市各类一级污染源CO排放情况见图4-17，工艺过程源是CO排放的第一大来源，排放量为58 181.95 t，占比达53.42%；其次为化石燃料固定燃烧源，排放量为42 251.75 t，占比为38.80%；其余CO排放来自移动源和生物质燃烧源排放，其排放量分别为7 765.09和705.74 t，占比分别为7.13%和0.65%。

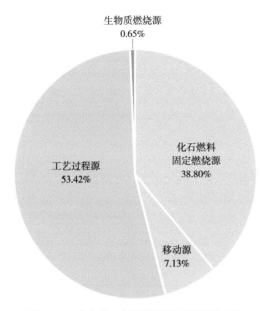

图4-17 吉安市一级污染源CO排放量占比

图4-18A、图4-18B和图4-18C分别为化石燃料固定燃烧源、移动源和工艺过程源的二级源CO排放量占比图。

图4-18A表明，民用燃烧源占化石燃料固定燃烧源CO排放的比重最大，占比为75.63%，排放量为31 954.01 t，由此可见，吉安市民用燃烧源中存在散煤、生物质燃料燃烧等现象，导致大量的CO排放。电力供热源是化石燃料固定燃烧源CO排放的另一重大来源，排放量占比为22.93%，排放量为9 689.36 t。剩余部分为工业锅炉和民用锅炉，占比分别为1.41%和0.03%。

由图4-18B可知，道路移动源和非道路移动源CO排放分别占移动源CO排放量的92.95%和7.05%，排放量分别为7 217.69 t和547.39 t。吉安市汽车保有量逐渐提高，且多为燃油汽车，而燃油汽车不可避免地排放CO，故造成了道路移动源CO排放量较高的现象。

由图4-18C可知，砖瓦、石材等建筑材料制造行业是工艺过程源二级污染源中CO排放量最大的污染源，排放量为35 016.91 t，占比达60.19%；其次是水泥制造业，排放量为8 278.98 t，占比为14.23%；然后是化学原料和化学制品业（占比6.82%）、金属制品业（占比3.58%）和计算机、通信和其他电子设备制造业（占比0.03%）；除以上行业外，其他工业的CO排放总量为8 817.89 t，占比为15.16%。

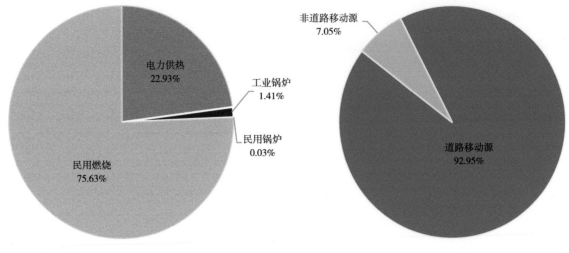

A：化石燃料固定燃烧源　　　　　　　　B：移动源

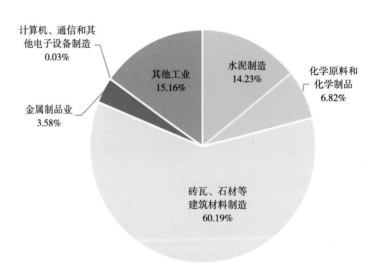

C：工艺过程源

图4-18　吉安市各二级污染源CO排放量占比

　　图4-19为结合污染物排放一级和二级污染源的CO排放量占比图。在所有污染源中，砖瓦、石材等建筑材料制造占据的比例最大，排放量为35 016.91 t，占比达32.15%；其次是民用燃烧，占比为29.34%，排放量为31 954.01 t；电力供热占比为8.90%，为第三大污染源，排放量为9 689.36 t；其他工业占比为8.11%，排放量为8 837.42 t；水泥制造行业排放占比为7.60%，也相对较高，排放量为8 278.98 t；道路移动源占比为6.63%，排放量为7 217.69 t；其余污染源排放贡献较小。

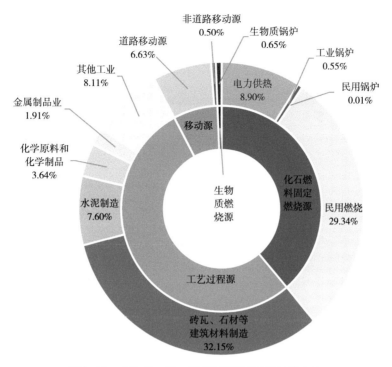

图4-19　吉安市一级、二级污染源CO排放量占比

4.2.7　NH₃排放分布

吉安市各类一级污染源NH₃排放情况见图4-20。农业源是NH₃排放第一大来源，排放量为13 371.83 t，占比高达88.09%；其次为化石燃料固定燃烧源，排放量为1 251.16 t，排放占比为8.24%；其余NH₃来自废弃物处理源、工艺过程源、移动源和生物质燃烧源排放，它们排放量分别为365.50 t、88.36 t、76.40 t和27.24 t，总占比为3.67%。

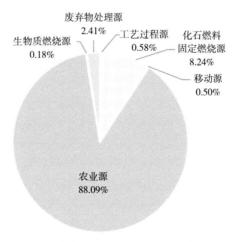

图4-20　吉安市一级污染源NH₃排放量占比

图4-21A、图4-21B和图4-21C分别为化石燃料固定燃烧源、废弃物处理源和农业源的二级污染源NH$_3$排放量占比图。

图4-21A表明，民用燃烧源占化石燃料固定燃烧源NH$_3$排放的比重最大，占比高达91.44%，排放量为1 144.03 t；电力供热源NH$_3$的排放量为106.63 t，在化石燃料固定燃烧源排放的NH$_3$中占比8.52%；民用锅炉源占比最低（0.04%）。

由图4-21B可知，固废处理、烟气脱硝和废水处理源NH$_3$排放分别占废弃物处理源NH$_3$排放量的87.56%、12.39%和0.05%，排放量分别为320.04 t、45.28 t和0.19 t。

由图4-21C可知，其中畜禽养殖面源占比最高，高达58.07%，排放量为7 765.15 t；人体粪便排放的NH$_3$占比次之，排放量为3 162.53 t，占比23.65%；畜禽养殖点源的NH$_3$排放占比也超过10%，为11.30%；其余的NH$_3$排放来自土壤本底源、秸秆堆肥源、氮肥施用源和固氮植物源，排放量分别为485.85 t、232.00 t、183.86 t和31.24 t，排放量占比分别为3.63%、1.74%、1.37%和0.23%。

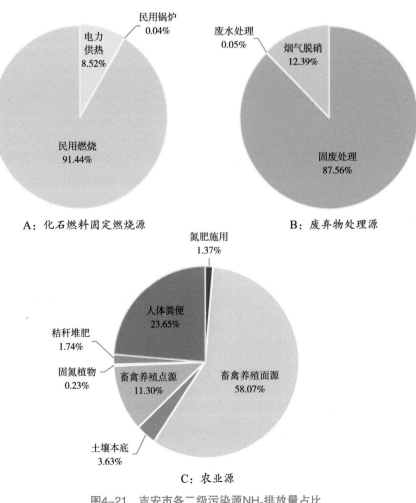

A：化石燃料固定燃烧源　　　　　　　　B：废弃物处理源

C：农业源

图4-21　吉安市各二级污染源NH$_3$排放量占比

图4-22为结合各类一级和二级污染源的NH₃排放量占比图。在所有污染源中，畜禽养殖面源占比最大，占比达51.25%，排放量为7 765.15 t；其次是人体粪便源，占比达20.87%，排放量为3 162.53 t；畜禽养殖点源，占比达9.97%，排放量为1 511.20 t；民用燃烧源排放的NH₃为1 144.03 t，排放量占比为7.55%；其余污染源排放贡献较小，按排放量占比由大到小依次为土壤本底、固废处理、氮肥施用、电力供热、其他工业、道路移动、烟气脱硝、固氮植物，各污染源排放占比分别为3.21%、2.11%、1.21%、0.71%、0.58%、0.50%、0.30%、0.21%。

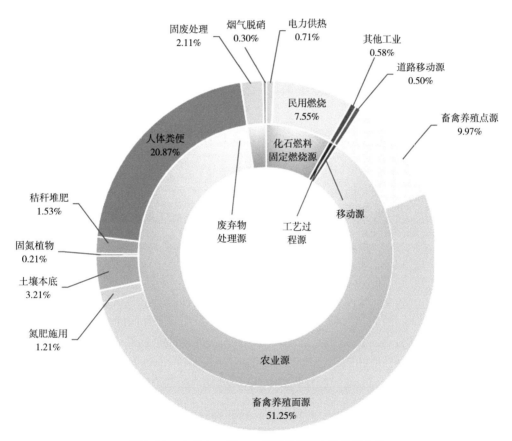

图4-22　吉安市一级、二级污染源NH₃排放量占比

4.3　县（市、区）污染物来源特征分析

4.3.1　各县（市、区）污染物排放分布

本研究在分析吉安市各类污染源的基础上，将2018年各个县（市、区）的大气污染物排放情况进行了汇总，各县（市、区）9种大气污染物排放总量见表4-2。

表4-2 各县（市、区）大气污染源综合排放清单结果 单位：t

县（市、区）名称	SO$_2$	NO$_x$	CO	VOCs	NH$_3$	PM$_{10}$	PM$_{2.5}$	BC	OC	总计
吉州区	119.11	57.36	567.04	973.59	616.67	1 990.54	998.22	17.66	15.45	5 355.64
青原区	1 681.62	2 234.11	11 084.48	801.35	388.41	853.27	408.77	83.22	200.42	17 735.65
井冈山市	183.32	486.06	791.29	2 342.57	122.69	1 212.22	796.83	18.67	39.47	5 993.12
井开区	32.71	269.52	350.86	1 044.56	34.75	193.28	156.46	16.39	65.64	2 614.17
安福县	808.56	284.62	12 213.07	2 641.01	303.58	2 515.15	1 345.37	228.36	292.19	20 631.91
吉安县	341.63	218.92	6 431.73	1 365.41	171.30	2 976.16	1 934.58	137.61	397.44	13 974.78
吉水县	313.71	337.05	8 915.65	1 685.02	248.18	3 186.07	2 218.43	261.52	557.84	17 723.47
遂川县	92.54	205.50	5 615.30	1 312.05	657.23	1 721.05	1 349.33	109.07	465.39	11 527.46
泰和县	1 260.12	458.54	14 991.23	2 434.53	3 899.15	3 583.39	3 967.68	327.21	589.35	31 511.20
万安县	167.89	250.13	7 971.70	997.41	363.22	1 253.81	790.82	154.66	437.64	13 387.28
峡江县	495.81	140.27	3 086.65	1 685.10	509.21	1 586.97	920.98	95.86	194.27	8 715.12
新干县	377.51	685.35	4 176.50	3 247.77	760.92	2 123.56	1 471.01	108.40	233.50	13 184.52
永丰县	1 062.43	374.18	17 814.02	1 495.10	1 224.22	2 813.45	1 270.53	159.50	236.68	26 450.11
永新县	190.15	578.76	6 672.39	2 630.30	2 028.78	1 354.12	669.99	170.17	273.24	14 556.90
总计	7 127.11	6 580.37	100 681.91	24 655.77	11 328.31	27 363.04	18 299.00	1 888.30	3 998.52	201 922.33

各县（市、区）中，泰和县、永丰县和安福县的污染物排放总量最高，9种污染物排放总量分别为31 511.20 t、26 450.11 t和20 631.91 t。青原区SO$_2$和NO$_x$排放量均最高，达1 681.62 t和2 234.11 t，因华能国际电力股份有限公司井冈山电厂位于青原区，贡献了1 600.83 t的SO$_2$排放和2 153.80 t的NO$_x$排放。永丰县的CO排放量最大，达17 814.02 t。新干县的VOCs排放量最大，为3 247.77 t。泰和县的NH$_3$排放量为3 899.15 t，在各县（市、区）中排名第一。泰和县的PM$_{10}$排放量居全吉安市第一，排放量为3 583.39 t。此外，泰和县的PM$_{2.5}$排放量为3 967.68 t，在县（市、区）PM$_{2.5}$排放中也位列第一。同时，泰和县的BC和OC排放量也在县（市、区）中排第一，分别为327.21 t和589.35 t。

吉安市位于赣江中游及其支流河水汇合处，地形以山地、丘陵、小平原为主，山地占全市面积的51%，平原与岗地约占23%，山地与丘陵约占23%，水面约占4%，污染物扩散条件较好，环境容量较大，污染物排放量整体不高。2018年，吉安市各个县（市、区）的污染物分布特征见图4-23。泰和县、永丰县、安福县和青原区的污染物排放量相对较高，分别为31 511.20 t、26 450.11 t、20 631.91 t和17 735.65 t。除CO外，吉安市PM$_{10}$、PM$_{2.5}$和VOCs排放量较高，显示出以PM$_{10}$、PM$_{2.5}$和VOCs为主的复合型大气污染特征。吉安市水泥、玻璃、黏土砖瓦及建筑砌块制造，家具生产和装备制造企业相对较多，造成PM$_{10}$、PM$_{2.5}$和VOCs排放量相对较高。

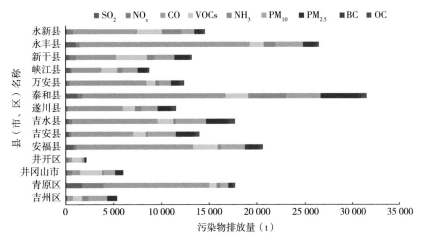

图4-23 2018年吉安市各县（市、区）污染物排放量分布

4.3.2 各县（市、区）SO₂排放特征分析

吉安市SO₂排放量较大的县（市、区）有青原区、泰和县和永丰县（图4-24），其中，青原区SO₂排放量为1 681.62 t，占吉安市SO₂总排放量的23.59%；泰和县的SO₂排放量为1 260.12 t，占总排放量的17.68%；永丰县的SO₂排放量为1 062.43 t，占比为14.91%。各县（市、区）的SO₂排放分布见图4-25。

为了明晰县（市、区）SO₂排放的具体来源，本节选取了SO₂排放较大的3个县（市、区），即青原区、泰和县和永丰县的SO₂排放情况进行详细阐述，具体见图4-26至图4-28。

青原区SO₂排放主要来源于化石燃料固定燃烧源，排放量为1 625.19 t，占青原区SO₂总排放量的96.64%。其次是工艺过程源，SO₂排放量为56.44 t，占青原区SO₂总排放量的3.36%。在青原区化石燃料固定燃烧源中，电力供热是最主要的SO₂排放源，共排放SO₂ 1 600.83 t，占整个青原区SO₂排放量的95.20%。对于工艺过程源，青原区的SO₂排放主要来源于除水泥、玻璃等行业之外的其他工业企业。

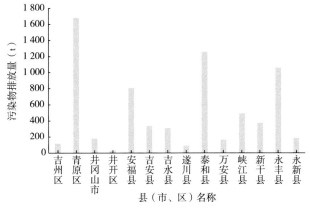

图4-24 2018年吉安市各县（市、区）SO₂排放量

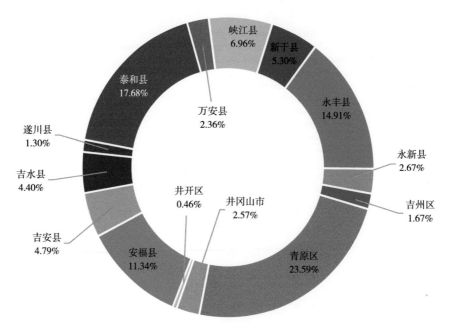

图4-25　2018年吉安市各县（市、区）SO₂排放分布

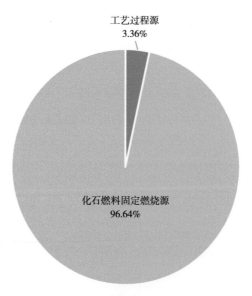

图4-26　青原区SO₂排放特征

　　泰和县SO₂排放主要来源于工艺过程源，排放量为1 164.19 t，占泰和县SO₂总排放量的92.39%。其次是化石燃料固定燃烧源，SO₂排放量为89.59 t，占泰和县SO₂总排放量的7.11%。在泰和县工艺过程源中，除电力行业、水泥、玻璃等行业之外的其他工业企业（如机制纸、纸板制造和黏土砖瓦及建筑砌块制造等行业企业）是最主要的SO₂排放源，共排放SO₂ 845.49 t，占整个泰和县SO₂排放量的67.10%。此外，水泥行业的SO₂排放量为318.70 t。对于化石燃料固定燃烧

源，泰和县的SO₂排放主要来源于民用燃烧源和工业锅炉，其排放量分别为50.44 t和39.15 t。而生物质燃烧源的SO₂排放占比较小，主要由企业的生物质锅炉产生，其排放量为6.33 t。

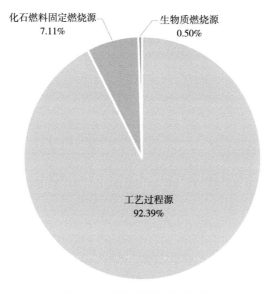

图4-27　泰和县SO₂排放特征

永丰县SO₂排放主要来源于工艺过程源，排放量为846.72 t，占永丰县SO₂总排放量的79.70%。其次是化石燃料固定燃烧源，SO₂排放量为215.71 t，占永丰县SO₂总排放量的20.30%。在永丰县工艺过程源中，水泥行业是最主要的SO₂排放源，共排放SO₂ 709.16 t，占整个永丰县SO₂排放量的66.75%。对于化石燃料固定燃烧源，工业锅炉是永丰县主要的SO₂排放源，共排放SO₂ 202.77 t。

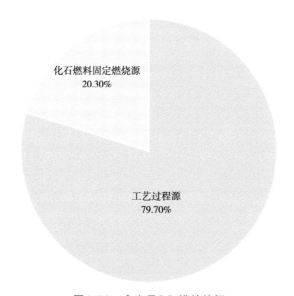

图4-28　永丰县SO₂排放特征

4.3.3 各县（市、区）NO$_x$排放特征分析

吉安市NO$_x$排放量较大的县（市、区）有青原区、新干县和永新县（图4-29），其中：青原区NO$_x$排放量为2 234.11 t，占吉安市NO$_x$总排放量的33.96%；新干县的NO$_x$排放量为685.35 t，占总排放量的10.42%；永新县的NO$_x$排放量为578.76 t，占比为8.80%。各县（市、区）的NO$_x$排放分布见图4-30。

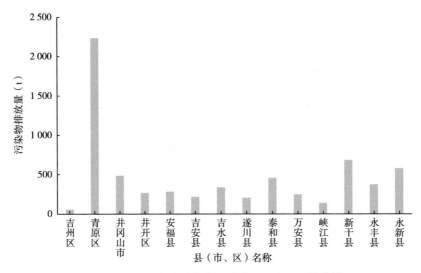

图4-29　2018年吉安市各县（市、区）NO$_x$排放量

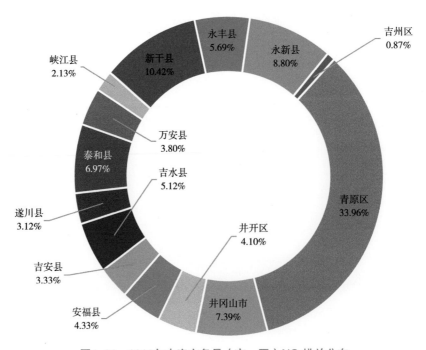

图4-30　2018年吉安市各县（市、区）NO$_x$排放分布

吉安市NO$_x$排放较大的三个县（市、区）为青原区、新干县和永新县，其具体NO$_x$排放情况见图4-31至图4-33。

化石燃料固定燃烧源是青原区NO$_x$排放的主要来源，排放量为2 219.44 t，占青原区NO$_x$总排放量的99.34%。工艺过程源次之，NO$_x$排放量为13.62 t，占青原区NO$_x$总排放量的0.61%。其余为移动源，排放量为1.05 t，占青原区NO$_x$总排放量的0.05%。在青原区化石燃料固定燃烧源中，电力供热是最主要的NO$_x$排放源（华能国际电力股份有限公司井冈山电厂贡献），共排放NO$_x$ 2 153.80 t，占整个青原区NO$_x$排放量的96.41%，民用燃烧排放量较小，为65.63 t。工艺过程源中，NO$_x$排放全部来源于除水泥、玻璃等行业之外的其他工业企业。对于移动源，因道路移动源覆盖全市，无法区分地区，此处仅包括非道路移动源排放量。

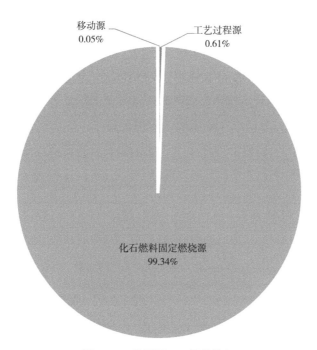

图4-31 青原区NO$_x$排放特征

新干县NO$_x$排放主要来源于工艺过程源，NO$_x$排放量为539.65 t，占新干县NO$_x$总排放量的78.74%。其次是化石燃料固定燃烧源，NO$_x$排放量为131.33 t，占新干县NO$_x$总排放量的19.16%。移动源最少，排放量为14.37 t，占新干县NO$_x$总排放量的2.10%。在新干县工艺过程源中，NO$_x$排放全部来源于除电力行业、水泥、玻璃等行业之外的其他工业企业。对于化石燃料固定燃烧源，新干县的NO$_x$排放来源于电力供热行业和民用燃烧，排放量分别为83.70 t和47.63 t。对于移动源，因道路移动源覆盖全市，无法区分地区，此处仅包括非道路移动源排放量，排放量为14.37 t。

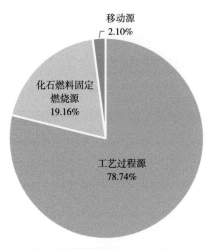

图4-32 新干县NO$_x$排放特征

永新县NO$_x$排放主要来源于化石燃料固定燃烧源，排放量为471.75 t，占永新县NO$_x$总排放量的81.51%。其次是工艺过程源，NO$_x$排放量为106.22 t，占永新县NO$_x$总排放量的18.35%。因道路移动源覆盖全市，无法区分地区，此处仅包括非道路移动源排放量，NO$_x$排放量为0.78 t，占永新县NO$_x$总排放量的0.14%。在永新县化石燃料固定燃烧源中，电力供热是NO$_x$的唯一排放源。对于工艺过程源，永新县的NO$_x$排放全部来源于其他工业企业和玻璃行业，排放量分别为67.58 t和38.64 t，分别占永新县NO$_x$总排放量的11.68%和6.67%。

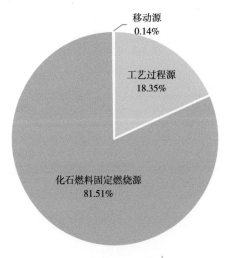

图4-33 永新县NO$_x$排放特征

4.3.4 各县（市、区）VOCs排放特征分析

吉安市VOCs排放量较大的县（市、区）有新干县、安福县和永新县（图4-34），其中，新干县VOCs排放量为3 247.77 t，占吉安市VOCs总排放量的13.18%；安福县的VOCs排放量为

2 641.01 t，占总排放量的10.71%；永新县的VOCs排放量为2 630.30 t，占比为10.67%。各县（市、区）的VOCs排放分布见图4-35。

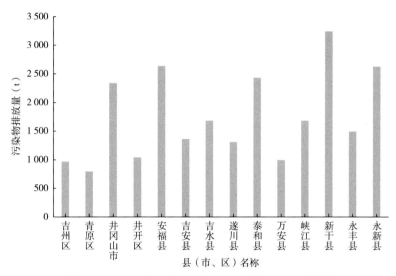

图4-34 2018年吉安市各县（市、区）VOCs排放量

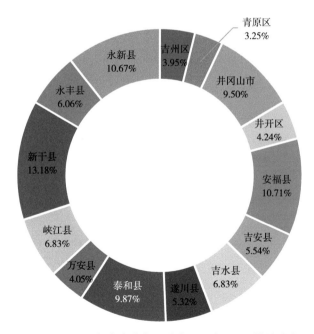

图4-35 2018年吉安市各县（市、区）VOCs排放分布

吉安市VOCs排放较大的3个县（市、区）为新干县、安福县和永新县，其具体VOCs排放情况见图4-36至图4-38。

新干县VOCs排放主要来源于工艺过程源，排放量为2 571.63 t，占新干县VOCs总排放量的

79.18%。其次是溶剂使用源，VOCs排放量为445.09 t，占新干县VOCs总排放量的13.70%。化石燃料固定燃烧源排放量为223.11 t，占新干县VOCs总排放的6.87%。另外移动源、其他排放源、储存运输源VOCs排放量分别占比0.13%、0.08%和0.04%。在新干县工艺过程源中，VOCs排放主要来源于其他工业企业，排放VOCs 2 557.22 t，占整个新干县VOCs排放量的78.74%，玻璃行业排放VOCs 14.41 t，占整个新干县VOCs排放量的0.44%。对于溶剂使用源，建筑涂料、农药使用是新干县VOCs的重点排放来源，分别排放VOCs 220.50 t和126.05 t，分别占整个新干县VOCs排放量的6.79%和3.88%，其他溶剂面源和其他溶剂点源共排放98.54 t。化石燃料固定燃烧源中，民用燃烧排放量较大，为166.61 t，占整个新干县VOCs排放量的5.13%。

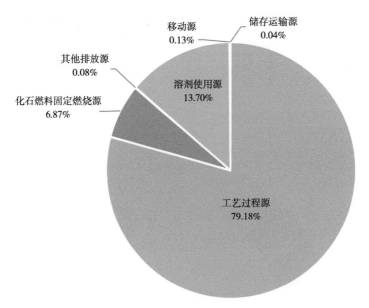

图4-36　新干县VOCs排放特征

安福县VOCs排放主要来源于工艺过程源，排放量为2 379.28 t，占安福县VOCs总排放量的90.08%。其次是化石燃料固定燃烧源，VOCs排放量为200.14 t，占安福县VOCs总排放量的7.58%。溶剂使用源排放量为46.62 t，占安福县VOCs总排放的1.77%。另外，储存运输源、生物质燃烧源、其他排放源和移动源的VOCs分别占安福县VOCs总排放的0.28%、0.20%、0.07%和0.02%。在安福县工艺过程源中，其他工业是最主要的VOCs排放源，排放VOCs 2 226.04 t，占整个安福县VOCs排放量的84.29%，水泥行业和玻璃行业VOCs排放量相对较小，分别为152.18 t和1.06 t。化石燃料固定燃烧源中，VOCs排放均来源于民用燃烧源，其排放量为200.14 t。储存运输源的VOCs排放来源于加油站，其排放量为7.37 t。生物质燃烧源、其他排放源（即餐饮）和移动源（仅考虑非道路）VOCs排放量均相对较小。

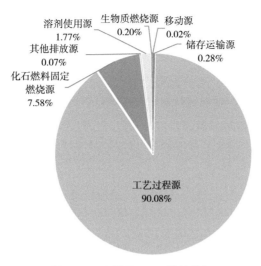

图4-37　安福县VOCs排放特征

永新县VOCs排放主要来源于工艺过程源，排放量为1 905.95 t，占永新县VOCs总排放量的72.60%。其次是溶剂使用源，排放量为383.96 t，占永新县VOCs总排放量的14.60%。另外，化石燃料固定燃烧源VOCs排放量为318.45 t，占永新县VOCs总排放量的12.11%。其余一级源中，废弃物处理源、储存运输源、其他排放源和移动源的VOCs排放量分别占永新县VOCs总排放量的0.46%、0.20%、0.02%和0.01%。在永新县的工艺过程源中，其他工业是最主要的VOCs排放源，排放VOCs 1 909.90 t，占整个永新县VOCs排放量的72.61%，玻璃行业VOCs排放量为0.050 t。其他溶剂面源是溶剂使用源的主要VOCs排放来源，排放量为305.21 t，占整个永新县VOCs排放量的11.60%，工业涂装等二级源VOCs排放贡献较小。废弃物处理源的VOCs排放来源于固废处理和废水处理，排放量分别为29.4 t和0.017 t。储存运输源、其他排放源（即餐饮）和移动源（仅考虑非道路）VOCs排放量相对较小。

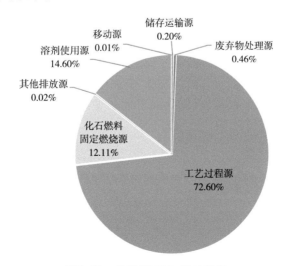

图4-38　永新县VOCs排放特征

4.3.5 各县（市、区）PM$_{2.5}$排放特征分析

吉安市PM$_{2.5}$排放量较大的县（市、区）有泰和县、吉水县和吉安县（图4-39），其中，泰和县PM$_{2.5}$排放量为3 967.68 t，占吉安市PM$_{2.5}$总排放量的21.69%；吉水县的PM$_{2.5}$排放量为2 218.43 t，占比为12.13%；吉安县的PM$_{2.5}$排放量为1 934.58 t，占总排放量的10.57%。各县（市、区）的PM$_{2.5}$排放分布见图4-40。

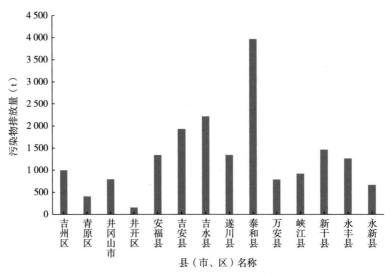

图4-39 2018年吉安市各县（市、区）PM$_{2.5}$排放量

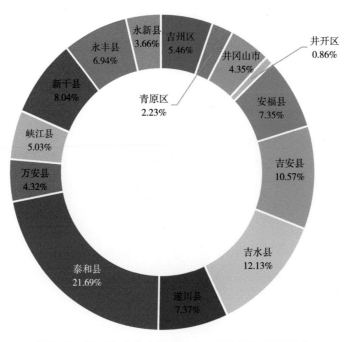

图4-40 2018年吉安市各县（市、区）PM$_{2.5}$排放分布

吉安市PM$_{2.5}$排放量较大的3个县（市、区）为泰和县、吉水县和吉安县，其具体PM$_{2.5}$排放情况见图4-41至图4-43。

泰和县PM$_{2.5}$排放主要来源于工艺过程源，排放量为3 270.74 t，占泰和县PM$_{2.5}$总排放量的82.44%；其次是化石燃料固定燃烧源，PM$_{2.5}$排放量为424.37 t，占泰和县PM$_{2.5}$总排放量的10.70%；扬尘源PM$_{2.5}$排放量为240.80 t，占泰和县PM$_{2.5}$总排放量的6.07%。其他排放源、生物质燃烧源和移动源分别占整个泰和县PM$_{2.5}$排放量的0.63%、0.14%和0.04%。

在泰和县工艺过程源中，水泥行业PM$_{2.5}$排放为83.51 t；玻璃行业PM$_{2.5}$排放量为28.46 t；主要排放源为除水泥、玻璃等重点涉气行业外的其他工业企业，共排放PM$_{2.5}$ 3 158.77 t，占整个泰和县PM$_{2.5}$排放量的79.61%。对于化石燃料固定燃烧源，泰和县的PM$_{2.5}$排放主要来源于民用燃烧源，其排放量为420.69 t。对于扬尘源，泰和县的PM$_{2.5}$排放主要来源于堆场扬尘和道路扬尘，其排放量分别为106.79 t和100.71 t。泰和县其余污染源的PM$_{2.5}$排放量较小，共31.78 t。

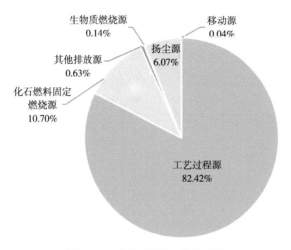

图4-41　泰和县PM$_{2.5}$排放特征

吉水县PM$_{2.5}$排放主要来源于工艺过程源，排放量为1 532.08 t，占吉水县PM$_{2.5}$总排放量的69.07%。其次是化石燃料固定燃烧源，PM$_{2.5}$排放量为459.39 t，占吉水县PM$_{2.5}$总排放量的20.71%，再次是扬尘源，PM$_{2.5}$排放量为171.85 t，占吉水县PM$_{2.5}$总排放量的7.75%。生物质燃烧源、其他排放源和移动源分别占吉水县PM$_{2.5}$总排放量的1.96%、0.47%和0.06%。

对于工艺过程源，吉水县的PM$_{2.5}$排放主要来源于其他工业企业，排放量为1 047.37 t，占吉水县PM$_{2.5}$总排放量的47.21%。此外，吉水县玻璃行业和水泥行业的PM$_{2.5}$排放量分别为457.80 t和26.91 t。化石燃料燃烧源中民用燃烧源是主要的PM$_{2.5}$排放源，其排放量为459.21 t，占吉水县PM$_{2.5}$总排放量的20.70%。道路扬尘源是扬尘源中主要的PM$_{2.5}$排放源，共排放PM$_{2.5}$ 127.76 t，占吉水县PM$_{2.5}$总排放量的5.76%。生物质燃烧源主要来源于企业的生物质锅炉，排放PM$_{2.5}$ 43.46 t。其他排放源和移动源的PM$_{2.5}$排放量较小。

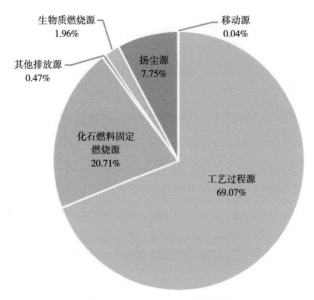

图4-42 吉水县PM$_{2.5}$排放特征

吉安县PM$_{2.5}$排放主要来源于工艺过程源，排放量为1 449.32 t，占吉安县PM$_{2.5}$总排放量的73.97%。其次是化石燃料固定燃烧源，PM$_{2.5}$排放量为407.82 t，占吉安县PM$_{2.5}$总排放量的20.82%。再次是扬尘源，PM$_{2.5}$排放量为76.35 t，占吉安县PM$_{2.5}$总排放量的3.90%。移动源占吉安县PM$_{2.5}$总排放量的1.31%。

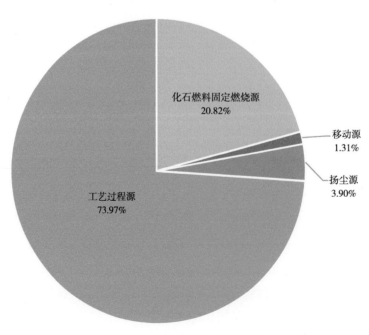

图4-43 吉安县PM$_{2.5}$排放特征

对于工艺过程源，吉安县的PM$_{2.5}$排放主要来源于金属制品业，排放量为560.28 t，占吉安县PM$_{2.5}$总排放量的26.79%。其次是黑色金属冶炼和压延加工业，排放量为337.50 t，占比为16.14%。有色金属冶炼和压延加工业排放量也相对较大，共117.30 t，占比为5.61%。此外，吉安县水泥行业的PM$_{2.5}$排放量为4.64 t。

对于化石燃料固定燃烧源，民用燃烧源是吉安县主要的PM$_{2.5}$污染源，排放量为400.65 t，占全县PM$_{2.5}$总排放量的19.16%。

扬尘源的PM$_{2.5}$排放量相对较少，其中道路扬尘是扬尘源中最主要的PM$_{2.5}$排放源，排放PM$_{2.5}$ 76.25 t，占整个吉安县PM$_{2.5}$排放量的3.65%。而移动源的PM$_{2.5}$排放占比仅为1.31%。

4.3.6　各县（市、区）PM$_{10}$排放特征分析

吉安市PM$_{10}$排放量较大的县（市、区）有泰和县、吉水县和吉安县（图4-44），其中，泰和县的PM$_{10}$排放量为3 583.39 t，占总排放量的13.10%；吉水县的PM$_{10}$排放量为3 186.07 t，占比为11.64%；吉安县PM$_{10}$排放量为2 976.16 t，占吉安市PM$_{10}$总排放量的10.88%。各县（市、区）PM$_{10}$排放分布见图4-45。

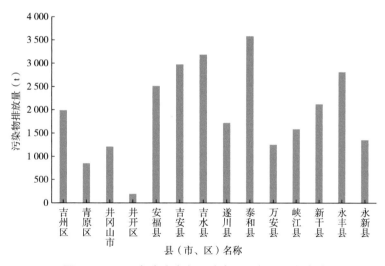

图4-44　2018年吉安市各县（市、区）PM$_{10}$排放量

吉安市PM$_{10}$排放较大的3个县（市、区）为泰和县、吉水县和吉安县，其具体PM$_{10}$排放情况见图4-46至图4-48。

泰和县PM$_{10}$排放主要来源于工艺过程源，排放量为2 065.30 t，占泰和县PM$_{10}$总排放量的57.64%。其次是扬尘源，PM$_{10}$排放量为1 014.92 t，占泰和县PM$_{10}$总排放量的28.32%，再次是化石燃料固定燃烧源，PM$_{10}$排放量为461.51 t，占泰和县PM$_{10}$总排放量的12.88%。在泰和县工艺过程源中，水泥行业PM$_{10}$排放量为226.58 t；玻璃行业PM$_{10}$排放量为29.72 t；此外，其他工业企业

共排放PM$_{10}$ 1 809.00 t，占泰和县PM$_{10}$总排放量的50.48%。对于扬尘源，泰和县的PM$_{10}$排放主要来源于堆场扬尘和道路扬尘，其排放量分别为571.49 t和277.51 t。对于化石燃料固定燃烧源，泰和县的PM$_{10}$排放主要来源于民用燃烧源，其排放量分别为451.98 t。其余污染源的PM$_{10}$排放量较小，一共为41.66 t。

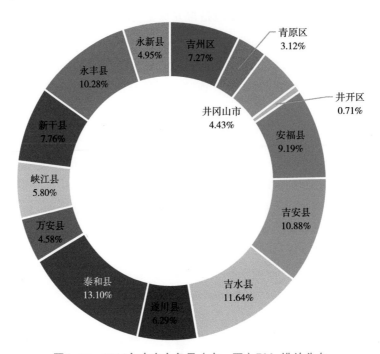

图4-45　2018年吉安市各县（市、区）PM$_{10}$排放分布

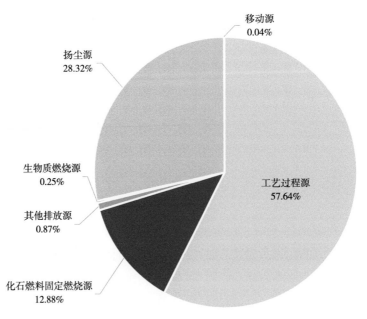

图4-46　泰和县PM$_{10}$排放特征

吉水县PM_{10}排放主要来源于工艺过程源，排放量为2 031.43 t，占吉水县PM_{10}总排放量的63.76%。其次是扬尘源，PM_{10}排放量为585.26 t，占吉水县PM_{10}总排放量的18.37%，再次是化石燃料固定燃烧源，PM_{10}排放量为493.83 t，占吉水县PM_{10}总排放量的15.50%。在吉水县工艺过程源中，水泥行业PM_{10}排放量为107.63 t；玻璃行业PM_{10}排放量为478.03 t；此外，其他工业企业共排放PM_{10} 1 445.76 t，占吉水县PM_{10}总排放量的45.38%。对于扬尘源，吉水县的PM_{10}排放主要来源于道路扬尘和施工扬尘，其排放量分别为172.15 t和164.79 t。对于化石燃料固定燃烧源，吉水县的PM_{10}排放主要来源于民用燃烧源，其排放量分别为493.29 t，其余污染源的PM_{10}排放量较小，一共为75.55 t。

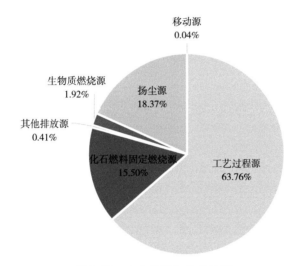

图4-47 吉水县PM_{10}排放特征

吉安县PM_{10}排放主要来源于工艺过程源，排放量为2 350.66 t，占吉安县PM_{10}总排放量的76.83%。其次是化石燃料固定燃烧源，PM_{10}排放量为585.40 t，占吉安县PM_{10}总排放量的15.29%。再次是扬尘源，PM_{10}排放量为211.52 t，占吉安县PM_{10}总排放量的7.02%。移动源排放占整个吉安县PM_{10}排放量的0.86%。

对于工艺过程源，吉安县的PM_{10}排放主要来源于金属制品业，排放量为853.45 t，占吉安县PM_{10}总排放量的26.92%。其次是黑色金属冶炼和压延加工业，排放量为383.51 t，占比为12.10%；有色金属冶炼和压延加工业排放量也相对较大，共137.63 t，占比为4.34%。此外，吉安县水泥行业的PM_{10}排放量为18.57 t。

对于化石燃料固定燃烧源，民用燃烧源是吉安县主要的PM_{10}污染源，排放量为430.33 t，占全县PM_{10}总排放量的13.58%。

扬尘源的PM_{10}排放相对较少，其中道路扬尘是扬尘源中最主要的PM_{10}排放源，排放PM_{10} 210.12 t，占整个吉安县PM_{10}排放量的6.63%。

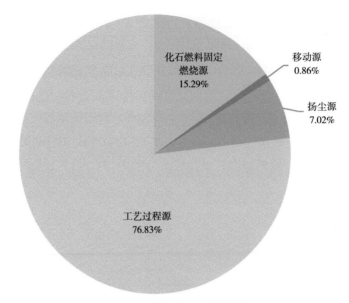

图4-48 吉安县PM$_{10}$排放特征

4.3.7 各县（市、区）CO排放特征分析

吉安市CO排放量较大的县（市、区）有永丰县、泰和县和安福县（图4-49），其中，永丰县CO排放量为17 814.20 t，占吉安市CO总排放量的17.68%；泰和县的CO排放量为14 991.23 t，占总排放量的14.88%；安福县的CO排放量为12 213.07 t，占总排放量的12.13%。各县（市、区）CO排放量分布见图4-50。

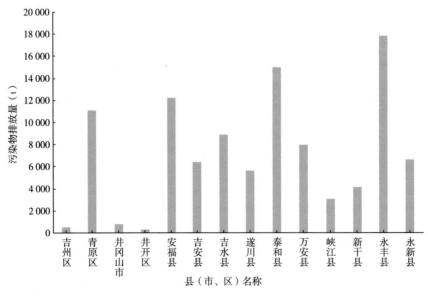

图4-49 2018年吉安市各县（市、区）CO排放量

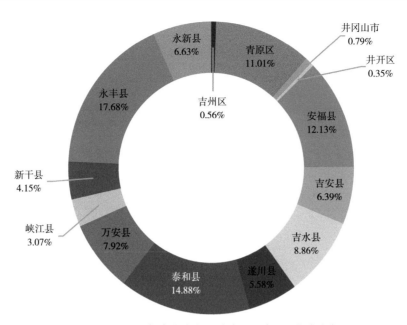

图4-50 2018年吉安市各县（市、区）CO排放分布

吉安市CO排放较大的3个县（市、区）为永丰县、泰和县和安福县，其CO排放情况见图4-51至图4-53。

永丰县CO排放主要来源于工艺过程源，排放量为16 291.30 t，占永丰县CO总排放量的91.45%。其次是化石燃料固定燃烧源，CO排放量为1 519.01 t，占永丰县CO总排放量的8.53%。在永丰县工艺过程源中，水泥行业CO排放量为3 643.90 t，其他工业企业CO排放量为12 647.40 t，其他工业企业排放的CO占永丰县全部CO排放量的70.99%。对于化石燃料固定燃烧源，民用燃烧源是永丰县CO排放的主要来源，2018年排放量为1 100.93 t；此外，工业锅炉的CO排放量为418.08 t。移动源的CO排放量较少，一共为3.71 t。

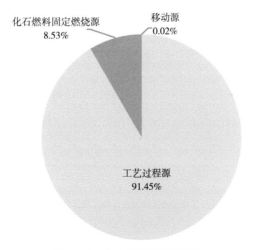

图4-51 永丰县CO排放特征

泰和县CO排放主要来源于工艺过程源，其排放量为11 036.68 t，占泰和县CO总排放量的73.62%。其次是化石燃料固定燃烧源，CO排放量为3 878.67 t，占泰和县CO总排放量的25.87%。在泰和县工艺过程源中，水泥行业共排放CO 1 637.60 t，其他工业企业CO排放总量为9 399.08 t，其他工业企业排放的CO占泰和县CO总排放量的62.70%。对于化石燃料固定燃烧源，民用燃烧源是泰和县CO排放的主要来源，2018年排放量为3 823.28 t；此外，工业锅炉的CO排放量为55.39 t。移动源和生物质燃烧源的CO排放量较少，一共为75.88 t。

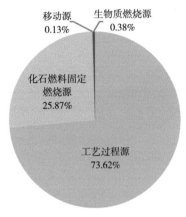

图4-52　泰和县CO排放特征

安福县CO排放主要来源于工艺过程源，其排放量为8 051.50 t，占安福县CO总排放量的65.92%。其次是化石燃料固定燃烧源，CO排放量为4 130.32 t，占安福县CO总排放量的33.82%。在安福县工艺过程源中，水泥行业共排放2 997.48 t CO，占安福县CO总排放量的24.54%；其他工业企业共排放5 054.02 t CO，其他工业企业排放的CO占安福县CO总排放量的41.38%。对于化石燃料固定燃烧源，民用燃烧源是安福县CO排放的主要来源，2018年排放量为4 130.32 t，占安福县CO总排放量的33.82%；移动源和生物质燃烧源的CO排放量较少，一共为31.24 t。

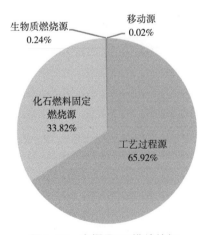

图4-53　安福县CO排放特征

4.3.8 各县（市、区）NH₃排放特征分析

吉安市NH₃排放量较大的县（市、区）有泰和县、永新县和永丰县（图4-54），其中，泰和县NH₃排放量为3 899.15 t，占吉安市NH₃总排放量的34.41%；永新县的NH₃排放量为2 028.78 t，占总排放量的17.91%；永丰县的NH₃排放量为1 224.22 t，占比为10.81%。各县（市、区）NH₃排放分布见图4-55。

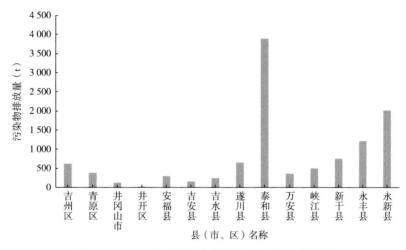

图4-54 2018年吉安市各县（市、区）NH₃排放量

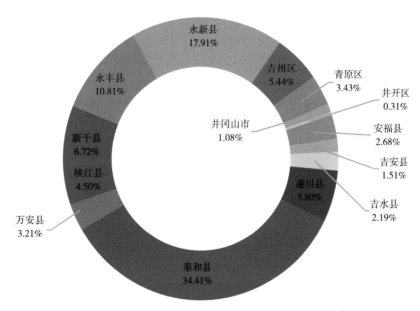

图4-55 2018年吉安市各县（市、区）NH₃排放分布

吉安市NH₃排放量较大的县（市、区）有泰和县、永新县和永丰县，3个县NH₃排放情况见图4-56至图4-58。

　　泰和县NH₃排放主要来源于农业源，排放量为3 666.00 t，占泰和县NH₃总排放量的94.02%。其次是化石燃料固定燃烧源，NH₃排放量为157.61 t，占泰和县NH₃总排放量的4.04%。对于农业源，畜禽养殖是主要的NH₃排放源，共排放NH₃ 3 468.59 t，占泰和县所有污染源NH₃排放总量的88.96%，其中，畜禽养殖点源排放260.75 t，畜禽养殖面源排放3 207.84 t。此外，秸秆堆肥产生的NH₃排放为103.60。对于化石燃料固定燃烧源，民用燃烧源是泰和县NH₃排放的主要来源，2018年排放量为157.61 t。废弃物处理源NH₃排放量为68.96 t，工艺过程源NH₃排放量为4.40 t，生物质燃烧源NH₃排放量为2.18 t。

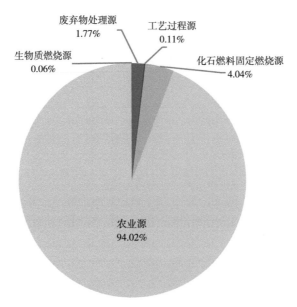

图4-56　泰和县NH₃排放特征

　　永新县NH₃排放主要来源于农业源，排放量为1 931.73 t，占永新县NH₃总排放量的95.22%。其次是化石燃料固定燃烧源，NH₃排放量为67.63 t，占永新县NH₃总排放量的3.33%。对于农业源，畜禽养殖是主要的NH₃排放源，共排放NH₃1 778.38 t，占永新县所有污染源NH₃排放总量的87.66%。此外，土壤本底产生的NH₃排放量为34.96；氮肥施用产生NH₃的排放量为60.93；秸秆堆肥产生的NH₃排放量为27.46 t。对于化石燃料固定燃烧源，电力供热是永新县NH₃排放的主要来源，永新县凯迪绿色能源开发有限公司2018年农林生物质消耗量为281 812 t，带来的NH₃排放量为67.63 t。废弃物处理源NH₃排放量为68.96 t，其中，固废处理的NH₃排放量为29.4 t。

　　永丰县NH₃排放主要来源于农业源，排放量为1 106.91 t，占永丰县NH₃总排放量的90.41%。其次是废弃物处理源，NH₃排放量为74.14 t，占永丰县NH₃总排放量的6.06%，再次是化石燃料固定燃烧源，NH₃排放量为41.01 t，占永丰县NH₃总排放量的3.35%。对于农业源，畜禽养殖是主要的NH₃排放源，共排放NH₃ 1 014.68 t，占永丰县所有污染源NH₃排放量的82.88%。此外，土壤本底产生的NH₃排放量为60.19；氮肥施用产生的NH₃排放量为25.64；固氮植物产生的NH₃排放量为6.40 t。对于废弃物处理源，固废处理带来的NH₃排放量为38.59 t；烟气脱硝带来的NH₃排放量为35.54 t。对于化石燃料固定燃烧源，民用燃烧源是NH₃排放量的主要污染源，NH₃排放量为41.01 t。

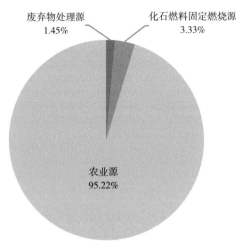

图4-57　永新县NH₃排放特征

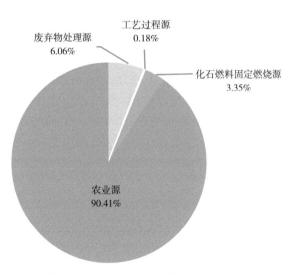

图4-58　永丰县NH₃排放特征

4.4　重点行业大气污染物分析

工艺过程源是城市大气污染源清单最主要的排放源，为了更好地分析吉安市工艺过程源中各行业的大气污染物排放状况，这里对吉安市工艺过程源进行了细化。CO相对其他污染物来说，排放量明显较大，共57 536.93 t，且CO不属于重点大气污染物；NH₃相对其他污染物，排放量明显较低,共88.36 t。本书已在其他章节对两者进行了单独分析,故本小节将两者进行剔除。吉安市2018年工业过程源分行业排放清单见表4-3。

表4-3 吉安市2018年工艺过程源分行业排放清单 单位:t

行业分类	SO₂	NOₓ	VOCs	PM₁₀	PM₂.₅	BC	OC
玻璃制造	47.05	107.11	85.46	740.92	708.93	0.00	0.00
水泥制造	1 611.22	254.74	420.32	1 303.86	461.77	85.97	143.29
化学原料和化学制品	164.24	36.08	5 184.73	929.86	504.40	17.82	8.36
砖瓦、石材等建筑材料制造	1 090.08	268.16	764.57	1 938.65	650.01	942.80	771.08
金属制品业	39.68	10.62	86.98	2 703.13	2 112.32	26.09	25.49
计算机、通信和其他电子设备制造	18.54	19.92	413.63	1 156.22	2 741.43	1.74	1.52
有色金属冶炼和压延加工业	2.70	0.01	95.93	2 242.70	1 795.52	0.00	0.01
黑色金属冶炼和压延加工业	2.80	3.27	1.91	1 473.86	1 313.61	1.02	1.11
陶瓷制品制造	172.26	357.87	1 476.90	181.09	50.68	11.59	9.48
石油、煤炭及其他燃料加工业	79.28	174.71	196.34	498.47	315.72	92.65	114.99
造纸和纸制品业	753.56	0.00	675.39	10.11	7.54	0.00	0.00
食品制造业	263.38	459.40	264.38	7.32	0.00	0.00	0.00
医药制造业	0.00	0.00	868.61	0.00	0.00	0.00	0.00
其他行业	349.30	118.67	3 600.05	2 973.77	1 540.21	54.82	60.43
小计	4 594.09	1 810.54	14 135.20	16 159.97	12 202.15	1 234.51	1 135.78

各行业不同大气污染物排放贡献分担汇总于图4-59,由图可知,化学原料和化学制品业是吉安市主要的工业源,共排放污染物6 845.49 t,其次是砖瓦、石材等建筑材料制造,排放6 425.35 t,然后是金属制品业,排放污染物5 004.31 t。此外,计算机、通信和其他电子设备制造,有色金属冶炼和压延加工和水泥的排放量也较大,分别为4 353.00 t、4 136.87 t和4 281.17 t。

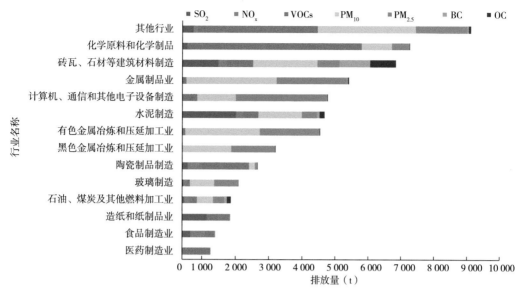

图4-59 吉安市2018年分行业大气污染源贡献

4.4.1 重点行业SO$_2$排放特征

水泥制造业，砖瓦、石材等建筑材料制造和造纸及纸制品业是吉安市SO$_2$排放的三大主要工业源，各行业SO$_2$贡献占比如图4-60所示，其中水泥制造业SO$_2$贡献占比为35.08%，砖瓦、石材等建筑材料制造业贡献占比为23.73%，造纸和纸制品业贡献占比为16.40%。

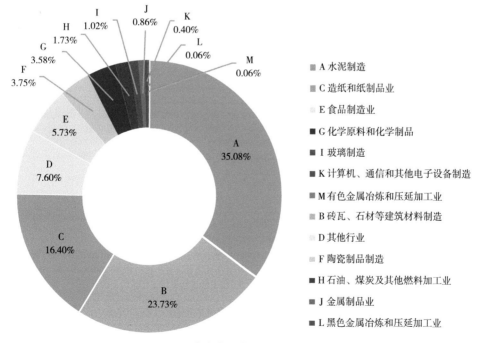

图4-60 吉安市重点行业SO$_2$贡献占比

4.4.1.1 水泥制造业

水泥制造业是吉安市SO₂排放最大的工业源，2018年的调研数据显示，吉安市共有123家水泥企业，其中111家产品为水泥制品，其产量为1 282.34万t，12家企业产品为水泥，水泥产量为394.24万t。吉安市水泥行业主要分布在吉水县、泰和县和吉州区，其中：吉水县一共28家，占全市水泥行业的20.43%；泰和县有22家水泥企业，占比为16.06%；吉州区一共21家，占比为15.33%。水泥行业分布见图4-61。

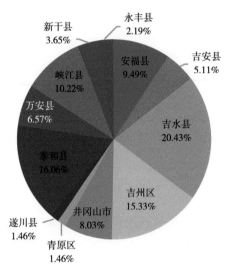

图4-61 吉安市水泥制造业企业分布

2018年吉安市水泥制造业排放的SO₂为1 611.22 t，占工艺过程源SO₂总排放量的35.07%。水泥行业的硫主要来源于水泥窑，具体见图4-62。

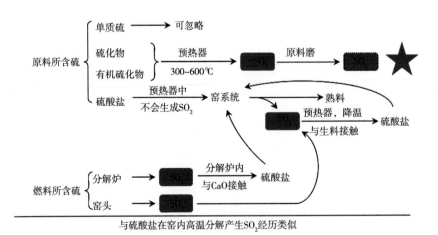

图4-62 水泥行业硫的来源

目前吉安市水泥行业的SO_2控制技术主要有干反应剂喷注法和石灰石-石膏脱硫工艺等。此外，由于环保要求的不断提高，超低排放技术"烟气多污染物协同净化技术"在未来也可以应用于污染物排放较大的企业，如中高温高尘SCR脱硝+SDS干法脱硫和SDS干法脱硫+中低温低尘SCR脱硝的应用。

干反应剂喷注法：

首先，将熟石灰喷入最上面两级旋风筒之间的连接管道，钙硫比在2.5和4的情况下，脱硫效率分别可以达到50%和70%。

其次，将干的$Ca(OH)_2$喂入最上面两级旋风筒之间的连接管道和出顶级预热器后的废气管道，钙硫比为40~50，脱硫效率为55%~65%。

石灰石-石膏脱硫工艺：

由锅炉引风机带来的热烟气经脱硫风机升压后，进入喷淋吸收塔进行脱硫。在吸收塔内，烟气与石灰石浆液逆流接触，烟气中的SO_2和SO_3与浆液中的石灰石反应，形成亚硫酸钙和硫酸钙，烟气中的HCl、HF也与浆液中的石灰石反应而被吸收。

脱硫后的饱和烟气经吸收塔顶部除雾器除去夹带的雾滴后排入烟囱。氧化空气风机将空气鼓入吸收塔浆池（持液槽），将亚硫酸钙氧化成硫酸钙，过饱和的硫酸钙溶液结晶生成石膏（$CaSO_4 \cdot 2H_2O$）。

产生的石膏浆液通过石膏浆液排出泵连续抽出，视吸收塔浆池的液位高低决定将石膏浆液送至石膏水力旋流器进行脱水或将浆液送回吸收塔。

中高温高尘SCR脱硝+SDS干法脱硫（图4-63）：

该技术路线为先脱硝后脱硫，水泥窑尾废气从预热器C1引出进入中高温高尘SCR脱硝工艺，完成预定的脱硝过程，脱硝后的烟气在引风机抽吸下进入余热锅炉进口进行余热利用。

脱硝余热利用后的烟气进入SDS干法脱硫工艺，完成预定的脱硫除尘过程，脱硫除尘后的净烟气直排到大气中。

SDS干法脱硫+中低温低尘SCR脱硝（图4-64）：

该技术路线为先脱硫后脱硝，水泥窑尾废气从余热锅炉后引出进入SDS干法脱硫工艺，完成预定的脱硫除尘过程。

脱硫除尘后的烟气进入中低温低尘SCR反应器（除尘脱硝一体化反应器），完成预定的脱硝过程，脱硝后的烟气在引风机抽吸下进入窑尾袋式除尘器或直排到大气中。

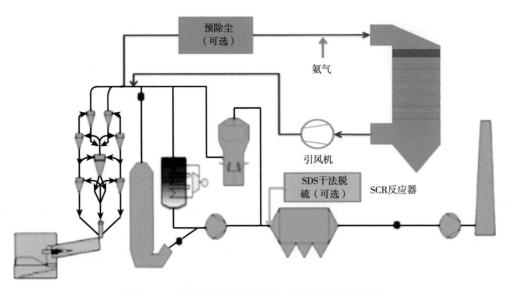

图4-63　中高温高尘SCR脱硝+SDS干法脱硫流程

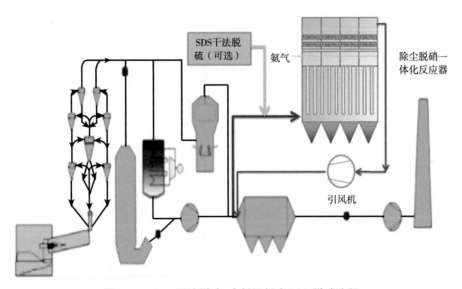

图4-64　SDS干法脱硫+中低温低尘SCR脱硝流程

4.4.1.2　砖瓦、石材等建筑材料制造业

　　吉安市的砖瓦、石材等建筑材料制造业一共有307家，主要分布在泰和县、吉水县、万安县、安福县等县（市、区）。其中：泰和县共有54家砖瓦、石材等建筑材料制造企业，占全市的17.60%；吉水县一共有51家，占全市砖瓦、石材等建筑材料制造企业的16.61%；万安县和安福县分别有42家和41家，占比分别为13.68%和13.36%（图4-65）。

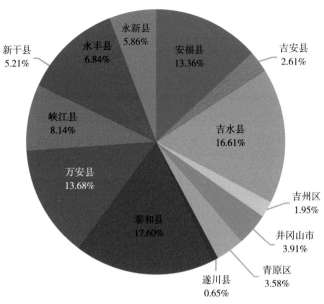

图4-65　古安市砖瓦、石材等建筑材料制造业企业分布

吉安市的砖瓦、石材等建筑材料制造业的产品主要有煤矸石砖、烧结砖和页岩砖、规格板等，产品单位为吨的砖瓦、石材产品共计约648万t；各类毛板、规格板等产品共计约232万m²；各类石材约12.5万m³。此外，以产品单位为块的煤矸石砖、页岩砖和烧结砖等产品共计约389 211万块。

2018年吉安市砖瓦、石材等建筑材料制造业SO₂排放量为1 090.08 t，居吉安市各工业行业第二位，占比为23.73%。主要的脱硫工艺为双碱法脱硫工艺和氨法脱硫。

双碱法脱硫：

先用可溶性的碱性清液作为吸收剂吸收，然后再用石灰乳或石灰对吸收液进行再生。双碱法的明显优点是，由于主塔内采用液相吸收，吸收剂在塔外的再生池中进行再生，因而不存在塔内结垢和浆料堵塞问题，从而可以使用高效的板式塔或填料塔代替目前广泛使用的喷淋塔浆液法，减小吸收塔的尺寸及操作液气比，降低成本。另外，双碱法还可得到较高的脱硫率，可达80%以上。

氨法脱硫：

氨法脱硫是一种高效、低耗能的湿法脱硫方式，脱硫过程是气液相反应，反应速率快，吸收剂利用率高，能保持脱硫效率95%～99%。氨在水中的溶解度超过20%。氨法以氨为原料，其形式可以是液氨、氨水和碳铵。

4.4.1.3　造纸和纸制品业

吉安市的造纸和纸制品业一共有43家，主要分布在新干县、峡江县、泰和县和安福县等县（市、区）。其中：新干县共有7家造纸和纸制品企业，占全市的16.27%；泰和县和峡江县均有6家造纸和纸制品企业，各占全市造纸和纸制品企业的13.95%；安福县有5家，占比为11.63%（图4-66）。

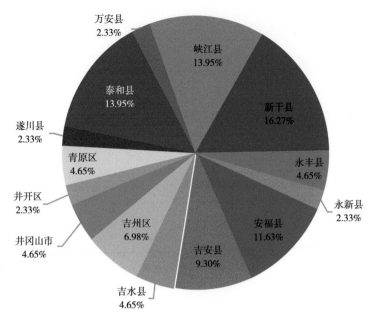

图4-66　吉安市造纸和纸制品业企业分布

吉安市的造纸和纸制品业的主要产品有纸板、卫生纸、牛皮纸、瓦楞纸、纸箱等，共计约31万t。造纸和纸制品业共排放SO_2 753.56 t，占工艺过程源SO_2排放量的16.40%。

4.4.2　重点行业NO_x排放特征

食品制造业、陶瓷制品制造业和砖瓦、石材等建筑材料制造业是吉安市NO_x排放的三大主要工业源，各行业NO_x贡献占比见图4-67，其中食品制造业NO_x贡献占比为25.36%，陶瓷制品制造业贡献占比为19.77%，砖瓦、石材等建筑材料制造业贡献占比为14.81%。

4.4.2.1　食品制造业

吉安市的食品制造业主要分布在泰和县、吉水县、峡江县和吉安县。其中，泰和县食品制造类企业的占比为15.84%，峡江县和吉水县均占14.63%，吉安县占比为12.20%，各县（市、区）的企业分布状况见图4-68。

吉安市食品制造业的主要产品有糕点、速食面、食盐、米粉等，共计约1 058万t。2018年吉安市食品制造业一共排放了459.4 t NO_x，占工艺过程源NO_x总排放量的25.37%。

4.4.2.2　陶瓷制品制造业

吉安市的陶瓷制品制造业主要分布在井冈山市，该市陶瓷企业的占比达到了全市陶瓷业的78.96%，井冈山市陶瓷企业以恒华陶瓷和映山红陶瓷等为代表，各类陶瓷企业30余家。其次是吉州区，占比为7.89%。其他县（市、区）的陶瓷企业相对较少，共占全市陶瓷制品业的13.15%。

各县（市、区）的企业分布状况见图4-69。

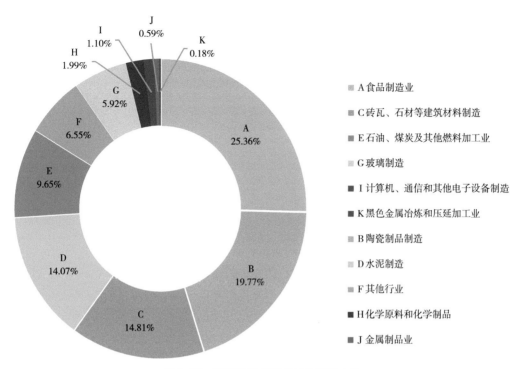

A 食品制造业
C 砖瓦、石材等建筑材料制造
E 石油、煤炭及其他燃料加工业
G 玻璃制造
I 计算机、通信和其他电子设备制造
K 黑色金属冶炼和压延加工业
B 陶瓷制品制造
D 水泥制造
F 其他行业
H 化学原料和化学制品
J 金属制品业

图4-67　吉安市重点行业NO$_x$贡献占比

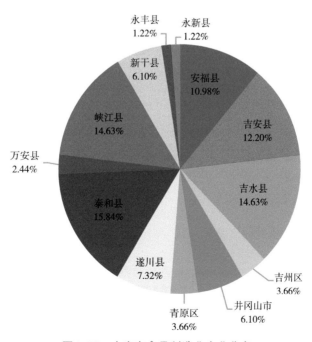

图4-68　吉安市食品制造业企业分布

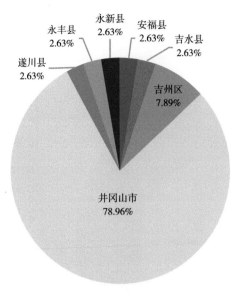

图4-69 吉安市陶瓷制品制造企业分布

吉安市的陶瓷制品制造业的主要产品有日用陶瓷、陶瓷墙砖等，各类日用陶瓷共计约13万t；瓷餐具及其他日用陶瓷、陶瓷工件等共计20 839万件；陶瓷墙砖1 653 750 m²。

陶瓷工业的典型生产工艺因不同类别的陶瓷产品略有不同，但是基本工序包括原料加工、成型、烧成等过程。

2018年吉安市陶瓷制品制造业的NO_x排放量为357.87 t，居第二位，占全市工艺过程源NO_x排放量的19.77%。

氮氧化物主要产生于空气燃烧时氮和氧的反应。高温（尤其是≥1 200 ℃）和有过剩氧气存在时，这种反应更突出。窑炉实际温度低于1 200 ℃时，在窑炉的高温火焰中，这种反应也可发生。燃料（主要是固体或液体燃料）中有含氮化合物或者是有机添加剂中含有氮，在更低的温度下也会生成氮氧化物。

大部分陶瓷制品制造企业未设置脱硝设施，少数企业对窑炉设置了脱硝装置，部分生产外墙砖的企业采用SNCR脱硝工艺，部分对陶瓷产品质量要求高的企业对窑炉尾气采用了湿法脱硫脱硝一体化技术（多污染物协同处理技术）。

4.4.2.3　砖瓦、石材等建筑材料制造业

吉安市的砖瓦、石材等建筑材料制造业一共有307家，主要分布在泰和县、吉水县、万安县、安福县等县（市、区）。砖瓦、石材等建筑材料制造业的分布情况在4.4.1节已经介绍，这里不再赘述，具体分布情况详见图4-65。

砖瓦、石材等建筑材料制造业是NO_x的第三排放源，共排放268.16 t，占工艺过程源NO_x排放量的14.81%。

砖瓦、石材等生产过程中需进行尾气除氮，常见的脱硝技术中，根据氮氧化物的形成机理，降氮减排的技术措施可以分为两大类。

一类是从源头上治理，控制煅烧中生成NO_x。其技术措施：①采用低氮燃烧器；②分解炉和管道内的分段燃烧，控制燃烧温度；③改变配料方案，采用矿化剂，降低熟料烧成温度。

另一类是从末端治理，控制烟气中排放的NO_x。其技术措施：①"分级燃烧+SNCR"；②选择性非催化还原法（SNCR）；③选择性催化还原法（SCR）；④SNCR/SCR联合脱硝技术。

其中，选择性非催化还原技术（SNCR）是一种不使用催化剂，在850~1 100 ℃温度范围内还原NO_x的方法。最常使用的药品为氨和尿素，其工艺流程如图4-70所示。

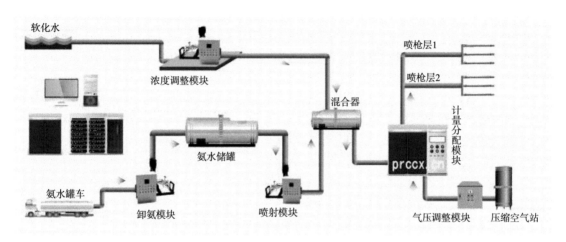

图4-70　选择性非催化还原技术（SNCR）工艺流程

选择性催化还原技术（SCR）是目前最成熟的烟气脱硝技术，它是一种炉后脱硝方法，利用还原剂（NH_3，尿素）在金属催化剂作用下，选择性地与NO_x反应生成N_2和H_2O，而不是被O_2氧化，故称为"选择性"。

SCR工艺主要分为氨法SCR和尿素法SCR两种。此两种方法都是利用NH_3对NO_x的还原功能，在催化剂的作用下将NO_x（主要是NO）还原为对大气没有多少影响的N_2和H_2O，还原剂为NH_3。

在SCR中使用的催化剂大多以TiO_2为载体，以V_2O_5或V_2O_5-WO_3或V_2O_5-MoO_3为活性成分，制成蜂窝式、板式或波纹式3种类型。

应用于烟气脱硝中的SCR催化剂可分为高温催化剂（345~590 ℃）、中温催化剂（260~380 ℃）和低温催化剂（80~300 ℃），不同的催化剂适宜的反应温度不同。

如果反应温度偏低，催化剂的活性会降低，导致脱硝效率下降，且如果催化剂持续在低温下运行会使催化剂发生永久性损坏。

如果反应温度过高，NH_3容易被氧化，NO_x生成量增加，还会引起催化剂材料的相变，使催化剂的活性退化。国内外SCR系统大多采用高温，反应温度区间为315~400 ℃。选择性催化还原技术工艺流程见图4-71。

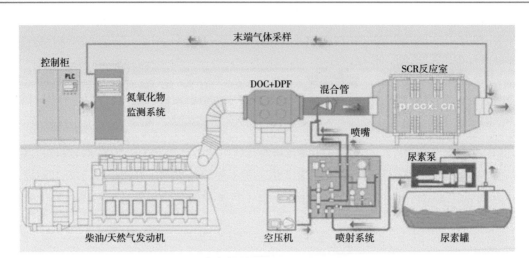

图4-71 选择性催化还原技术（SCR）工艺流程

4.4.3 重点行业VOCs排放特征

化学原料和化学制品业，陶瓷制品制造业和砖瓦、石材等建筑材料制造业是吉安市VOCs排放三大主要工业源。其中，化学原料和化学制品业VOCs贡献占比为36.67%，陶瓷制品制造业的贡献占比为10.45%，医药制造业占比为6.15%，砖瓦、石材等建筑材料制造业贡献占比为5.41%。建筑材料制造业贡献占比为6.15%，各行业VOCs贡献占比见图4-72。

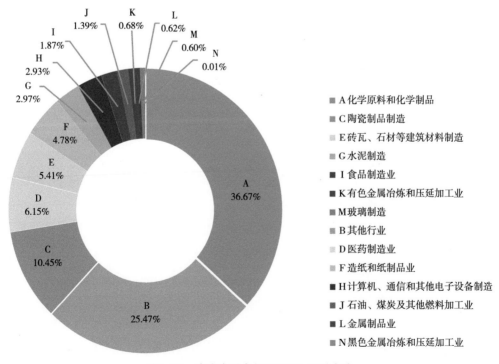

图4-72 吉安市重点行业VOCs贡献占比

4.4.3.1　化学原料和化学制品制造业

吉安市的化学原料和化学制品制造企业一共有319家，主要分布在新干县、泰和县、吉水县等县（市、区）。其中：新干县共有54家化学原料和化学制品制造企业，占全市的16.93%；泰和县一共有34家，占全市的10.66%；吉水县有33家，占全市的10.34%。全市化学原料和化学制品制造企业分布状况见图4-73。

吉安市化学原料和化学制品制造业主要包括林产化学产品制造企业61家、化学试剂与助剂制造类企业29家、化学药品原料药制造企业26家、化学农药制造企业24家、有机化学原料制造企业24家、其他基础化学原料制造企业23家等。经过统计数据分析，各类化学产品，如松香、松节油、三唑磷、铅铬颜料、各类颗粒剂、胶囊剂和片剂等，产量约96万t。

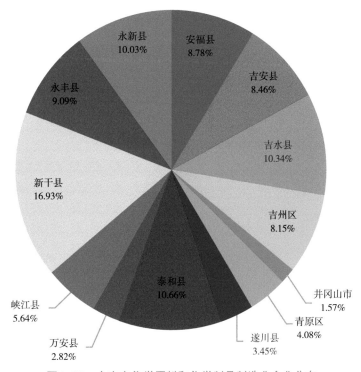

图4-73　吉安市化学原料和化学制品制造业企业分布

2018年吉安市化学原料和化学制品制造业VOCs排放量最大，共5 184.73 t，占工艺过程源VOCs总排放量的36.68%。

4.4.3.2　陶瓷制品制造业

除其他工业外，陶瓷制品制造业的VOCs排放量为1 476.9 t，居第二位，占比为10.45%。陶瓷制品制造业的企业分布状况和产品相关信息在4.2.2.2小节已经做过分析，这里不再介绍。

4.4.3.3　医药制造业

吉安市的医药制造业企业一共有84家，主要分布在吉安县、永丰县、吉州区等县（市、区）。其中：吉安县共有17家医药制造业企业，占全市医药制造业企业的20.25%；永丰县一共有15家，占全市的17.86%；吉州区有14家，占全市的16.67%。吉安市医药制造业企业分布状况见图4-74。

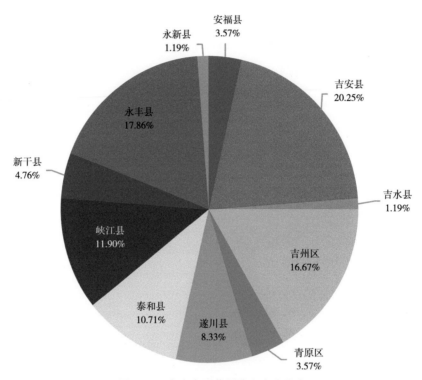

图4-74　吉安市医药制造业企业分布

吉安市的医药制造业主要包括各类中药制造、兽用药品制造、生物药品制造、化学药品制造等，具体见图4-75。

2018年吉安市医药制造业共排放268.16 t，占工艺过程源VOCs总排放量的6.15%。

工业企业VOCs处理主要包括VOCs的回收和销毁。

VOCs的回收技术主要是根据VOCs的物理性质，利用吸收、吸附、冷凝等方法将VOCs从废气中分离出来，再采取一定手段将VOCs富集回收处理，以达到VOCs排放的末端治理。

吉安市工业企业VOCs的回收主要是吸附法、吸收法和冷凝法。

吸附法是利用固体表面存在的分子吸引力和化学键作用，将VOCs组分吸附在多孔性固体表面，从而将VOCs从废气中分离的一种净化方法。这种方法由于吸附剂的选择性较强、分离效果好而得到广泛应用。

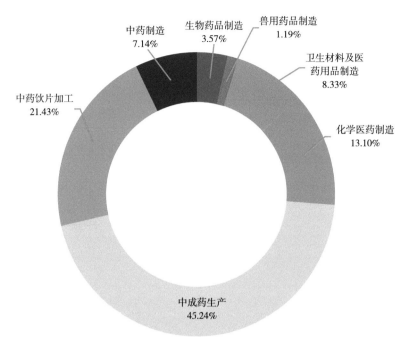

图4-75 吉安市医药制造业结构组成

吸收法主要是采用低挥发或不挥发溶剂对VOCs进行吸收，再利用VOCs分子和吸收剂物理性质的差异进行分离。吸收效果主要取决于吸收剂的性能和设备的结构。

冷凝法是利用VOCs在不同温度下具有不同饱和蒸气压的这一性质，采用降低温度、提升压力或者兼备降低温度、提升压力两种条件的方法，使处于蒸气状态的VOCs冷凝进而与废气分离。冷凝法常作为其他方法处理高浓度有机气体的前净化处理。

VOCs的销毁技术：主要利用VOCs的可被氧化的化学特性，通过给予一定的条件，如燃烧、催化等条件，使其转化为对环境无害的CO_2和H_2O。

吉安市工业企业目前常用的VOCs治理技术包括活性炭、喷淋、生物喷淋、水幕-活性炭串联、水喷淋-臭氧串联、水喷淋-活性炭棉-紫外光催化串联、催化燃烧、低温等离子以及低温等离子-水喷淋串联等。其中，活性炭和低温等离子是调研企业使用较多的VOCs净化技术，其次应用较多的为喷淋、水幕-活性炭、催化燃烧等。

4.4.4 重点行业PM$_{10}$排放特征

金属制品业，有色金属冶炼和压延加工业和砖瓦、石材等建筑材料制造业是吉安市PM$_{10}$排放三大主要工业源。其中，金属制品业PM$_{10}$贡献占比为16.73%，有色金属冶炼和压延加工业的贡献占比为13.88%，砖瓦、石材等建筑材料制造业贡献占比为12.00%。各行业PM$_{10}$贡献占比见图4-76。

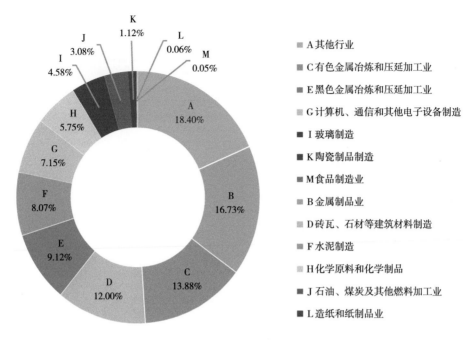

A 其他行业
C 有色金属冶炼和压延加工业
E 黑色金属冶炼和压延加工业
G 计算机、通信和其他电子设备制造
I 玻璃制造
K 陶瓷制品制造
M 食品制造业
B 金属制品业
D 砖瓦、石材等建筑材料制造
F 水泥制造
H 化学原料和化学制品
J 石油、煤炭及其他燃料加工业
L 造纸和纸制品业

图4-76　吉安市重点行业PM₁₀贡献占比

4.4.4.1　金属制品业

2018年吉安市金属制品业PM$_{10}$排放量最大，为2 703.13 t，占工艺过程源PM$_{10}$总排放量的25.37%。

吉安市的金属制品类企业一共有148家，主要分布在新干县、吉水县和吉安县等县（市、区）。其中：新干县共有31家金属制品企业，占全市金属制品企业的20.94%；吉水县一共有24家，占全市的16.21%；吉安县有21家，占全市的14.19%。吉安市金属制品业企业分布状况见图4-77。

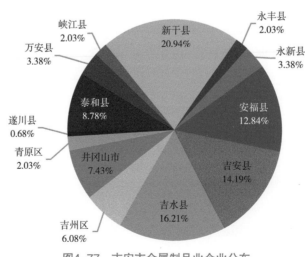

图4-77　吉安市金属制品业企业分布

吉安市的金属制品业主要包括金属表面处理及热处理加工企业39家、金属结构制造企业30家、金属门窗制造企业19家、金属废料和碎屑加工处理企业14家等148家企业。

4.4.4.2　有色金属冶炼和压延加工业

有色金属冶炼和压延加工业是除其他工业外的第二排放源，该行业PM_{10}排放量为2 242.70 t，占工业过程源PM_{10}总排放量的13.88%。

吉安市的有色金属冶炼和压延加工企业一共有41家，主要分布在峡江县、永丰县和遂川县等县（市、区）。其中：峡江县共有9家有色金属冶炼和压延加工企业，占全市有色金属冶炼和压延加工企业的21.94%；永丰县一共有7家，占全市的17.07%；遂川县有6家，占全市的14.63%。吉安市有色金属冶炼和压延加工业企业分布状况见图4-78。

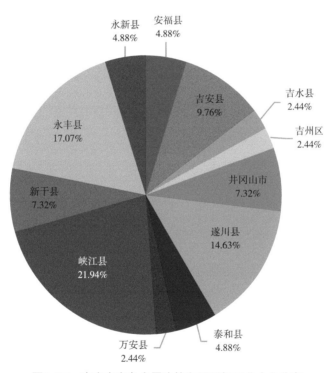

图4-78　吉安市有色金属冶炼和压延加工业企业分布

吉安市的有色金属冶炼和压延加工业包括稀土金属冶炼、其他贵金属冶炼、有色金属冶炼等行业，具体见图4-79。

吉安市有色金属冶炼和压延加工行业的主要产品有各类铝合金锭、铝型材、氧化钕和氧化镝、铂金属等，产量约16万t。

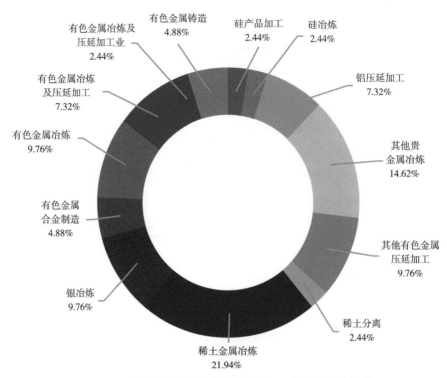

图4-79 吉安市有色金属冶炼和压延加工业行业结构组成

4.4.4.3 砖瓦、石材等建筑材料制造业

吉安市的砖瓦、石材等建筑材料制造业一共有307家，如前文所述，主要分布在泰和县、吉水县、万安县、安福县等县（市、区）。该行业的分布情况在4.4.1节已经介绍，详见图4-65。

砖瓦、石材等建筑材料制造业是吉安市工艺过程源中PM_{10}的第三大排放源，共排放1 938.65 t，占工艺过程源PM_{10}排放量的12.00%。

目前应用比较广泛的除尘技术有机械式除尘、湿式除尘、静电除尘和袋式除尘。机械式除尘是利用粉尘的重力沉降、惯性或离心力将尘粒从气流中去除，其除尘效率一般在90%以下。湿式除尘技术是利用气液接触洗涤原理，将含尘气体中的粉尘分离到液体中，以去除气体中的粉尘。其除尘效率稍高于机械式除尘器，但易造成洗涤液体的二次污染。湿式除尘器制造成本相对较低，对于化工、喷漆、喷釉、颜料等行业产生的带有水分、黏性和刺激性气味的灰尘是最理想的除尘方式。静电除尘是将含尘气体通过强电场，使粉尘颗粒带电，在其通过除尘电极时，带正/负电荷的微粒分别被负/正电极板吸附，从而去除气体中的粉尘。静电除尘器除尘效率较高，但其除尘效率受粉尘比电阻的影响很大，易导致除尘效率不稳定。静电除尘广泛用于冶金、矿山、化工、制药、发电、冶炼等行业。袋式除尘是利用纤维滤料捕集含尘气体中的固体颗粒物，形成过滤尘饼，并通过过滤尘饼进一步过滤微细尘粒，以达到高效除尘的目的。

吉安市目前常用的除尘设备有布袋除尘器、脉冲除尘器、旋风除尘器、静电除尘器等。

4.4.5 重点行业PM$_{2.5}$排放特征

计算机、通信和其他电子设备制造业，金属制品业以及有色金属冶炼和压延加工业是吉安市PM$_{2.5}$排放三大主要工业源。其中，计算机、通信和其他电子设备制造业PM$_{2.5}$贡献占比为22.47%，金属制品业的贡献占比为17.31%，有色金属冶炼和压延加工业贡献占比为14.71%，各行业PM$_{2.5}$排放贡献占比见图4-80。

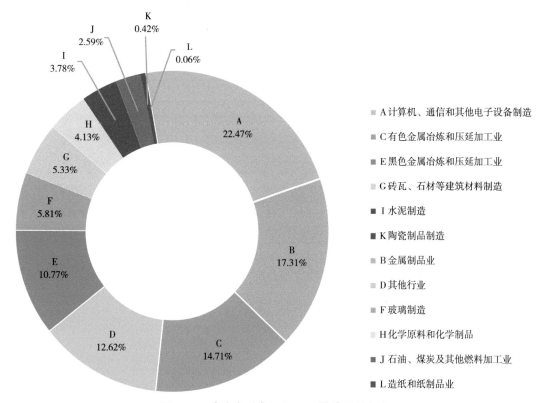

图4-80 吉安市重点行业PM$_{2.5}$排放贡献占比

4.4.5.1 计算机、通信和其他电子设备制造业

2018年吉安市计算机、通信和其他电子设备制造业PM$_{2.5}$排放量最大，为2 741.43 t，占工艺过程源PM$_{2.5}$总排放量的22.47%。

吉安市的计算机、通信和其他电子设备制造业一共有238家，主要分布在吉安县、泰和县和万安县等县（市、区）。其中：吉安县共有67家计算机、通信和其他电子设备制造企业，占全市计算机、通信和其他电子设备制造企业的28.16%；泰和县一共有45家，占全市的18.91%；万安县有45家，占全市的18.91%。吉安市计算机、通信和其他电子设备企业分布状况见图4-81。

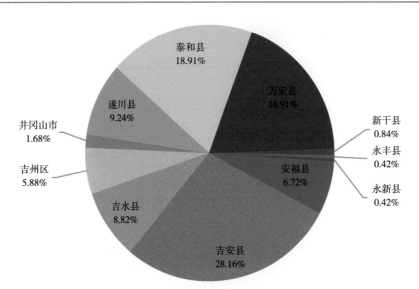

图4-81 吉安市计算机、通信和其他电子设备制造业企业分布

吉安市计算机、通信和其他电子设备制造业主要由电子电路制造业、其他电子元件制造、其他电子专用设备制造、电子元件及组件制造等行业组成，各个行业占比见图4-82。

吉安市计算机、通信和其他电子设备制造业的主要产品有线路板、耳机、数据线、变压器、LED灯、各类电子元件等。

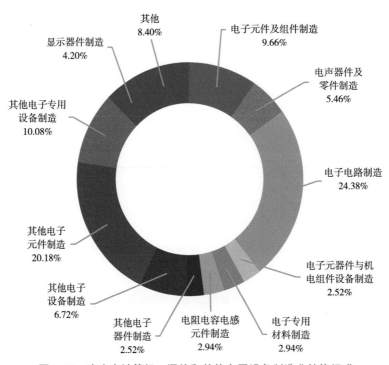

图4-82 吉安市计算机、通信和其他电子设备制造业结构组成

4.4.5.2 金属制品业

金属制品业的PM$_{2.5}$排放量为2 112.32 t，居工业过程源PM$_{2.5}$排放的第二位，占比为17.31%。吉安市的金属制品类企业一共有148家，主要分布在新干县、吉水县和吉安县等县（市、区），企业分布状况见图4-77。

4.4.5.3 有色金属冶炼和压延加工业

有色金属冶炼和压延加工业是PM$_{2.5}$的第三工业排放源，共排放1 795.52 t，占工艺过程源PM$_{2.5}$排放量的14.71%。

吉安市的有色金属冶炼和压延加工企业一共有41家，主要分布在峡江县、永丰县和遂川县等县（市、区），企业分布状况见图4-78。有色金属冶炼和压延加工行业分类和产品信息等在4.4.4.2已经做过分析，这里不再赘述。

4.4.6 重点行业BC和OC排放特征

砖瓦、石材等建筑材料制造业，石油、煤炭及其他燃料加工业和水泥制造业是吉安市BC排放三大主要工业源。其中，砖瓦、石材等建筑材料制造业BC贡献占比为76.38%，石油、煤炭及其他燃料加工业的贡献占比为7.51%，水泥制造业贡献占比为6.96%，各行业BC排放贡献占比见图4-83。

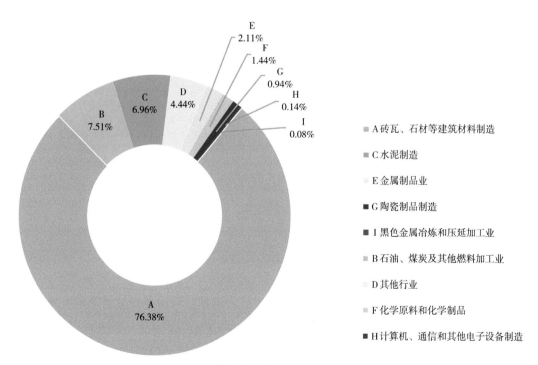

图4-83 吉安市重点行业BC排放贡献占比

砖瓦、石材等建筑材料制造业，水泥制造业和石油、煤炭及其他燃料加工业是吉安市OC排放三大主要工业源。其中，砖瓦、石材等建筑材料制造业OC贡献占比为67.90%，水泥制造业贡献占比为12.62%，石油、煤炭及其他燃料加工业的贡献占比为10.12%，各行业OC排放贡献占比见图4-84。

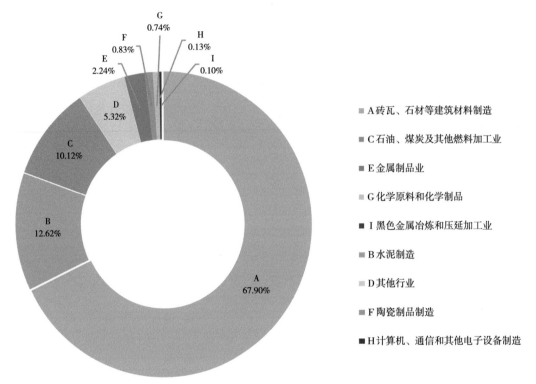

图4-84 吉安市重点行业OC排放贡献占比

4.5 不确定性分析

不确定性可以看作一种广义的误差，既包含随机误差，也包含系统误差和粗差，还可包含可度量和不可度量的误差，以及数值上和概念上的误差。在统计上，不确定性是一个与测量结果相关的参数，它描述数值离差的特征，此数值可合理地归因于所测数量。清单上的定义，是一个普遍但不精确的术语，它指因没有确认的源和汇或没有透明性等因素缺少确定性。不确定性的量化是一份完整排放清单的基本要素之一，不确定性信息为我们提供有关方法的选择依据，并帮助确定未来改进清单精确性的优先努力方向。IPCC中提到，清单的不确定性至少来源于3种不同的过程：①来自定义的不确定性（例如意义不完整、不清楚或者错误定义了一种排放或吸收）；②来自产生排放或吸收过程的自然变率的不确定性；③来自对过程或量的评估结果的不确定性，依据所使用的方法，包括来自测量的不确定性、来自取样的不确定性、来自未被完整描述的参考数据的不确定性和来自专家判断的不确定性。为了评估清单的不确定性，必须考虑上述不确定性的所有来源。根据IPCC的不确定性量化指南，估算清单结果的不确定性来源可分为排放因子和活动水平两个部分。要得到清单的不确定性量化结果，首先要对输入排放清单模型的排放因子和活动水平这两个变量的不确定性进行识别，再计算通过排放清单模型输出的不确定性的量。

排放清单不确定性评估方法有定性评估、半定量评估和定量评估3种，各类评估方法及其优缺点见表4-4。

表4-4 3种不确定性评估方法的描述

项目	定性评估	半定量评估	定量评估
方法	主观感性评价排放清单的不确定性	可提供一个数值，以帮助确定清单各部分的置信度，通过数学操作得出明确的清单结果	获得输入数据的概率分布表征；将输入数据的不确定性递推到清单的不确定性
例子	Steiner等	DARS（Date Attribute Rating System）	TRACE-P清单不确定性评估
优点	不要求大量的基础数据	可快速评估代表因子对清单的作用；可有效描述清单的不确定性	清晰描述清单的可变性估算和不确定性估算；识别清单不确定性的关键源
缺点	主观性强；不能对不确定性给出一个定量的评判	无法描述一个清单不确定性的值域范围；无法给出清单不确定性的关键源	需要大量的输入数据的概率分布表征数据

排放清单不确定性定量评估包括两部分关键工作：一是确定输入数据（基本排放单元活动水平数据和排放因子数据）的概率密度分布函数；二是应用各种数学方法，将众多输入信息的不确定度传递演算至清单的不确定度。

本研究采用相同的方法来确定清单活动水平信息和排放因子信息的不确定度。因部分输入数据具有很大的不确定性，为避免负值的出现，研究假设输入数据均呈对数正态分布。从排放清单研究的文献可知，排放活动水平信息的获取途径有3种：①直接来源于国家、行业的分省/市/县统计公报数据；②仅有国家范围数据，利用相关技术指标分配获得的分省/县/市数据；③依据其他相关统计公报数据，利用转化系数计算获得，例如表征机动车活动水平信息的行驶里程，可利用机动车保有量（统计信息）和平均行驶里程（转化系数）计算得到。

基于以上3种途径建立了排放清单中活动水平数据质量评估系统，其不确定度（即相对标准差）数值参考TRACE-P清单的经验数值（表4-5）。由于能源数据是重要的活动水平，根据IPCC指南，能源数据的不确定性可用统计差异或能源平衡的解释来表示。

表4-5　活动水平信息不确定性等级分类

级别	获取方式	评判依据	不确定度（％）
I	直接来源于统计数据或本地化调研结果		±10
II	分配系数分配统计数据，依据其他统计信息，利用转化系数估算而出	分配系数可靠度高 ①依据的统计信息相关度高 ②转化系数可靠度高 ③估算结果得到了验证	±30
III	分配系数分配统计数据依据其他统计信息，利用转化系数估算而出	分配系数可靠度低 ①依据的统计信息相关度高 ②转化系数可靠度高 ③估算结果未得到验证	±50
IV	依据其他统计信息，利用转化系数估算而出	①依据的统计信息相关度高 ②转化系数可靠度低 ③估算结果未得到验证	±80
V	依据其他统计信息，利用转化系数估算而出	①依据的统计信息相关度低 ②转化系数可靠度低	±150

活动水平：不同行业的活动水平的概率密度分布函数和相对应的不确定度见表4-6。燃煤电厂、工业燃煤等行业活动水平均服从正态分布。等级A、B、C、D分别代表分布规律由国内直接测量数据得到、由国内测量数据推测得到、通过国外研究获得和由标准差代替。

表4-6　典型行业活动水平概率密度分布函数及不确定度

行业	概率分布函数	不确定度（％）	等级
燃煤电厂	正态分布	5	B
工业燃煤	正态分布	10	D
工艺过程	正态分布	10	D
居民	正态分布	20	D
机动车保有量	正态分布	5	D
机动车年均行驶里程	正态分布	5	B
非道路	正态分布	16	D
生物质燃烧	正态分布	30	D
农业	正态分布	30	D

排放因子：针对排放因子信息的不确定度，US EPA提出了基于测试次数的不确定性等级分类。其中，采用同样测量技术，测试10个以上同类污染源得出的排放因子为A级；测试少数几个污染源得出的排放因子为B级；根据调查收集或用污染物排放过程相似的排放因子推导所得到的排放因子为C~E级。然而，我国大气排放源排放因子获取途径复杂多样，包括国内外现场测试结果、我国法律法规排放限值以及经验公式计算结果。因此，在评价其不确定性时，需要考虑更多的影响因素，如测试对象是否代表本土排放源的平均水平，经验公式和模型的认可度及其参数代表性等。此外，即使同一类排放源也可能存在着排放强度特征差异。所以，在评判排放因子的不确定性时，还须考虑排放源的行业差异。活动水平信息和排放因子信息的概率密度函数可由式（4-1）表达。

$$f(x|\mu,\sigma) = \frac{1}{\sigma\sqrt{2\pi}} \frac{\exp\left(\frac{-(\ln x - \mu)^2}{2\sigma^2}\right)}{x} \tag{4-1}$$

$$\mu = \ln(\bar{x}) \tag{4-2}$$

吉安市排放因子的来源包括实测数据核算和公开发表文献调研（包含清单编制技术指南/手册等）。针对实测数据核算的排放因子，如果样本量足够大，可核算出平均值与标准偏差，（平均值或平均值差异）95%置信区间将由正负近似两个标准偏差得出；若样本量较少，通过表4-6确定排放因子的不确定度。针对源自公开发表文献调研获得的排放因子，若文献中提供了不确定度，优先采用文献中的不确定度；若文献中未提供不确定度，采用表4-7中的不确定度。

表4-7 排放因子信息不确定性等级分类

等级	获取方式	评判依据	不确定度（％）
I	现场测试	①行业差异不大 ②测试对象可代表吉安市该类源平均水平 ③测试次数>10次	±10
II	现场测试	①行业差异不大 ②测试对象可代表全国该类源平均水平 ③测试次数3~10次	±20
	公式计算	①行业差异不大 ②经验公式得到广泛认可 ③公式内参数准确性和代表性高	

（续表）

等级	获取方式	评判依据	不确定度（%）
III	现场测试	①行业差异大 ②测试对象可以代表吉安市该类源平均水平 ③测试次数>3次	±60
	公式计算	①行业差异大 ②经验公式得到广泛认可 ③公式参数准确性和代表性高	
IV	法规限制	法规实施效果好	±100
	现场测试	①行业差异大 ②测试对象不能代表吉安市该类源平均水平	
	公式计算	①行业差异大 ②经验公式得到广泛认可 ③公式内参数取自国外参考文献	
V	法规限制	法规实施效果差	±120
	未知情况	无排放因子，参考了相近活动部门的排放因子	

（1）化石燃料固定燃烧源 电厂的不确定性主要来源于排放因子、燃料消耗量、不同粒径颗粒物占比、BC/$PM_{2.5}$的比例等，具有较高的敏感度，对清单不确定度的影响最大。

工业锅炉污染物的排放量采用排放因子法及折算系数法核算，不确定度来源于3个方面：一是排放因子的代表性；二是活动水平的不确定度；三是折算系数的准确性。

居民燃烧源污染物排放量采用排放因子法核算，不确定度来源于两方面：一是排放因子的代表性；二是活动水平的不确定度。

（2）工艺过程源 工艺过程源包含玻璃，水泥，化学原料及化学制品业，砖瓦、石材等建筑材料制造，金属制品业，计算机、通信和其他电子设备制造及其他工业。大气污染物采用排放因子法核算，活动水平数据均来自宏观统计，不确定度为±10%；排放因子来自清单编制技术指南/手册，不确定度为±20%。排放因子是影响所有污染物排放量不确定度的首要因素。对于PM_{10}、$PM_{2.5}$、BC、OC，折算系数是影响排放量不确定度的次要因素。各产品产量也是影响各类污染物排放量不确定度的重要因素。

（3）移动源 采用物料衡算法核算SO_2排放量的不确定度，不确定度主要来源于两方面：一是汽油与柴油消耗量的准确性；二是硫含量的准确性。采用排放因子法核算机动车其他污染物的排放量，不确定性主要来源于3个方面：一是排放因子的适用性；二是机动车保有量的准确性；三是机动车行驶里程的代表性。

工程机械、农业机械燃料消耗量根据额定功率、年工作小时数、负载率等确定；额定功率、年工作小时数及负载率额定功率取自清单编制技术指南/手册，不确定度为±20%。

其余均采用排放因子法核算排放，其中：民航飞机与铁路内燃机的活动水平分别为飞机起降架次、内燃机燃油消耗量；工程机械与农业机械的活动水平根据分功率段保有量、额定功率、年工作小时数及负载率核算。民航飞机起降架次、铁路内燃机消耗量、分功率段工程机械/农业机械保有量均来自直接公布的统计数据，不确定度为±10%。非道路移动源的排放因子均取自清单编制技术指南/手册，不确定度为±20%。

硫含量是影响SO_2排放量不确定度的关键因素，机动车排放因子是NO_x、PM_{10}、$PM_{2.5}$、BC、OC、CO、NH_3的首要敏感因子，其次为机动车行驶里程与机动车保有量，主要是由于机动车是上述污染物的首要来源，其各项影响因素都是影响移动源污染物排放量的敏感因子。工程机械的额定功率、年工作小时数、负载率也是影响移动源上述污染物排放量的敏感因子。

对于VOCs排放量，机动车排放因子是首要敏感因子，其次为机动车保有量，再次为机动车的行驶里程。

（4）溶剂使用源　溶剂使用源包括工业涂装、建筑涂料、汽修、印刷印染、农药使用、干洗、溶剂使用面源等，采用排放因子法核算其VOCs排放量，活动水平数据来源于调研。溶剂使用源的不确定性主要来源于溶剂的活动水平数据，其次是排放因子。

（5）农业源　农业源包含畜禽养殖、氮肥施用、土壤本底、固氮植物、秸秆堆肥和人体粪便六类，均采用排放因子法核算排放量。其中：活动水平为统计数据，不确定度为±10%；排放因子来自清单编制技术指南/手册，均适用于全国的平均排放水平，不确定度为±20%。

（6）扬尘源　道路扬尘采用排放因子法核算，其中：道路扬尘排放因子根据颗粒物的排放因子、不同粒径颗粒物粒度乘数、道路积尘负荷、平均车重及控制措施的去除效率确定；活动水平由道路长度、平均车流量、不起尘天数确定。因此，道路扬尘排放量的不确定性受上述因素的影响。

施工扬尘的排放量采用排放因子法核算，不确定性包含4部分：一是施工工地面积的准确性；二是排放因子的准确性；三是控制效率的适用性；四是施工活跃月数的不确定性。

堆场扬尘的排放量采用排放因子法核算，不确定性包含3部分：一是堆场面积的准确性；二是排放因子的准确性；三是控制效率的适用性。

土壤扬尘采用排放因子法核算，其中，土壤扬尘的排放因子来自清单编制技术指南/手册，活动水平来自调研数据。土壤扬尘源排放量的不确定度受上述因素的影响。

（7）储存运输源　储存运输源排放量主要来源于加油站，采用排放因子法核算。其中排放因子来自清单编制技术指南/手册，活动水平为汽油与柴油消耗量，来源于调研数据。以上两个因子是储存运输源排放量的主要不确定因素。

（8）废弃物处理源　废弃物处理包括废水处理、固废处理、烟气脱硝3类，均采用排放因子法核算，其中排放因子来自清单排放技术手册/指南。废水处理的排放因子是废水处理量，是影响废水处理NH$_3$排放量不确定度的因素。垃圾处理的排放因子是影响垃圾NH$_3$排放量不确定度的首要因素。烟气脱硝的排放因子与活动水平是影响烟气脱硝NH$_3$排放量不确定度的原因。

（9）餐饮源　餐饮源采用排放因子法核算排放量，活动水平为不同业态餐饮企业数量与灶头数相乘获得，其中餐饮企业数量来自统计数据，不确定度为±10%，不同业态餐饮企业的灶头数为本地化结果，不确定度为±10%。餐饮企业数量、灶头数与排放因子是影响餐饮源大气污染物排放量的因素。

第五章　排放清单的空间分布特征

5.1　排放清单空间特征识别方法与数据来源

高时空分辨率排放清单技术是指将以行政区为单位的平面二维排放处理成以网格为单位的空间三维排放、将年排放处理成小时排放量的清单处理技术，以实现排放清单在空间和时间层面的纬度扩展，满足空气质量模型模拟需求。本次建立的高精度多污染物排放清单，为便于后续吉安市空气质量改善研究，将其用于空气质量模型，现对其进行空间分配。

为了体现空间差异，污染源总排放量根据不同区域进行空间分配。对排放清单中的点源，依据企业经纬度坐标，采用GIS空间分析技术，建立自下而上1 km分辨率工业源网格化排放清单；对于以县（市、区）为统计单元的面源，以人口密度为权重，将面源排放量分解到1 km×1 km网格，建立1 km分辨率面源网格化排放清单；最后对点源、面源及移动源排放清单进行空间叠加，得到1 km分辨率的多污染物网格化排放清单。

5.2　吉安市大气污染物SO_2排放量空间分布特征

吉安市大气污染物SO_2排放量空间分布特征见图5-1，SO_2排放主要分布在吉州区、峡江县、遂川县、泰和县等县区。其中，吉州区SO_2排放较大的污染源主要是电力行业和水泥行业，其他县（市、区）主要的SO_2污染源是水泥行业和其他非重点行业。各县（市、区）中贡献较大的几大行业主要有电力行业、水泥行业、工业锅炉等；民用燃烧和餐饮作为面源处理。

5.2.1　电力行业SO_2排放量空间分布

吉安市共有5家电厂，分别是永新县凯迪绿色能源开发有限公司、吉安市凯迪绿色能源开发有限公司、江西省吉能煤电有限责任公司、江西金佳谷物生物质能源有限公司和华能国际电力股份有限公司井冈山电厂。5家电厂共排放SO_2 1 776.67 t，其中，华能国际电力股份有限公司井冈山电厂的排放量最大，为1 600.83 t，占据5家电厂SO_2总排放量的90.1%。吉安市电力行业SO_2排放量空间分布见图5-2。

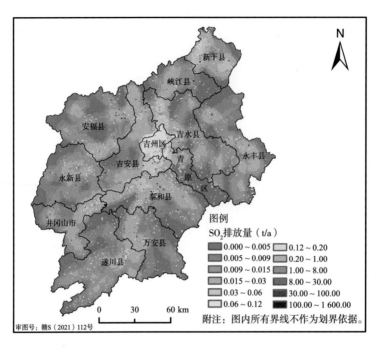

图5-1　吉安市大气污染物SO_2排放量空间分布

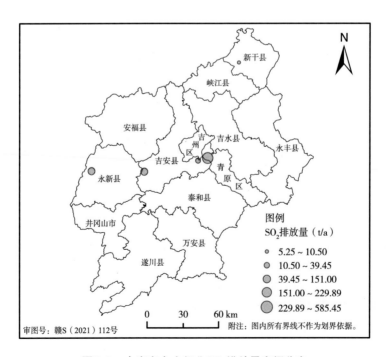

图5-2　吉安市电力行业SO_2排放量空间分布

5.2.2　水泥行业SO₂排放量空间分布

吉安市共有水泥企业123家，其中111家产品为水泥制品。水泥行业排放的主要污染物是PM_{10}和$PM_{2.5}$，熟料生产会排放SO_2。江西泰和南方水泥有限公司2018年的熟料产量为629 846 t，排放SO_2 318.7 t；江西永丰南方水泥有限公司2018年的熟料产量为1 401 500 t，排放SO_2 709.2 t；江西安福南方水泥有限公司2018年的熟料产量为1 071 677 t，排放SO_2 542.3 t。江西银杉白水泥有限公司2018年的熟料产量为81 200 t，排放SO_2 41.1 t。其中，江西永丰南方水泥有限公司SO_2排放量占据水泥行业总排放量的44%。吉安市水泥行业SO_2排放量空间分布见图5-3。

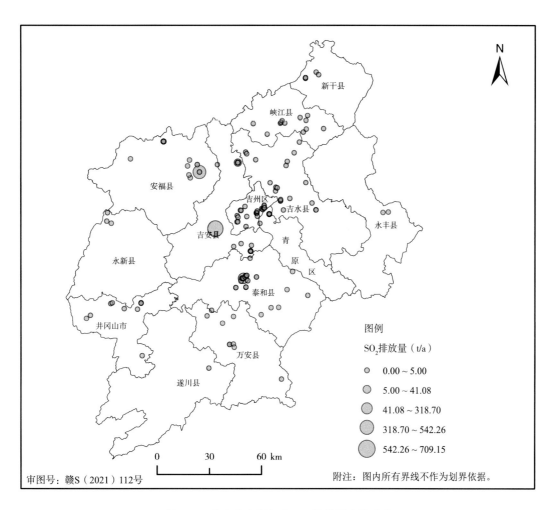

图5-3　吉安市水泥行业SO₂排放量空间分布

5.2.3　工业锅炉行业SO₂排放量空间分布

吉安市工业锅炉SO_2排放主要集中在峡江县、吉安县、泰和县和万安县等区域（图5-4）。工业锅炉中，以燃煤锅炉为主，部分为燃气锅炉和燃油锅炉，末端脱硫工艺以双碱法为主。排放量最大的企业为永丰县的江西鹰鹏水泥有限公司，现在吉安市工业锅炉SO₂末端处理工艺以双碱法为主，去除效率为80%左右。

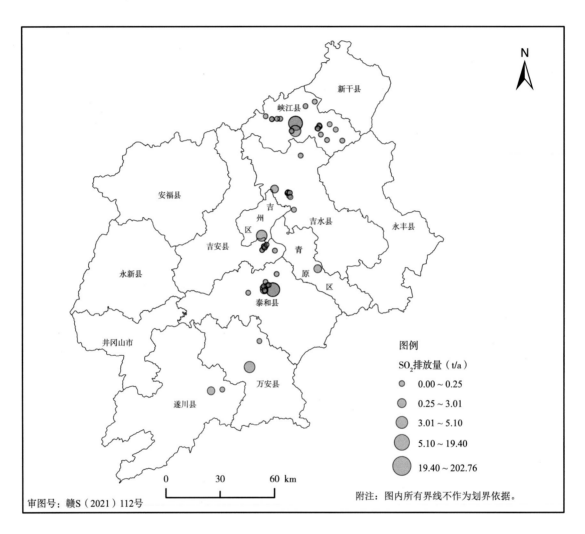

图5-4 吉安市工业锅炉SO₂排放量空间分布

5.3 吉安市大气污染物NOₓ排放量空间分布特征

NOₓ排放量涉及多个行业的点源和面源。其中点源主要有电力行业、工业锅炉和水泥等行业，民用燃烧和餐饮做整体的面源处理，以人口密度为权重分配（图5-5）。

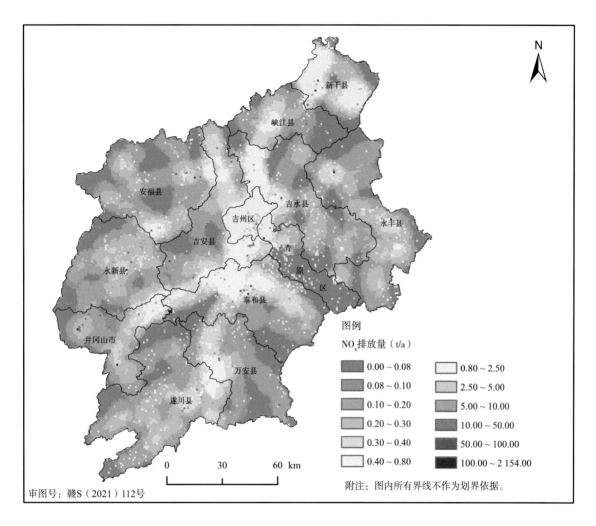

图5-5　吉安市NO$_x$排放量空间分布

5.3.1　电力行业NO$_x$排放量空间分布

　　吉安市共有5家电厂，分别是永新县凯迪绿色能源开发有限公司、吉安市凯迪绿色能源开发有限公司、江西省吉能煤电有限责任公司、江西金佳谷物生物质能源有限公司和华能国际电力股份有限公司井冈山电厂。5家电厂共排放NO$_x$ 8 063.70 t，其中，华能国际电力股份有限公司井冈山电厂的排放量最大，占据5家电厂NO$_x$总排放量的72.9%。吉安市电力行业NO$_x$排放量空间分布见图5-6。

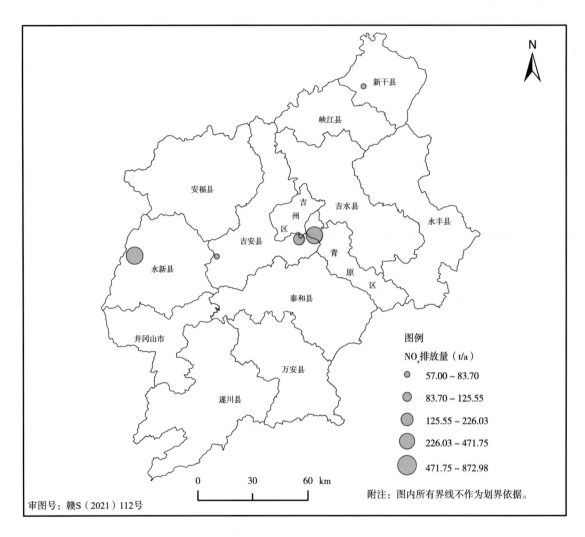

图5-6 吉安市电力行业NO$_x$排放量空间分布

5.3.2 水泥行业NO$_x$排放量空间分布

水泥行业中熟料生产会排放NO$_x$。江西泰和南方水泥有限公司2018年的熟料产量为629 846 t，排放NO$_x$ 50.4 t；江西永丰南方水泥有限公司2018年的熟料产量为1 401 500 t，排放NO$_x$ 112.1 t；江西安福南方水泥有限公司2018年的熟料产量为1 071 677 t，排放NO$_x$ 85.7 t。江西银杉白水泥有限公司2018年的熟料产量为81 200 t，排放NO$_x$ 6.5 t。其中，江西永丰南方水泥有限公司NO$_x$排放量占据水泥行业总排放量的44%。吉安市水泥行业NO$_x$排放量空间分布见图5-7。

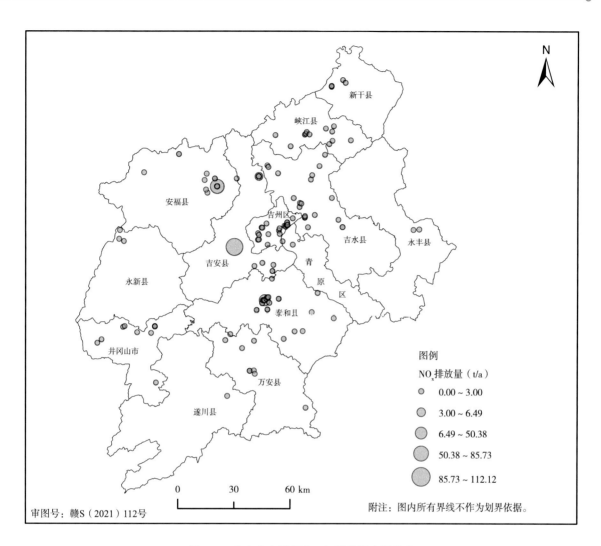

图5-7 吉安市水泥行业NO$_x$排放量空间分布

5.3.3 工业锅炉行业NO$_x$排放量空间分布

吉安市工业锅炉NO$_x$排放主要集中在峡江县、吉安县、泰和县和永丰县等区域。工业锅炉中，以燃煤锅炉为主，部分为燃气锅炉和燃油锅炉。末端脱硝工艺以选择性催化还原（SCR）和非选择性催化还原（SNCR）为主。排放量最大的企业为永丰县的江西鹰鹏水泥有限公司，NO$_x$排放量为120.2 t。吉安市工业锅炉NO$_x$排放量空间分布见图5-8。

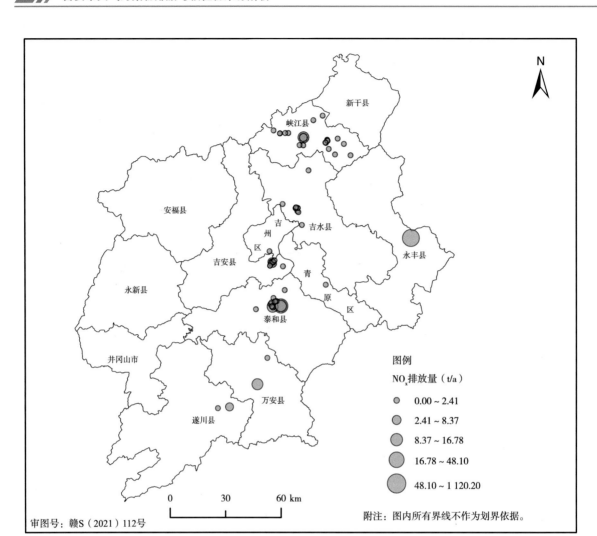

图5-8 吉安市工业锅炉NO$_x$排放量空间分布

5.4 吉安市大气污染物VOCs排放量空间分布特征

挥发性有机物，常用VOCs表示，VOCs是指常温下饱和蒸汽压大于70 Pa、常压下沸点在260 ℃以下的有机化合物，或在20 ℃条件下，蒸汽压大于或者等于10 Pa且具有挥发性的全部有机化合物。通常分为非甲烷碳氢化合物（简称NMHCs）、含氧有机化合物、卤代烃、含氮有机化合物、含硫有机化合物等几大类。VOCs参与大气环境中臭氧和二次气溶胶的形成，其对区域性大气臭氧污染、PM$_{2.5}$污染具有重要的影响。大多数VOCs具有令人不适的特殊气味，并具有毒性、刺激性、致畸性和致癌作用，特别是苯、甲苯及甲醛等对人体健康会造成很大的伤害。

VOCs是导致城市灰霾和光化学烟雾的重要前体物，主要来源于煤化工、石油化工、燃料涂料制造、溶剂制造与使用等过程。

吉安市VOCs排放量较大的点源有电力行业和其他工业、水泥行业。溶剂使用源中，建筑涂料和汽修的VOCs排放量较大，分别为339.4 t和359.9 t。溶剂使用源和移动源的VOCs排放量均按面源处理，其具体空间分布见图5-9。

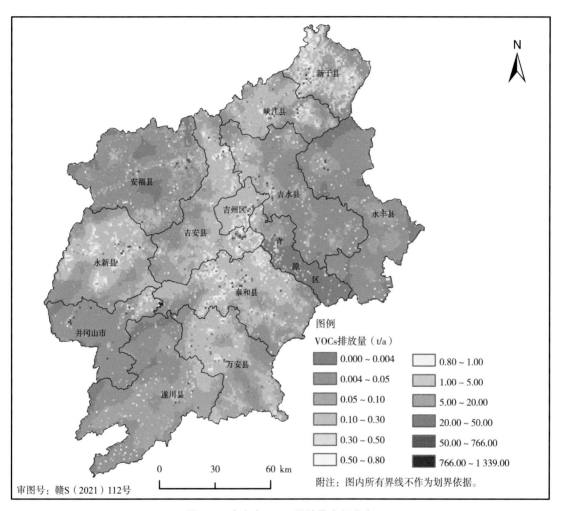

图5-9 吉安市VOCs排放量空间分布

5.4.1 电力行业VOCs排放量空间分布

吉安市5家电厂VOCs总排放量为1 303.8 t，其中，永新县凯迪绿色能源开发有限公司的排放量最大，占5家电厂VOCs总排放量的48.8%。吉安市电力行业VOCs排放量空间分布见图5-10。

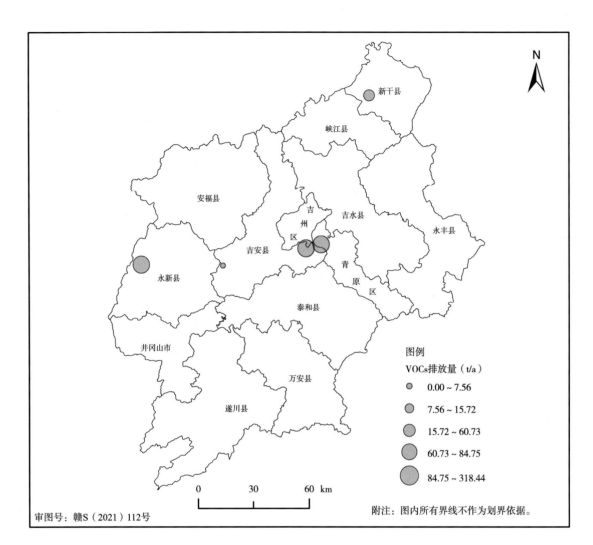

图5-10 吉安市电力行业VOCs排放量空间分布

5.4.2 工业锅炉VOCs排放量空间分布

吉安市工业锅炉VOCs排放主要集中在峡江县、吉安县、泰和县和永丰县等区域。工业锅炉中，以燃煤锅炉为主，部分为燃气锅炉和燃油锅炉。VOCs排放量最大的企业为永丰县的江西鹰鹏水泥有限公司，排放量为225.8 t，吉安市工业锅炉VOCs排放量空间分布见图5-11。

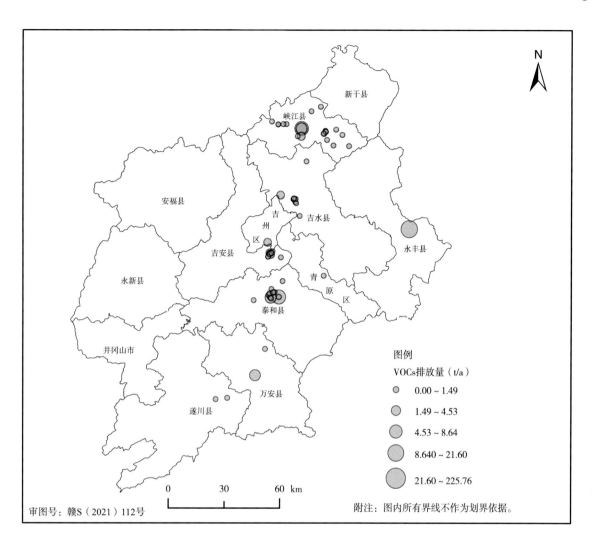

图5-11　吉安市工业锅炉VOCs排放量空间分布

5.5　吉安市大气污染物NH₃排放量空间分布特征

NH_3排放量主要以畜禽行业、民用燃烧和人体粪便为主，部分工业企业也会有少量NH_3排放。畜禽养殖、人体粪便和土壤本底等作面源处理。图5-12为吉安市NH_3排放分布图，可见，吉州区、泰和县、永新县、新干县的NH_3排放相对较高。

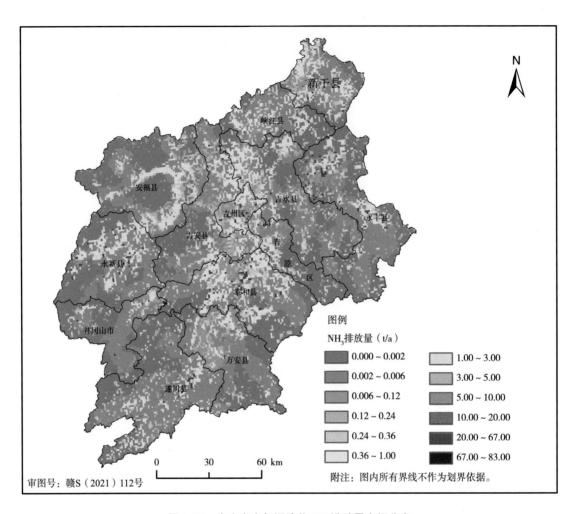

图5-12　吉安市大气污染物NH₃排放量空间分布

5.6　吉安市大气污染物PM₁₀排放量空间分布特征

工业源颗粒物排放主要来源于水泥、熟料、砖瓦、石灰等非金属矿物制品业，金属冶炼和加工业（如钢铁、氧化铝和锌冶炼等），而PM₁₀是指粒径在10 μm以下的颗粒物。吉安市工业企业的PM₁₀主要来源于电力行业、玻璃行业和水泥行业，排放量分别为866.5 t、740.9 t和1 303.9 t。吉安市PM₁₀排放量空间分布见图5-13。

5.6.1　电力行业PM₁₀排放量空间分布

吉安市5家电厂共排放PM₁₀ 866.48 t，其中，华能国际电力股份有限公司井冈山电厂的排放量最大，为340.21 t，占据5家电厂PM₁₀总排放量的39.26%。吉安市电力行业PM₁₀排放量空间分布见图5-14。

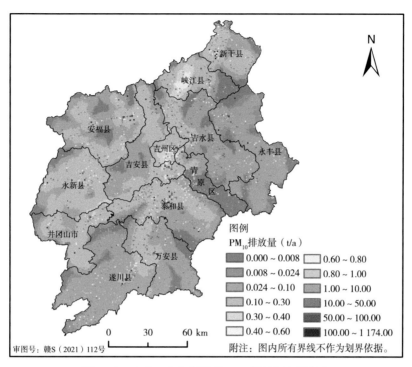

图5-13　吉安市大气污染物PM$_{10}$排放量空间分布

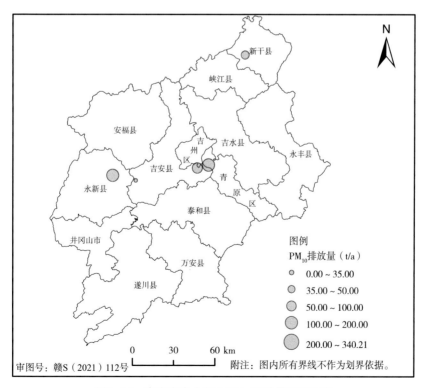

图5-14　吉安市电力行业PM$_{10}$排放量空间分布

5.6.2 水泥行业PM$_{10}$排放量空间分布

吉安市共有水泥企业123家，其中111家产品为水泥制品。水泥行业排放的主要污染物是PM$_{10}$和PM$_{2.5}$。排放量较大的企业有江西永丰南方水泥有限公司、江西安福南方水泥有限公司、吉安市宏光实业有限公司等，PM$_{10}$排放量分别为94.5 t、72.2 t和71.1 t，吉安市水泥行业PM$_{10}$排放量空间分布见图5-15。

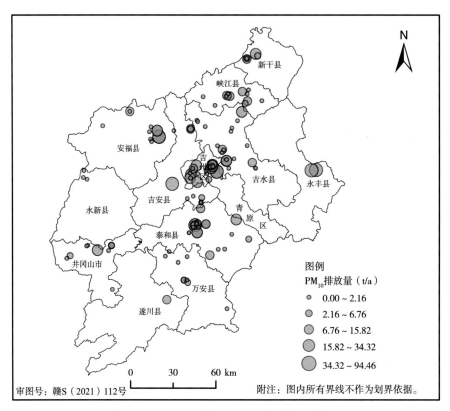

图5-15 吉安市水泥行业PM$_{10}$排放量空间分布

5.6.3 玻璃行业PM$_{10}$排放量空间分布

玻璃简单分类主要分为平板玻璃和深加工玻璃。平板玻璃主要分为3种：即引上法平板玻璃（分有槽/无槽两种）、平拉法平板玻璃和浮法玻璃。由于浮法玻璃具有厚度均匀、上下表面平整平行，再加上劳动生产率高及利于管理等方面的因素影响，浮法玻璃正成为玻璃制造方式的主流。玻璃行业上下游产业链见图5-16。

玻璃具体有石英玻璃、硅酸盐玻璃、钠钙玻璃、氟化物玻璃、高温玻璃、耐高压玻璃、防紫外线玻璃、防爆玻璃等。通常硅酸盐玻璃是以石英砂、纯碱、长石及石灰石等为原料，经混合、高温熔融、匀化后，加工成形，再经退火而得，广泛用于建筑、日用、艺术、医疗、化学、电子、仪表、核工程等领域。

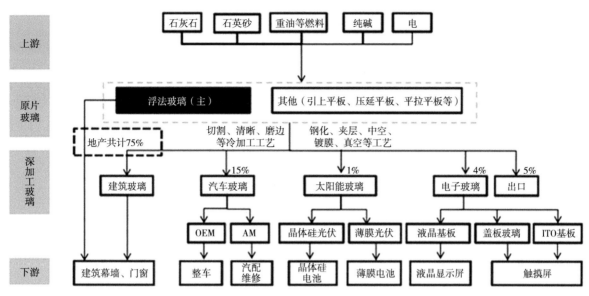

图5-16 玻璃行业上下游产业链

吉安市共有玻璃企业44家，PM_{10}总排放量为740.9 t，玻璃行业PM_{10}排放量空间分布见图5-17。

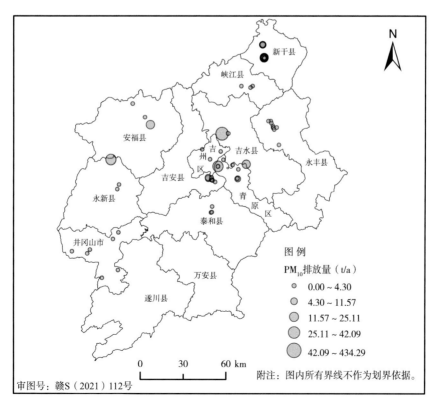

图5-17 吉安市玻璃行业PM_{10}排放量空间分布

5.7 吉安市大气污染物PM$_{2.5}$排放

PM$_{2.5}$并非某一种化学类型的污染物，而是一些污染物的集合。PM$_{2.5}$的来源有两种，即直接排出的一次颗粒物和由气态的SO$_2$、NO$_x$等前体物通过大气反应而生成的二次颗粒物。一次细颗粒物又分为直接排出的固态一次颗粒物和在高温状态下以气态形式排出、在冷却过程中凝结成固态的一次可凝结颗粒物。PM$_{2.5}$中的一次固态颗粒物主要来源于燃烧过程、矿物质的加工和精炼过程以及工业加工过程排放等；PM$_{2.5}$中的可凝结颗粒物主要由半挥发性有机物组成。PM$_{2.5}$中的二次颗粒物主要由无机气溶胶（硫酸盐SO$_4^{2-}$+硝酸盐NO$_3^-$+铵盐NH$_4^+$，简称SNA）及挥发性有机物VOCs转化而成的二次有机物（SOC）。吉安市PM$_{2.5}$排放量空间分布见图5-18。

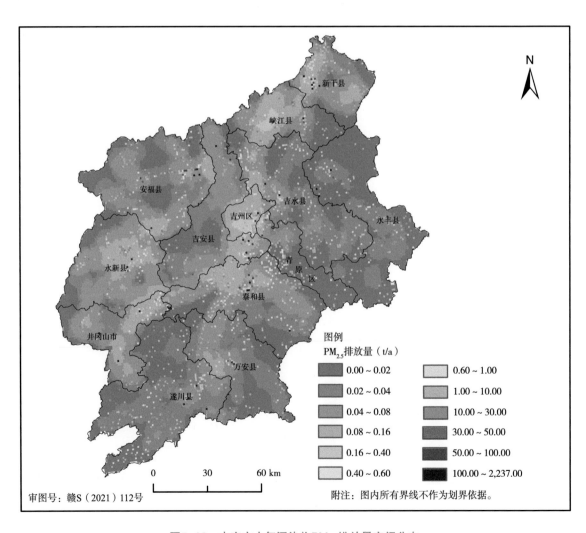

图5-18 吉安市大气污染物PM$_{2.5}$排放量空间分布

5.7.1 玻璃行业PM$_{2.5}$排放量空间分布

吉安市玻璃行业PM$_{2.5}$排放总量为708.9 t，其中，排放量最大的企业为江西省生力源玻璃有限公司。吉安市玻璃行业PM$_{2.5}$排放量空间分布见图5-19。

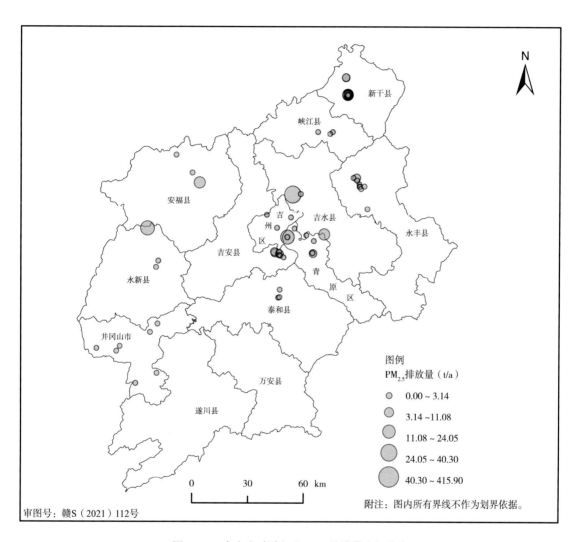

图5-19 吉安市玻璃行业PM$_{10}$排放量空间分布

5.7.2 水泥行业PM$_{2.5}$排放量空间分布

吉安市水泥行业PM$_{2.5}$排放总量为461.8 t，排放量前三的企业为江西永丰南方水泥有限公司、江西安福南方水泥有限公司和江西泰和南方水泥有限公司，PM$_{2.5}$排放量分别为83.4 t、63.8 t和37.5 t。吉安市水泥行业PM$_{2.5}$排放量空间分布见图5-20。

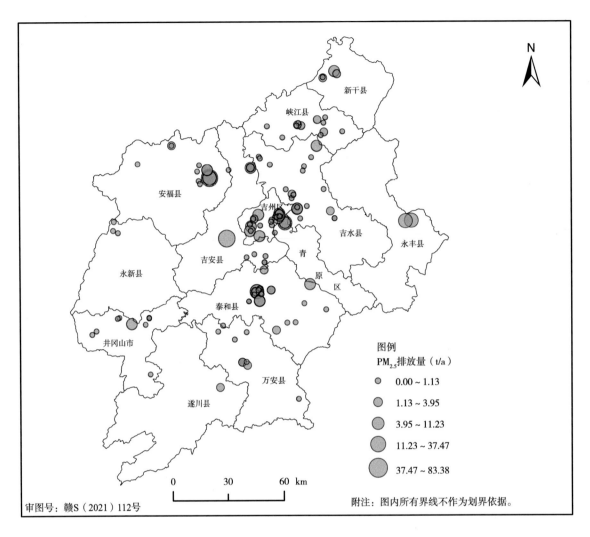

图5-20　吉安市水泥行业PM$_{2.5}$排放量空间分布

5.8　吉安市大气污染物BC排放量空间分布特征

BC是化石燃料和生物质不完全燃烧生成的具有高度芳香化结构的含碳颗粒物，元素组成以C为主（占60%以上），其次为H、O、N、S。黑炭颗粒在大气中形成的黑炭气溶胶污染，对全球气候、农业生产、建筑物甚至人类健康都有所危害。这些纳米尺度的黑炭颗粒物不仅可随大气扩散，引发呼吸道疾病，而且可在大气干湿沉降作用下进入水体和土壤环境，进而影响污染物在水体和土壤中的迁移和转化。吉安市2018年排放BC的总量为1 950.9 t，其空间分布见图5-21。

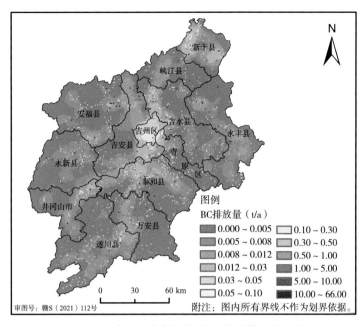

图5-21 吉安市大气污染物BC排放量空间分布

5.8.1 电力行业BC排放量空间分布

吉安市电力行业BC排放总量为58.0 t，其中，排放量最大的企业为永新县凯迪绿色能源开发有限公司。吉安市电力行业BC排放量空间分布见图5-22。

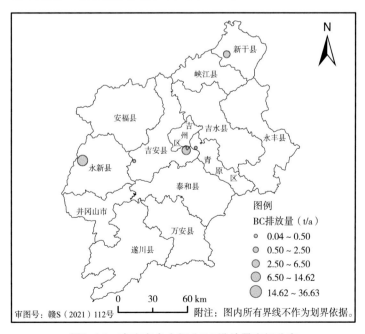

图5-22 吉安市电力行业BC排放量空间分布

5.8.2 水泥行业BC排放量空间分布

吉安市水泥行业BC排放总量为86.0 t，排放量前三的企业为江西永丰南方水泥有限公司、江西安福南方水泥有限公司和江西泰和南方水泥有限公司，BC排放量分别为37.8 t、28.9 t和17.0 t。吉安市水泥行业BC排放量空间分布见图5-23。

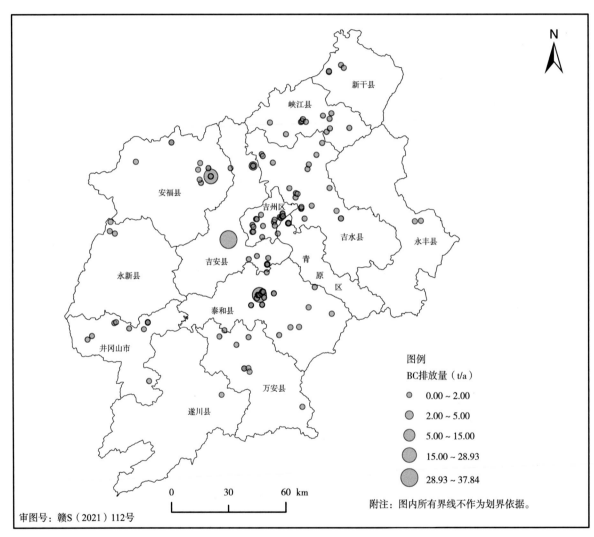

图5-23　吉安市水泥行业BC排放量空间分布

5.9　吉安市大气污染物OC排放量空间分布特征

有机碳（OC）通常是指脂肪族、芳香族等多种有机化合物，包括由污染源直接排放一次有机碳（POC）和通过光化学反应等途径形成的二次有机碳（SOC）。气溶胶中的OC对人类健康、区域和城市霾污染、地球辐射平衡都有一定的影响。吉安市2018年排放OC的总量为4 019.16 t，其空间分布见图5-24。

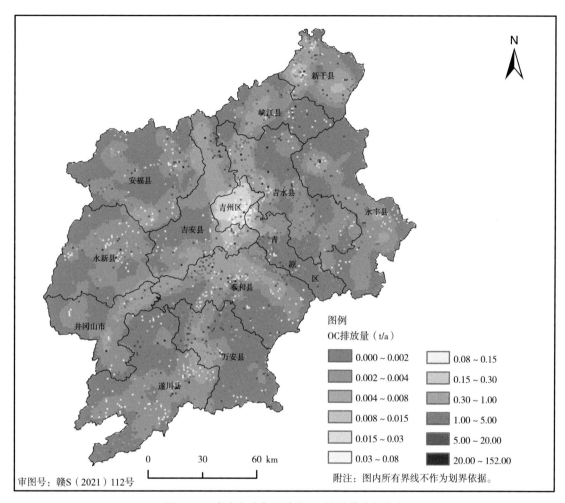

图例
OC排放量（t/a）

0.000 ~ 0.002	0.08 ~ 0.15
0.002 ~ 0.004	0.15 ~ 0.30
0.004 ~ 0.008	0.30 ~ 1.00
0.008 ~ 0.015	1.00 ~ 5.00
0.015 ~ 0.03	5.00 ~ 20.00
0.03 ~ 0.08	20.00 ~ 152.00

审图号：赣S（2021）112号

附注：图内所有界线不作为划界依据。

图5-24　吉安市大气污染物OC排放量空间分布

5.9.1　电力行业OC排放量空间分布

吉安市电力行业OC排放总量为239.9 t，其中，排放量最大的企业为永新县凯迪绿色能源开发有限公司，排放量为152.2 t。吉安市电力行业OC排放量空间分布见图5-25。

5.9.2　水泥行业OC排放量空间分布

吉安市水泥行业OC排放总量为143.3 t，排放量前三的企业为江西永丰南方水泥有限公司、江西安福南方水泥有限公司和江西泰和南方水泥有限公司，OC排放量分别为63.1 t、48.2 t和28.3 t。吉安市水泥行业OC排放量空间分布见图5-26。

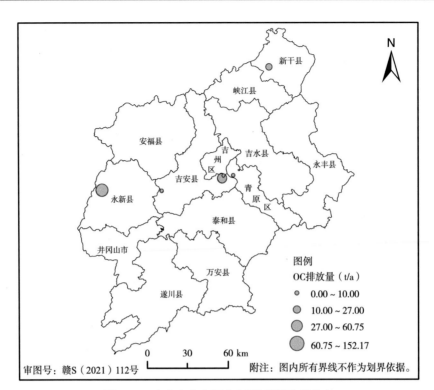

图5-25 吉安市电力行业OC排放量空间分布

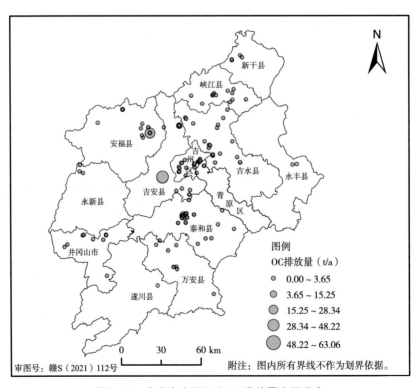

图5-26 吉安市水泥行业OC排放量空间分布

5.10　吉安市大气污染源CO排放量空间分布特征

　　CO是煤、石油等含碳物质不完全燃烧的产物，是一种无色、无臭、无刺激性的有毒气体，几乎不溶于水，在空气中不易与其他物质发生化学反应，故可在大气中停留2~3 a。若局地污染严重，对人群健康会产生一定危害。

　　大气对流层中的CO本底浓度为0.1~2.0 mg/kg，这种含量对人体无害。但由于交通运输事业、工矿企业不断发展，煤和石油等燃料的消耗量持续增长，CO的排放量也随之增多。采暖和茶炊炉灶的使用，不仅污染室内空气，也加重了城市的大气污染。一些自然灾害，如火山爆发、森林火灾、矿坑爆炸和地震等灾害事件，也会造成局部地区CO浓度的增高。吉安市2018年排放CO的总量为108 365.7 t，其中其他工业、民用燃烧、水泥行业、道路移动源等占比重较大。吉安市CO排放量空间分布见图5-27。

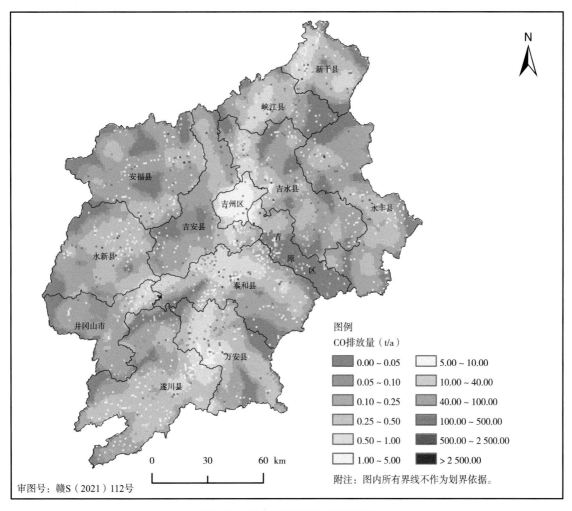

图5-27　吉安市CO排放量空间分布

第六章 空气质量模型模拟验证

6.1 空气质量模型选择

大气作为一个极端复杂的反应系统，每时每刻都有大量的化学和物理反应发生。外场观测、实验室分析、数值模式模拟等方法都可以用于空气质量的研究，但大气环境外场观测和实验室分析在时间和空间方面具有局限性，难以应用于较大时空尺度的大气扩散和污染预报。因此，空气质量数值模式模拟具有其不可代替的作用。作为当今大气环境研究的热点，空气质量模式通过模拟得出各种大气污染物的时空分布，可应用于大气污染预报预警，是城市及区域大气污染控制研究的重要手段之一。

第三代空气质量模型CMAQ、CAMx、WRF-CHEM、NAQPMS（考虑气象和大气污染的双向反馈），包括气象化学接口模块、初始条件模块、边界条件模块、化学机制编译器等，所需输入数据多且不易获得，且其对各种设备要求较高，计算所需时间也较长。综合多方面的因素，本书暂不采用以上模型进行空气质量模拟。

CALPUFF是由美国环境保护署开发的非稳态气象和空气质量系统，用于模拟不同气象条件对大气污染物的排放、平流输送、扩散、干沉降和湿沉降等转化和去除的时空影响。CALPUFF可模拟三维流场随时间和空间发生变化时污染物在大气环境中的输送、转化和清除过程，适用于从50 km到几百千米的模拟范围。该模型可模拟多种大气污染问题，所需资料易获得，计算时间适中。本研究采用WRF-CALPUFF模型对此次源清单结果与吉安市环境空气质量进行对比验证。

6.2 空气质量模型所需数据

模型需要的数据分为3类：第一类为地理数据，主要包含地形和土地利用数据，数据来自CALPUFF官网；第二类为气象数据，包括地面气象站和中尺度模拟数据，前者选取吉安市各个县（市、区）气象站点24 h连续监测数据，后者来自WRF模式提取的中尺度气象数据；第三类为污染源清单数据，来源于本次调研数据。

地理数据。这部分数据主要有地形高程、土地利用类型、地表粗糙度和植被代码数据。CALPUFF的官方网站提供了全球的高程数据和土地利用数据，高程数据源来自ASTER全球数据库，土地利用数据来自马里兰大学北半球全球土地利用数据，分辨率为500 m。模型的基本输入信息如表6-1所示。

表6-1　CALPUFF模型基本输入信息

基础信息	输入值
坐标	Latitude=25.938 365°N
	Longitude=113.824 795°E
坐标原点	X（easting）=−22 km
	Y（northing）=−24 km
	Gird spacing（Δx）=2.5 km
模拟尺寸	Number of X grid cells=88
	Number of Y grid cells=96
垂直层数	10
垂直层高（m）	0，20，40，80，160，320，640，1 200，2 000，3 000，4 000
当地时区	UTC+0800
UTC区号	49
南北半球	北半球

气象数据包含四大类：地面气象（必选数据）、探空数据（必选数据）、降雨数据（可选数据）和水面站数据（可选数据）。因为国内基本上无水面站数据，且不考虑湿沉降，因此模拟时未使用降雨数据和水面站的数据，仅使用地面气象和探空气象数据。其中地面气象数据选取吉安市各个气象站2018年气象观测数据，地面气象数据应包含气压、高度、温度、风速、风向、相对湿度、云层高度等。各地面气象站信息如表6-2所示。

表6-2　吉安市各地面气象站基本参数

区站号	省份	站名	东经（°）	北纬（°）	观测场海拔高度（m）	气压传感器海拔高度（m）
57798	江西	安福县	114.36	27.24	85.9	87.1
57799	江西	吉安县	114.55	27.03	71.2	73.7
57891	江西	永新县	114.15	26.56	153.0	154.0
57894	江西	井冈山	114.10	26.35	843.0	848.4
57895	江西	万安县	114.47	26.28	101.6	102.8
57896	江西	遂川县	114.30	26.20	126.1	127.3
57899	江西	泰和县	114.55	26.48	71.4	72.6

（续表）

区站号	省份	站名	东经（°）	北纬（°）	观测场海拔高度（m）	气压传感器海拔高度（m）
58701	江西	新干县	115.24	27.46	46.5	47.7
58704	江西	峡江县	115.21	27.37	52.8	54.0
58705	江西	永丰县	115.25	27.20	85.7	86.9
58707	江西	吉水县	115.08	27.13	66.2	67.4

探空数据采用WRF提取的中尺度模型模拟格点数据。利用WRF提取了27层各高度层上的位势高度、温度、露点、风速、地面气压、海平面气压和地面温度等数据。WRF模型是中尺度数值气象模型，旨在满足环境研究和运行预测要求。

污染源数据。CALPUFF可以处理点源、线源、面源和体积源，并考虑干湿沉降和建筑物下洗等因素。在运行的时候基础时区为东八区，时间步长为3 600 s。化学机制为MESPUFF Ⅱ 化学机制，氨的背景浓度采用默认值，臭氧的背景浓度采用气象站提供的臭氧浓度数据的平均值。模型所需的点源参数包括海拔高度、烟囱高度、烟囱直径和出口烟气速度和需模拟大气污染物排放速率。本报告用CALPUFF模型对吉安市SO_2、NO_x、PM_{10}和$PM_{2.5}$ 4种大气污染物进行模拟，后期的数据使用Surfer14.0软件进行图像可视化处理。

6.3　空气质量模型模拟结果

根据此次调研的清单数据，对吉安市2018年1月和7月的空气质量进行了模拟，并将模拟结果与各县（市、区）的污染物实测值进行了对比。空气质量模型数值模拟结果见表6-3和表6-4。

表6-3　2018年吉安市各县（市、区）数值模拟结果（一）　　　　单位：μg/m³

序号	县（市、区）名称	SO_2	NO_x	PM_{10}	$PM_{2.5}$
1	安福县	16.753 2	9.180 7	49.963 0	31.300 0
2	吉安县	12.860 3	12.728 0	44.303 0	28.570 0
3	吉水县	12.499 9	6.925 3	32.016 0	23.935 6
4	吉州区	12.531 2	7.166 4	41.336 0	28.810 0
5	井冈山市	11.133 1	4.635 3	25.915 8	17.222 0
6	青原区	12.981 7	13.528 6	41.674 0	28.535 0
7	遂川县	11.123 7	4.615 9	25.943 0	17.826 5
8	泰和县	15.244 7	10.894 4	48.588 0	23.253 5
9	万安县	11.518 2	5.790 9	29.321 9	24.033 7
10	峡江县	11.550 3	6.773 6	30.770 6	20.088 0

（续表）

序号	县（市、区）名称	SO$_2$	NO$_x$	PM$_{10}$	PM$_{2.5}$
11	新干县	13.581 2	11.779 0	38.797 5	26.313 7
12	永丰县	13.164 0	8.675 4	33.647 4	23.849 2
13	永新县	11.288 1	5.234 5	27.765 1	18.484 9

表6-4 2018年吉安市各县（市、区）数值模拟结果（二）　　　　单位：μg/m³

序号	县（市、区）名称	SO$_2$	NO$_x$	PM$_{10}$	PM$_{2.5}$
1	安福县	16.813 1	8.966 2	41.182 0	29.186 6
2	吉安县	14.109 9	11.807 1	60.868 0	38.831 0
3	吉水县	13.078 3	5.920 4	33.097 0	26.754 7
4	吉州区	13.369 6	6.073 3	49.970 0	33.057 0
5	井冈山市	12.253 6	3.771 6	28.663 2	22.432 1
6	青原区	14.243 4	14.511 0	48.413 0	35.391 0
7	遂川县	12.464 0	4.112 9	30.969 2	24.739 8
8	泰和县	19.684 6	8.445 7	51.685 0	30.145 0
9	万安县	13.394 3	5.603 5	35.530 0	30.580 0
10	峡江县	12.882 4	5.365 0	32.458 8	23.200 8
11	新干县	15.388 7	6.276 3	45.253 0	23.652 8
12	永丰县	13.040 4	8.332 6	35.946 0	27.611 9
13	永新县	12.642 1	5.578 8	31.818 5	24.546 6

将污染物SO$_2$、NO$_x$、PM$_{10}$和PM$_{2.5}$浓度的数值模拟的结果与各区县的实测值进行对比，如图6-1至6-4所示，数值模拟的结果与县（市、区）实测值的趋势有较高的相关性。

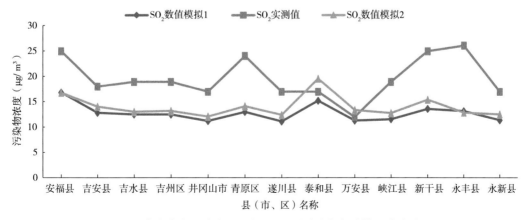

图6-1 吉安市各县（市、区）SO$_2$实测浓度与数值模拟浓度对比

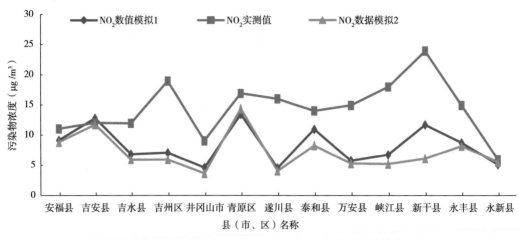

图6-2 吉安市各县（市、区）NO₂实测浓度与数值模拟浓度对比

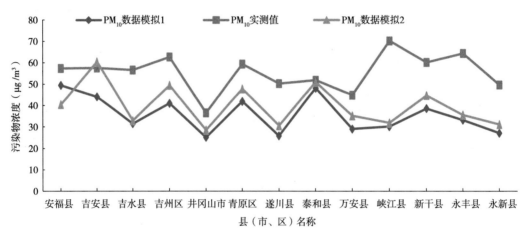

图6-3 吉安市各县（市、区）PM₁₀实测浓度与数值模拟浓度对比

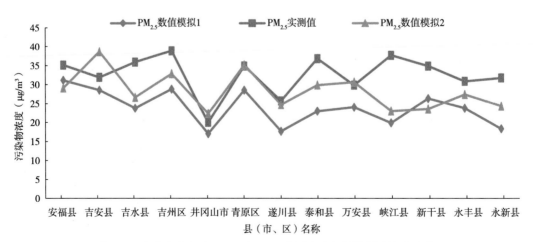

图6-4 吉安市各县（市、区）PM₂.₅实测浓度与数值模拟浓度对比

　　根据此次调研结果，将源清单数据输入空气质量模型，SO_2、NO_x、PM_{10}和$PM_{2.5}$的空间分布见图6-5、图6-6。

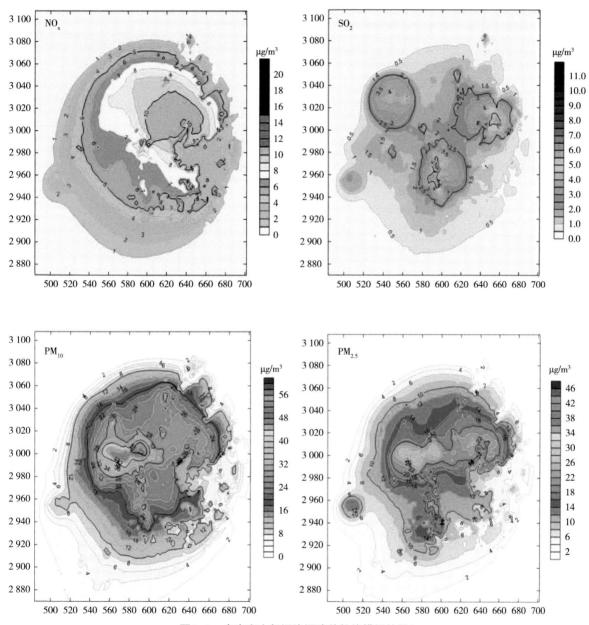

图6-5　吉安市大气污染源清单数值模拟结果1

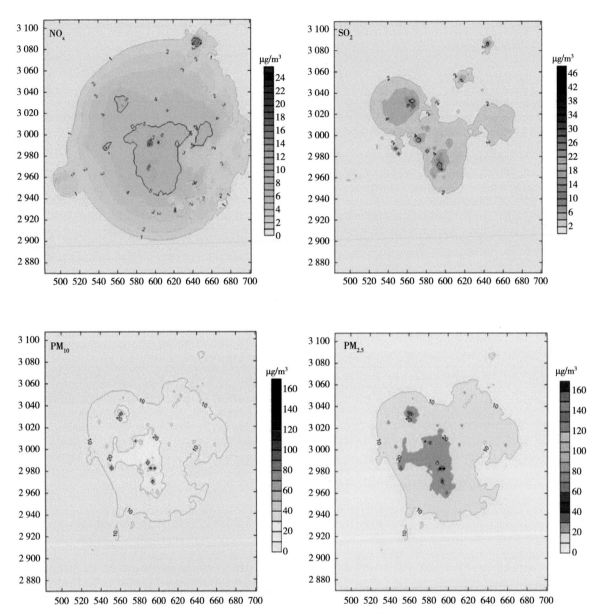

图6-6　吉安市大气污染源清单数值模拟结果2

第七章 排放清单结论

7.1 主要结论

本书以吉安市为研究对象，对吉安市9种大气污染物的排放清单、排放特征进行了研究。整理和利用国内外相关文献、实地调查、各种统计数据、污染普查数据和其他相关资料，综合采用"自下而上"和"自上而下"两种方式，以排放因子法和物料衡算法为主要手段全面核算了各种大气污染物的排放量；并与环境统计公报数据、年鉴数据以及总量减排数据进行对比分析，以验证本清单的准确性。主要结论如下。

根据大气污染物排放清单的编制要求，在吉安市开展了广泛详细的资料调查、部门调查和污染源实地调查。调查录入工业企业2 829家，其中电力企业5家（燃煤火力发电厂2家，燃生物质电厂3家），水泥企业123家（111家产品为水泥制品，12家企业产品为水泥），玻璃企业52家，砖瓦、石材等建筑材制造企业307家，化学原料和化学制品企业319家，计算机、通信和其他电子设备制企业238家，有色金属冶炼和压延加工企业41家，造纸和纸制品企业43家，金属制品企业39家等；民用燃烧源以1%～3%的比例进行抽样调查，覆盖2 300多个村庄；汽修企业抽样调查87家；干洗店抽样调查35家；各类餐饮企业抽样调查3 933家。

根据国家排放清单编制技术指南和技术手册，建立了吉安市2018年大气污染物排放清单。结果显示，2018年吉安市各类污染源共排放SO_2 7 505.03 t、NO_x 12 894.62 t、VOCs 22 313.29 t、NH_3 15 180.48 t、$PM_{2.5}$ 18 067.76 t、PM_{10} 26 580.44 t，BC 2 000.90 t、OC 4 014.38 t、CO 108 904.53 t。

对大气污染物及各类污染物排放特征进行了分析研究。吉安市SO_2排放主要来自工艺过程源，其排放量占比达61.21%，二级污染源以电力行业，水泥行业和砖瓦、石材等建筑材料制造业贡献为主；NO_x排放主要来自化石燃料固定燃烧源和移动源，其排放量占比分别为33.22%和51.34%，二级污染源以电力行业和机动车排放为主；PM_{10}和$PM_{2.5}$排放主要来自工艺过程源、化石燃料固定燃烧源和扬尘源，二级污染源以金属制品业，砖瓦、石材等建筑材料制造业，道路扬尘源和民用燃烧为主；VOCs排放主要来自工艺过程源，其排放量占比高达63.35%；NH_3排放主要来自农业源，其排放量占比达88.09%；CO排放主要来自工艺过程源和化石燃料固定燃烧源，其排放量占比分别为53.42%和38.80%；BC、OC排放主要来自工艺过程源和民用燃烧源，其排放量占比分别为62.48%和68.55%。

对吉安市各个县（市、区）大气污染物排放的空间分布特征进行了分析。吉安市SO_2排放量较大的县（市、区）有青原区、泰和县和永丰县，其中，青原区的SO_2排放量最大，为1 681.62 t；吉安市NO_x排放量较大的县（市、区）有青原区、新干县和永新县，其中，青原区的NO_x排放量为2 234.11 t，在吉安市所有县（市、区）中排名第一；吉安市VOCs排放量较大的县（市、区）有新干县、安福县和永新县，其中新干县VOCs排放量最大，为3 247.77 t；$PM_{2.5}$排放量较大的县（市、区）有泰和县、吉水县和吉安县，其中，泰和县$PM_{2.5}$排放量最大，一共为3 967.68 t；PM_{10}排放较大的县（市、区）同$PM_{2.5}$，泰和县的PM_{10}排放量也最大，为2 065.30 t；吉安市CO排放量较大的县（市、区）有永丰县、泰和县和安福县，其中，永丰县CO排放量最大，为17 814.20 t；此外，NH_3、BC和OC排放量最大的县（市、区）均为泰和县，排放量分别为3 899.15 t、327.21 t和589.35 t。

7.2 存在的问题和困难

7.2.1 数据获取难度较大

活动水平基础数据调研涉及的政府职能部门较多，协调难度较大。本次调查涉及工业企业众多，各企业基础不一，重点行业企业数据比较容易收集和整理，而部分规模化以下企业以及非重点行业企业对企业本身活动水平数据记录不详细，造成数据收集汇总较为困难。

7.2.2 生产工艺复杂，指南的排放系数不能完全覆盖

本次主要采用排放因子系数法估算吉安市2018年各类污染物的排放清单。污染物排放系数主要参照技术指南和技术手册里的推荐值。但是，技术指南中的工艺技术没有包含现实生产工艺的所有技术，导致排放系数不能完全对应，计算依据存在缺失。

7.3 管控建议

当前吉安市大气污染防治工作已经进入到以$PM_{2.5}$和O_3为核心的二次污染防控新阶段。吉安市应在巩固重点源污染治理成果的基础上，协同推进多污染源综合控制。目前吉安市大气污染物减排主要来自工业源的贡献。但对于$PM_{2.5}$和O_3生成前体物的NO_x、VOCs，移动源、生活源等也是主要的排放来源。移动源是吉安市NO_x、VOCs的重要排放源，虽然吉安市完成了黄标车淘汰

等一系列工作，并逐步开展了船舶污染控制，但机动车保有量大，且对非道路移动源尚缺乏有效的监管和治理措施，所以移动源污染问题仍然突出。因此，要持续降低PM$_{2.5}$浓度，协同推进O$_3$污染的防控，应巩固重点污染源治理成效，强化对机动车、船舶、非道路移动机械污染的防控，协同开展生活源VOCs治理和农业NH$_3$的排放控制。此外，吉安市应对"低小散"型企业进行排查并加强管控力度，及时跟进国内外对于VOCs治理的先进技术，积极推动吉安市空气质量进一步改善。

7.3.1　VOCs管控：从末端治理转向源头管控和稳定达标

重点行业VOCs综合治理：遵循源头预防、过程控制与末端治理相结合的全过程精细化管控原则，加强VOCs污染防治规划工作，突出VOCs削减和控制。鼓励企业采用先进清洁生产技术，严格控制含VOCs的原料与产品在生产和储运过程中的VOCs排放。在家具、集装箱、整车生产、船舶制造、机械设备制造、汽修、印刷等行业，全面推进低VOCs含量涂料、油墨、胶粘剂等替代。相关低挥发性有机物产品标准已于2019年12月底前出台。

7.3.2　O$_3$管控：多污染物协同控制

随着O$_3$污染愈发突出，有必要采取一系列防控手段。确立以O$_3$和PM$_{2.5}$为核心的多污染物协同控制战略。O$_3$与PM$_{2.5}$等互相影响，错综复杂，O$_3$污染的防治应当与PM$_{2.5}$治理结合起来，统筹考虑，制定不同层面O$_3$污染防治对策，采取多方位综合性治理措施。

重点控制O$_3$前体物排放。臭氧污染防治的关键在于O$_3$前体物NO$_x$、挥发性有机化合物的减排防控。由于NO$_x$排放来源广泛，必须实行节能政策和排放控制多措并举。一方面实施清洁能源政策，大力推行集中供暖、煤改气等工程；另一方面强化电厂、工业和交通等重点领域氮氧化物排放端管控。

挥发性有机物主要包括工业源和生活源两大类。工业源主要包括含VOCs原料的生产行业，含VOCs产品的使用过程，如涂装、黏合、工业清洗和印刷等。生活源包括建筑装饰装修、室内装饰材料、餐饮服务、服装干洗、家用燃料和烟叶不完全燃烧、甚至人体排泄物的挥发气体等。挥发性有机物种类多、排放源复杂，因此控制技术需多管齐下，首先是提高清洁生产水平，在源头上降低生成；同时，严格依法实施"散乱污"企业关停取缔、整合搬迁或限期整治。

加大环保部门检查执法力度，加强预报，长期治理。在执法独立性基础上，多部门要相互配合，上下级分工明确，确保落实好环境执法的权限。采取罚款、查封、没收、冻结、强制执行等多种执法手段，使企业违法成本大幅上升，倒逼企业转型升级。同时，要通过现有大气环境监测网络以及全省大气背景监测体系，环保、气象和大气科研等部门应加强合作，共享第一手资料，开展模拟研究，建立多种预报模型，预测未来演变，形成一整套完善的预报预警机制，为O$_3$污染的治理及应急预警提供决策依据。

下　篇

吉安市大气细颗粒物PM$_{2.5}$来源解析

第八章 PM$_{2.5}$来源解析概述

8.1 工作背景

改革开放以来，举世瞩目的经济发展和工业化进程极大地提高了我国的城市化水平，然而，经济发展是以牺牲环境为代价的。近年来，我国以细颗粒物（PM$_{2.5}$）和臭氧（O$_3$）为特征的区域性大气复合污染问题日益突出，其来源、成因十分复杂，表现出多种污染物同时以高浓度存在、固液气多介质相互作用、局地与区域大气污染相互影响、大气污染与气象过程双向反馈等特点。

近几年来，我国以京津冀、长三角、珠三角为首的多个经济高速发展地区的灰霾天气逐渐增多，持续时间和影响范围不断扩大，极大地制约了我国人民生活水平的提高和社会经济的发展。在此背景下，2013年《大气污染防治行动计划》（"大气十条"）发布，明确"经过五年努力，全国空气质量总体改善，重污染天气较大幅度减少；京津冀、长三角、珠三角等区域空气质量明显好转"的目标要求。2017年是"大气十条"执行第一阶段的收官之年，经过5年的努力，全国空气质量总体改善，京津冀、长三角、珠三角等重点区域PM$_{2.5}$分别比2013年下降39.6%、34.3%、27.7%；"大气十条"确定的各项空气质量改善目标全面实现，在空气质量改善中群众获得感、幸福感显著增强。

2018年5月，江西省以习近平新时代中国特色社会主义思想为指导，全面贯彻党的十九大精神，牢固树立社会主义生态文明观，坚决践行生态优先、绿色发展理念，坚持全民共治、源头防治，以保障人居环境和群众健康为出发点，以改善大气环境质量为核心，以科学分析、精准监测、精细管理、依法治理为工作思路，印发了《江西省打赢蓝天保卫战三年行动计划（2018—2020年）》，深入推进大气污染综合治理，奋力打赢蓝天保卫战，打造美丽中国"江西样板"，持续改善江西省空气质量，满足人民群众对优美生态环境的需要提供有力的政策支持和技术支撑。根据计划目标，2018年，江西省PM$_{2.5}$平均浓度控制在44 μg/m³以内；PM$_{10}$浓度持续下降；江西省主要污染物SO$_2$和NO$_x$分别较2015年削减10.1%、7.3%。2019年，江西省PM$_{2.5}$平均浓度控制在42 μg/m³以内，2018年和2019年空气质量优良天数比例完成国家下达目标。到2020年，江西省

PM$_{2.5}$平均浓度较2015年下降12%，控制在39.6 μg/m³以内；空气质量优良天数比例达到92.8%；PM$_{10}$浓度明显下降；江西省主要污染物SO$_2$和NO$_x$均较2015年削减12%。影响城市空气质量的污染物主要分为两类：气态污染物（Gaseous Pollutants）和颗粒态污染物（Particulate Pollutants）。前者包括碳氧化物（CO$_x$）、硫氧化物（SO$_x$）、NO$_x$、NH$_3$、O$_3$以及VOCs等。后者则主要是由固体颗粒或小液滴悬浮在气体介质中形成的多相混合物，统称为大气颗粒物（Airborne Particulate Matter，PM，或Aerosol）。

颗粒物来源的多样性和复杂性决定了其复杂的化学组成，不同化学组分的区域传输能力和环境效应也有所不同。对颗粒物化学组成及其来源的研究是识别区域污染形成机制、制定有效控制措施的重要基础。目前，对京津冀、长三角、珠三角和四川盆地等经济发达的超大城市群颗粒物化学组分、来源解析已开展了很多研究，在我国制定城市大气颗粒物总量控制规划、进行环境污染综合整治中发挥了重要作用，对于确定污染治理重点、科学决策有着十分重要的指导意义。同时，源解析结果可以提高颗粒物污染防治的针对性、科学性和合理性，是制定大气污染防治规划的依据。

8.2　项目来源

众所周知，长三角区域面临着资源约束趋紧、环境污染严重、生态系统退化等十分严峻的问题，而人民群众对清新空气、干净饮水、食品安全、优美环境的需求越来越强烈。二者之间形成尖锐的矛盾，急需破除。为全面贯彻党的十九大精神以及生态环境部和江西省生态环境厅关于大气污染源排放清单编制的工作要求，打赢全市蓝天保卫战，吉安市的大气污染防治工作需要更加科学、精准、有效的指导。作为江西省唯一的国家生态保护与建设示范区，吉安市更要深入贯彻落实习近平总书记生态文明思想，坚持生态优先、绿色发展，巩固提升吉安优良生态环境，以更高标准推动打造美丽中国"江西样板"走前列。

为切实改善环境空气质量，吉安市政府先后印发了《2018年市中心城区大气污染防治十大专项整治行动方案》《关于开展大气污染系列专项整治工作的通知》《市中心城区空气质量管控预警机制实施方案》等文件，依据空气质量日报和月报的不同情况，以PM$_{2.5}$为主要指标，分蓝色、黄色、红色3种不同级别的预警。决定在全市范围内开展工业大气污染、扬尘污染、燃煤锅炉大气污染三大专项整治工作。认真组织实施整治工作，惩治工厂冒黑烟、工地扬尘、油烟乱排、城区乱放烟花爆竹、垃圾秸秆焚烧等行为，增加城市街道机扫和洒水频次，划分或扩大高污染燃料禁燃区；加强挥发性有机污染物VOCs的控制，开展调查整治；抓好企业节能降耗、绿色建筑和总量减排全民行动，完成华能井冈山电厂超低排放和节能改造，如期完成燃煤小锅炉淘汰任务；加大机动车尾气监管，确保完成江西省政府下达的淘汰黄标车任务，切实扭转空气质量下降趋势。

在推进大气污染整治工作中，大力开展一系列专项整治行动。围绕治理"四尘""三烟""三气"，深入开展工地和道路扬尘、燃煤锅炉、工业企业、油烟、机动车尾气、混凝土搅拌站、秸秆禁烧等大气污染专项整治行动。此外，还大力推进完成工业企业气体污染减排改造任务。

2020年是打赢蓝天保卫战三年行动计划收官之年，为改善环境空气质量，吉安提早统筹谋划，严格抓好落实。1月《吉安市2020年大气污染防治百日攻坚行动方案》出台，通过落实治污责任、明确任务目标、细化防治措施，铁腕整治突出问题，为顺利完成全年目标任务夯实基础。春节前期，组织召开了全市禁燃禁放工作部署会，要求各地各部门强化宣传、上下联动、齐抓共管，深入推进烟花爆竹禁燃禁放专项行动。通过全市上下共同努力，吉安市春节期间环境空气质量明显改善。除夕当天市中心城区国控站点$PM_{2.5}$日均值浓度为15 μg/m³，较去年同期下降68.1%，达到国家环境空气质量一级标准；正月初一，$PM_{2.5}$日均值浓度为22 μg/m³，较去年同期下降80.2%。

经过努力，2020年1—2月，市中心城区国控站点$PM_{2.5}$累计平均浓度为30 μg/m³，较去年同期下降23.1%；PM_{10}累计平均浓度为52 μg/m³，较去年同期下降20.0%，均达到国家环境空气质量二级标准。空气质量优良率比例100%，较去年同期上升10.5%，在江西省设区市排名并列第一。

为全面打赢蓝天保卫战，为持续改善空气质量提供技术支持，保障和提升吉安市空气质量，吉安市生态环境局启动了大气污染源排放清单编制与颗粒物来源解析工作，计划对全市10类污染源排放情况（化石燃料固定燃烧源、工艺过程源、移动源、溶剂使用源、农业源、扬尘源、生物质燃烧源、储存运输源、废弃物处理源、餐饮源）和9大类污染物（SO_2、NO_x、VOCs、NH_3、$PM_{2.5}$、PM_{10}、BC、OC、CO）产生源进行调查，构建本地化排放因子和源成分谱数据库，完成大气污染源排放清单动态更新管理平台建设工作，为吉安市环保决策提供科学有效的数据支撑，同时也为全市相关研究及管理培养一批储备人才，使吉安市大气污染防治工作具备长期开展的人才支撑。

8.3　目的和意义

目前吉安市由于自身排放、区域输送影响，其颗粒物污染治理也存在一定的挑战。本书结合吉安市大气污染防治面临的问题和挑战，以进一步准确摸清吉安市大气污染物排放源为目标，结合吉安市的社会经济发展、能源产品消耗、工业结构特征、生活生产水平等实际情况，利用系统化、精细化、本地化的技术方法，全面了解颗粒物来源，为吉安市制定城市及区域大气污染控制措施、开展污染防治工作提供技术依据，以期满足吉安市区域大气复合污染防治工作的迫切需求。

本书对吉安市大气$PM_{2.5}$颗粒物的化学组成、来源开展深入研究，确定吉安市大气污染治理重点、制定大气污染治理措施，对于科学、合理、高效地实现吉安市$PM_{2.5}$降低有着十分重要的指导意义。吉安市大气颗粒物源解析研究对早日实现空气质量改善具有重大意义。

8.4　研究内容

吉安市$PM_{2.5}$源解析工作的开展步骤如下。
- 了解吉安市的背景情况；
- 调研各监测点位周边的潜在污染源；
- 在吉安市布设手工监测点位；
- 开展连续手工监测；
- 计算$PM_{2.5}$浓度值；
- 开展手工监测滤膜的化学组成分析测试；
- 计算$PM_{2.5}$中各成分的体积浓度值；
- 评估手工监测数据；
- 开展精细化、综合性的源解析计算；
- 给出综合源解析结果：各污染源（行业）的贡献值和占比。

8.5　研究区域及采样方法

在吉安市典型位置站点采用$PM_{2.5}$膜采样、离线化学测试分析、数值模型源解析的方法研究$PM_{2.5}$的化学组分及来源。

8.6　技术路线

吉安市$PM_{2.5}$源解析工作技术路线见图8-1。

8.7　小结

近年来，我国以$PM_{2.5}$和O_3为特征的区域性大气复合污染问题日益突出，极大地影响了我国人民生活水平的提高和社会经济发展。吉安市先后制定出台了多项大气污染治理方案，为精准做好空气质量保障工作提供有力的政策支持。对颗粒物化学组成及其来源的研究是识别区域污染形成机制、制定有效控制措施的重要基础。源解析结果可以提高颗粒物污染防治的针对性、科学性和合理性，是制定大气污染防治规划的依据。吉安市大气颗粒物源解析研究对于保障和实现空气质量进一步改善具有重大意义。

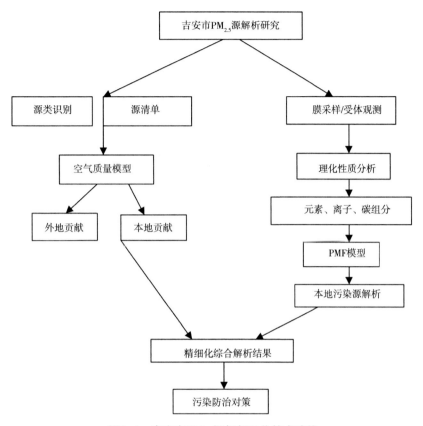

图8-1　吉安市PM$_{2.5}$源解析工作技术路线

第九章 吉安市大气污染物排放状况

9.1 化石燃料固定燃烧源

9.1.1 电力行业

吉安市电力以燃煤电厂为主，主要火力电厂为华能国际电力股份有限公司井冈山电厂。电厂除以煤炭为能源外，还有部分电厂以生物质能为燃料。2018年燃煤及生物质消耗量分别为374.57万t和44.4万t。全市电厂各类大气污染物排放量见图9-1。

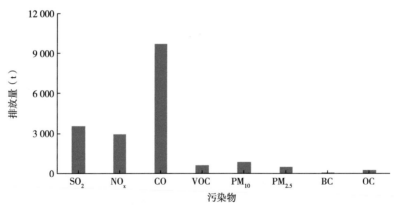

图9-1 2018年吉安市电厂大气污染物排放量

可以看出，全市电力行业大气污染物主要为CO、SO_2和NO_x，其排放量分别为9 689.3 t、3 553.3 t和2 954.5 t。目前吉安市电厂仍以煤炭为主要能源，因此SO_2排放量相较使用天然气的排放量更高。随着电厂超低排放的实施，PM_{10}和$PM_{2.5}$排放量水平较低，分别为866.48 t和518.01 t。

9.1.2 工业锅炉

工业锅炉主要以煤炭和天然气为能源，其中煤炭消耗量为26.6万t，天然气消耗量为1 509.2万t。

根据核算方法及活动水平得到工业锅炉大气污染物排放量见图9-2，以及不同燃料工业锅炉各类大气污染物排放量占比见图9-3。

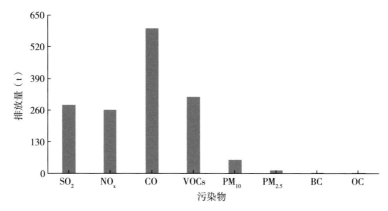

图9-2　2018年吉安市工业锅炉大气污染物排放量

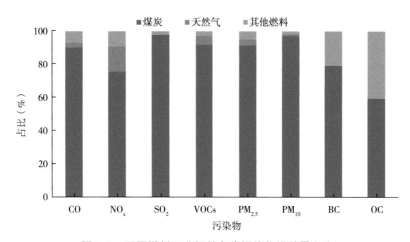

图9-3　不同燃料工业锅炉各类污染物排放量占比

由图中可以看出，工业锅炉SO_2、PM_{10}、$PM_{2.5}$、VOCs、CO、BC的首要来源为燃煤锅炉，特别是SO_2排放量中约93%均来自燃煤锅炉排放。尽管在工业锅炉中天然气消耗量也很大，但作为清洁能源，其大气污染物排放量很低。因此，加大天然气等清洁能源的使用对于污染物排放量降低作用显著。

9.1.3　民用源

居民生活源主要包括居民用煤、燃气及液化石油气，根据核算方法及活动水平得到2018年民用生活源大气污染物排放量（表9-1）；各类燃料的污染物排放量占比见图9-4。

表9-1　2018年居民生活源大气污染物排放量　　　　　　　单位：t

居民生活燃料类型	CO	NOx	SO2	NH3	VOCs	PM2.5	PM10	BC	OC
煤炭	6 391	212	73	0	1 242	648	705	103	497
天然气	3 195	106	0	0	0	0	0	0	0
液化石油气	11 184	372	127	0	0	1 134	1 234	181	870
液化天然气	3 195	53	18	0	162	176	26	124
其他燃料	7 989	318	146	1 144	1 864	1 296	1 411	207	994

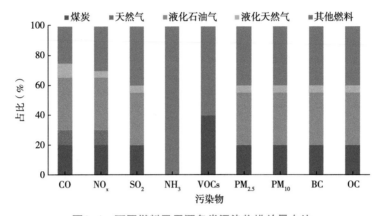

图9-4　不同燃料民用源各类污染物排放量占比

从各类污染物的排放占比来看，随着煤改气工作的推进，生活用燃煤在SO2、PM10、PM2.5、CO、OC以及BC排放中所占比例明显低于液化石油气或者其他燃料，而煤炭使用在VOCs排放中依然占据较高比例，占比约为40%。从图中还可看出，其他燃料使用（如生物质燃烧）对于NH3排放贡献可达100%；此外，生物质燃烧对VOCs贡献较大，接近60%。因此，其他燃料（主要为生物质燃料）为吉安市VOCs和NH3的主要来源。

9.1.4　小结

全市电力行业、工业锅炉以及民用源等化石燃料固定燃烧源的各类大气污染物排放情况见表9-2，污染物排放占比见图9-5。由图9-5可知，SO2、NOx排放主要来源为电力行业，占比超过69%，而其余污染物主要源自民用源，其排放占比均超76%。

表9-2　化石燃料固定燃烧源大气污染物排放量　　　　　　　单位：t

	SO2	NOx	CO	VOCs	NH3	PM10	PM2.5	BC	OC
电力行业	3 553	2 955	9 689	652	107	866	518	58	240
工业锅炉	281	261	595	314	0	57	14	2	4
民用源	366	1 068	31 967	3 108	1 145	3 529	3 243	517	2 487

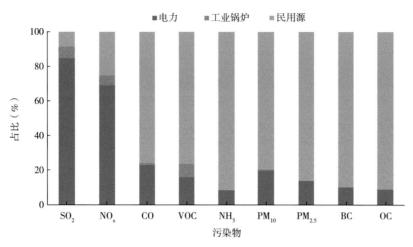

图9-5　不同类型燃料各类大气污染物排放量占比

9.2　工艺过程源

9.2.1　冶金行业

根据清单核算方法及对应年份的活动水平数据，核算得到2018年冶金行业大气污染物SO_2、NO_x、PM_{10}、$PM_{2.5}$、VOCs、CO、OC、BC排放量（图9-6）。由图可知，吉安市冶金行业主要排放大气污染物为CO、PM_{10}和$PM_{2.5}$，排放量分别为2 100.41 t、4 853.75 t和3 859.35 t。

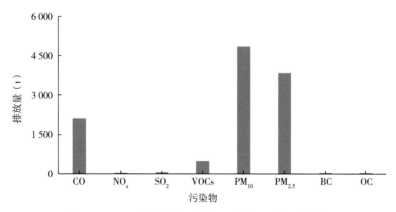

图9-6　2018年吉安市冶金行业大气污染物排放量

9.2.2　化纤行业

根据清单核算方法及对应年份的活动水平数据，核算得到2018年化纤行业大气污染物SO_2、NO_x、PM_{10}、$PM_{2.5}$、VOCs、CO、OC、BC排放量（图9-7）。由图可知化纤行业VOCs和CO排放量较高，分别为5 184 t和3 968 t。化纤行业涉及诸多化工原料，在其工艺流程中易释放大量VOCs。

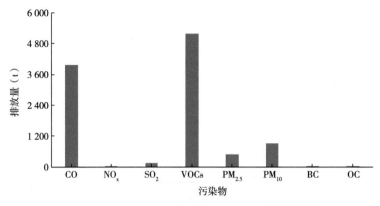

图9-7 2018年吉安市化纤行业大气污染物排放量

9.2.3 建材行业

根据清单核算方法及对应年份的活动水平数据，核算得到2018年建材工业大气污染物SO_2、NO_x、PM_{10}、$PM_{2.5}$、VOCs、CO、OC、BC排放量（图9-8）。由图可知，建材行业CO排放量最大，排放量可达43 296 t。

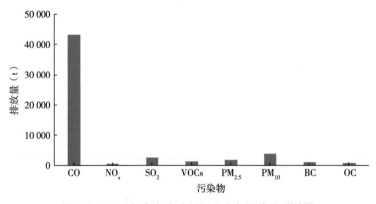

图9-8 2018年吉安市建材行业大气污染物排放量

9.2.4 其他工业

根据清单核算方法及对应年份的活动水平数据，核算得到2018年化纤行业大气污染物SO_2、NO_x、PM_{10}、$PM_{2.5}$、VOCs、CO、OC、BC排放量（图9-9）。其他工业大气污染物排放中排放量高的主要为CO、PM_{10}、$PM_{2.5}$、VOCs。尤其需要关注的是，在其他行业中VOCs和PM_{10}问题较突出，其排放量分别可达CO排放量的72%和84%。

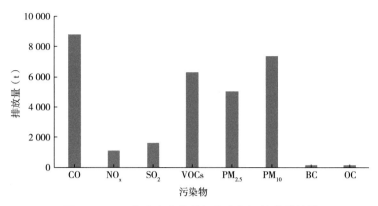

图9-9 2018年吉安市其他行业大气污染物排放量

9.2.5 小结

2018年工艺过程源大气污染物排放量及排放占比见表9-3和图9-10。污染物排放量最大的为CO，其次为PM_{10}、VOCs以及$PM_{2.5}$。结合大气污染物排放分担率来看，CO排放主要来自建材业，VOCs主要来自建材和化纤业。

表9-3 工艺过程源大气污染物排放量　　　　　　　　　　　　　　　　　　　　单位：t

行业类型	CO	NO_x	SO_2	NH_3	VOCs	$PM_{2.5}$	PM_{10}	BC	OC
冶金行业	2 100	31	58	2	501	4 854	3 859	28	27
建材行业	43 296	630	2 748	0	1 270	1 821	3 983	1 029	914
化纤行业	3 968	36	164	45	5 185	504	930	18	8
其他工业	8 818	1 114	1 623	42	6 311	5 023	7 387	160	186
小计	58 182	1 811	4 594	88	14 135	12 202	16 160	1 235	1 136

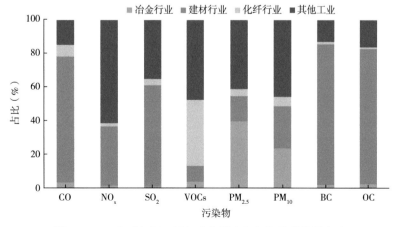

图9-10 工艺过程源不同行业各类大气污染物排放量占比

9.3 移动源

9.3.1 道路移动源

2018年吉安市分车型的排放量占比见图9-11。对于$PM_{2.5}$和NO_x而言，小型载客汽车是最重要的排放源，其排放量分别占77%和73%。这是因为小型载客型汽车保有量高，为36.07万辆，从而导致其排放分担率较高。对于VOCs，摩托车贡献最大，占比可达50%，据《吉安市2018年经济和社会发展统计公报》吉安市2018年末全市机动车保有量61.66万辆，而摩托车保有量为15.23万辆，由此可见摩托车保有量高时所带来的VOCs污染水平比小型载客汽车所致VOCs污染水平更高。在CO排放量中占比最高的也为摩托车，其占比为42%，其次为轻型载货汽车，占比为28%。综上所述，小型载客汽车为$PM_{2.5}$和NO_x的主要贡献源，而摩托车为VOCs和CO的主要贡献源。

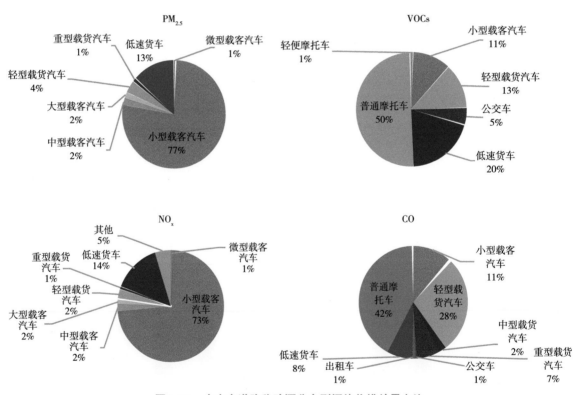

图9-11 吉安市道路移动源分车型污染物排放量占比

道路移动源依据清单编制技术指南/手册进行排放量计算，结果见图9-12。由图可知，道路移动源主要排放污染物为CO和NO_x，排放量分别为7 218 t和5 779 t，其中小型载客汽车为吉安市大气排放污染物CO和NO_x的主要来源。

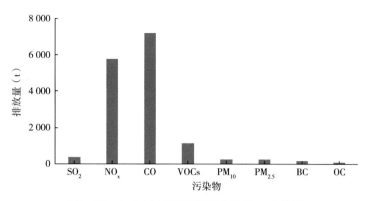

图9-12　吉安市道路移动源大气污染物排放量

9.3.2　非道路移动源

非道路移动源大气污染物排放量及占比见图9-13、图9-14，由图可知，船舶为各污染物的首要排放源，对CO、NO_x、VOCs、$PM_{2.5}$、PM_{10}、BC、OC排放量占比分别为53%、69%、27%、55%、72%、71%、73%、71%。对SO_2贡献量最大的为民航飞机（38%），工程机械次之（35%）。

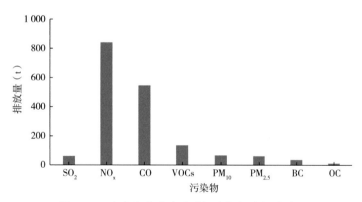

图9-13　吉安市非道路移动源大气污染物排放量

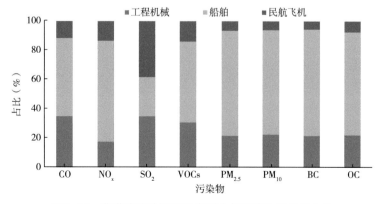

图9-14　非道路移动源不同类型大气污染物排放量占比

9.3.3 小结

2018年移动源污染物排放量和排放量占比见表9-4和图9-15。由图表可知，移动源主要大气排放物为NOx和CO，排放量分别为6 620 t和7 765 t。而在各污染源排放量占比中，道路移动源依然是最主要来源。

表9-4 吉安市移动源大气污染物排放量　　　　　　　　　　　　　　　　单位：t

来源	SO_2	NO_x	CO	VOCs	NH_3	PM_{10}	$PM_{2.5}$	BC	OC
道路移动源	354	5 779	7 218	1 135	76	244	241	150	71
非道路移动源	65	841	547	137	0	65	62	35	11
合计	419	6 620	7 765	1 272	76	309	303	185	83

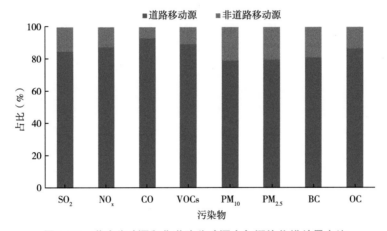

图9-15　道路移动源和非道路移动源大气污染物排放量占比

9.4　溶剂使用源

9.4.1　表面涂层

工业涂装包括建筑业、家具制造和其他表面涂层（主要包括漆包线及设备制造涂层等）。基于核算方法及收集获得的污染源活动水平数据，核算得到2018年吉安市表面涂层VOCs排放量为471.6 t。

9.4.2　印刷印染

油墨印刷生产过程中VOCs排放量主要来自油墨、清洗剂、润版液、胶黏剂。吉安市以出版物印刷为主，主要采用平版印刷工艺，其次为包装印刷。采用排放因子法核算得到2018年印刷企业的VOCs排放量为2.66 t。

9.4.3　农药使用

根据农药排放因子及其活动水平核算得到2018年吉安市农药使用VOCs排放量为255.98 t，吉安市农药使用以敌敌畏、草甘膦、氯青菊酯、多菌灵等为主。

9.4.4　其他溶剂

其他溶剂包括电子电路制造、铸造机械制造、专用化学品制造、卫生材料及医药制造、塑料制品、干洗、汽修等，基于活动水平数据，核算得到的2018年其他溶剂VOCs排放量为1 544.61 t。

9.4.5　小结

2018年吉安市溶剂使用源VOCs排放量见表9-5，各行业污染物排放量占比见图9-16。吉安市溶剂使用源VOCs排放量为2 274.85 t，主要来自其他行业溶剂生产，其贡献占比为67.90%。

表9-5　吉安市溶剂使用源大气污染物排放量　　　　　　　　　　　　　　单位：t

源类型	表面涂层	印刷印染	农药使用	其他溶剂	合计
VOCs排放量	471.60	2.66	255.98	1 544.61	2 274.85

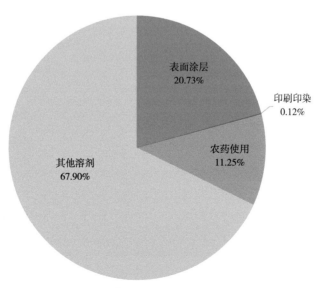

图9-16　溶剂使用源VOCs排放量占比

9.5 农业源

9.5.1 畜禽养殖

吉安市畜禽养殖所涉及的品种主要有生猪、肉牛、肉鸡、蛋鸡等，2018年畜禽养殖量为1 661万只（羽），其中面源养殖为1 342只（羽），点源养殖为319万只（羽），根据排放量核算方法得到2018年畜禽养殖点源和面源NH_3排放量共计为9 276 t。

9.5.2 氮肥施用

2018年吉安市氮肥施用量为7.9万t，所使用氮肥以尿素、复合肥、碳铵、硝铵为主，根据排放量核算方法得到2018年氮肥施用NH_3排放量为184.00 t，其中NH_3排放主要贡献来自尿素。

9.5.3 固氮植物

吉安市固氮植物主要包括大豆、蚕豆、豌豆。根据排放量核算方法得到2018年固氮植物NH_3排放量为31.24 t。

9.5.4 秸秆堆肥

根据农业部调查吉安市2018年秸秆量为179万t，根据排放量核算方法得到2018年秸秆堆肥NH_3排放量为232.00 t。

9.5.5 土壤本底

吉安市耕地类型可分为水田和旱地，耕地面积共计374万亩，根据清单核算方法得到2018年吉安市土壤本底NH_3排放量为485.85 t。

9.5.6 人体粪便

根据清单核算方法得到2018年吉安市人体粪便NH_3排放量为3 162.53 t。

9.5.7 小结

2018年农业源排放量及各行业排放量占比见表9-6和图9-17。2018年吉安市NH_3排放量为13 371.83 t，主要来源于畜禽养殖，占比69.37%。

表9-6　吉安市农业源大气污染物排放量　　　　　　　　单位：t

源类型	畜禽养殖	氮肥施用	固氮植物	秸秆堆肥	土壤本底	人体粪便	合计
NH_3排放量	9 276.35	183.86	31.24	232.00	485.85	3 162.53	13 371.83

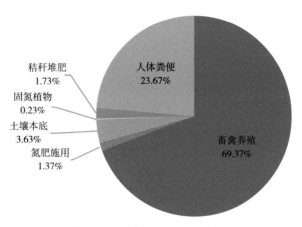

图9-17 农业源NH₃排放量占比

9.6 扬尘源

9.6.1 土壤扬尘

土壤扬尘主要来源为农田，吉安市土壤类型以砂土为主，根据活动水平和排放因子核算得到2018年土壤扬尘PM_{10}排放量为651.43 t，$PM_{2.5}$排放量为246.71 t。

9.6.2 道路扬尘

2018年吉安市道路长度为8 032 km，平均车流量合计109万辆/d。根据核算方法和活动水平得到2018年道路扬尘PM_{10}排放量为2 265.26 t，$PM_{2.5}$排放量为822.07 t。

9.6.3 施工扬尘

据核算方法和活动水平得到2018年施工扬尘PM_{10}和$PM_{2.5}$排放量分别为424.08 t和168.00 t。从统计情况来看，随着施工工地系列举措的逐步落实，施工现场已落实采用路面洒水、出入车辆冲洗、边界围挡以及覆盖纤维织布等多种措施来降低施工扬尘排放。

9.6.4 堆场扬尘

吉安市主要堆场类型包括工业废原料、工业废弃物、燃料、生活垃圾等，根据核算方法和活动水平得到2018年堆场扬尘PM_{10}排放量为2 101.39 t，$PM_{2.5}$排放量为392.68 t。企业对于堆场扬尘的控制措施包括洒水、编织物覆盖、围挡等。

9.6.5 小结

2018年扬尘源PM_{10}和$PM_{2.5}$排放量见图9-18。吉安市扬尘源PM_{10}排放量为5 442.16 t，$PM_{2.5}$排放量为1 629.47 t。道路扬尘和堆场扬尘为PM_{10}的主要贡献源，而道路扬尘为$PM_{2.5}$的主要贡献源。

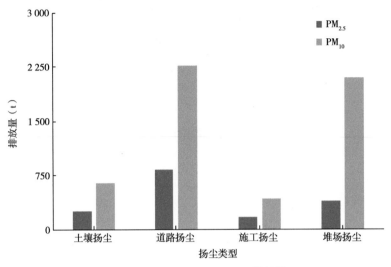

图9-18 扬尘源PM_{10}和$PM_{2.5}$排放量

9.7 生物质燃烧源

吉安市生物质燃料主要用于工业生物质锅炉，如用于白酒制造、食品加工、牲畜屠宰等多种工业，其大气污染物排放量见图9-19。由图可知，生物质燃烧主要大气污染物为CO，排放量为706 t。

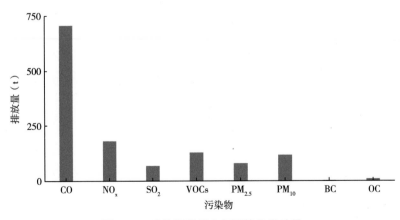

图9-19 生物质燃烧大气污染物排放量

9.8　储存运输源

2018年吉安市汽油及柴油销售量为62万t，根据活动水平和排放因子核算得到储存运输源VOCs排放量共计269.87 t。

9.9　废弃物处理源

9.9.1　固废处理

根据排放因子法核算得到2018年固废处理大气污染物排放量，NH_3排放量和VOCs排放量分别是320.04 t和131.44 t。

9.9.2　烟气脱硝

烟气脱硝多采用NH_3作为还原剂，因此在工艺过程中存在NH_3逃逸现象。根据排放因子法核算得到2018年烟气脱硝NH_3排放量为45.28 t。

9.9.3　小结

2018年吉安市废弃物处理源大气污染物NH_3排放量和VOCs排放量分别为365.50 t和131.44 t，主要来自固废处理。

9.10　其他源（餐饮源）

根据吉安市食品药品监督管理局提供的不同业态餐饮企业数量，结合前期调研获得的不同业态餐饮企业的灶头数，采用排放因子法核算餐饮业排放量。各类污染物排放量见图9-20。餐饮业主要大气污染排放物为VOCs、PM_{10}、$PM_{2.5}$和OC。

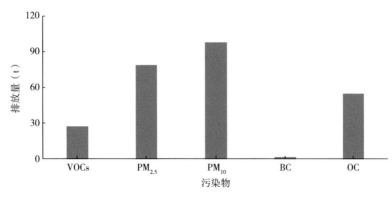

图9-20　其他源大气污染物排放量

9.11　小结

2018年吉安市各类污染源共排放SO_2 7 505.03 t、NO_x 12 894.62 t、VOCs 22 313.29 t、NH_3 15 180.48 t、$PM_{2.5}$ 18 067.76 t、PM_{10} 26 580.44 t，BC 2 000.90 t、OC 4 014.38 t、CO 108 904.53 t。

工艺过程源为SO_2主要排放源（占比61.21%）；NO_x的主要排放源为移动源（占比51.34%），PM_{10}的主要排放源为工艺过程源（占比60.80%），$PM_{2.5}$的主要排放源为工艺过程源（67.54%），VOCs的主要排放源为工艺过程源（63.35%），NH_3的主要排放源为农业源（88.09%），CO的主要排放源为工艺过程源（53.42%）。

第十章　PM₂.₅样品采集与组分分析

10.1　研究区域及采样方法

10.1.1　采样站点情况

　　吉安市共设有4个PM₂.₅膜采样点，包括生态环境局、凤凰小学、天立实验小学、中专学校（图10-1）。生态环境局、凤凰小学和中专学校位于吉州区；天立实验小学位于吉安市青原区。其中：吉州区是吉安市的政治、经济、文化中心，生态环境局和中专学校分别位于城区南部、北部，互为对比点位，代表城区污染信息；天立实验小学位于青原区，工业企业较为集中。各个站点具体坐标信息见表10-1。

图10-1　吉安各采样站点位置示意

表10-1　吉安各采样站点信息

序号	站点	县区	地理坐标
1	生态环境局	吉州区	115.002 044°E，27.133 182°N
2	凤凰小学	吉州区	114.977 553°E，27.133 182°N
3	天立实验小学	青原区	114.987 523°E，27.082 983°N
4	中专学校	吉州区	115.020 833°E，27.098 593°N

10.1.2　膜采样情况

此次分析的是2019年12月采集的样品，膜采样，设置23 h为一个采样周期。颗粒物样品采集方法参考国家环境保护部发布的《环境空气颗粒物（$PM_{2.5}$）手工监测方法（重量法）技术规范》（HJ 656—2013），样品的采集、运输和保存过程严格进行质量控制。

4个监测点位使用的$PM_{2.5}$采样器均为武汉市天虹仪表有限责任公司生产的四通道大气颗粒物智能采样仪（TH-16A，16.7 L/min），使用滤膜（47 mm）采样，用于离子、元素和碳组分的分析。图10-2为$PM_{2.5}$采样设备及信息。

图10-2　$PM_{2.5}$采样设备及信息

滤膜处理前检查边缘平整性、厚薄均匀性、有无毛刺、有无污染、有无针孔或任何破损。用于分析碳组分的石英滤膜放入事先折好的铝箔袋中，然后放入马弗炉500 ℃下烘烤4 h（去除有机杂质），待石英滤膜自然冷却后取出，密封保存。将处理后的滤膜放入特制的聚乙烯塑料滤膜保存盒中，并贴好相应的采样标签备用。采样过程中，每张滤膜经过恒温恒湿、马弗炉烘烤去除有机物污染，在采样前后3次称重取其平均值。每次采样前后对仪器的流量进行标定，并记录。

10.1.3　采样过程的质量控制

（1）采样器每次使用前进行流量校准，每周再进行一次校准。校准方法按《环境空气PM$_{10}$和PM$_{2.5}$的测定　重量法》（HJ 618—2011）的附录A执行。

（2）每日检查采样头是否漏气。当滤膜安放正确、采样系统无漏气时，采样后滤膜上颗粒物与四周白边之间界线清晰，如出现界线模糊，则更换滤膜密封垫。

（3）每日检查滤膜上的颗粒物负载量，如遇较重污染时将每日采样时间分为两段，每段11 h。

（4）对每个样品进行标识，标识应至少包括点位名称、采样日期、滤膜材质等信息。

（5）样品采集完成后，用镊子取出滤膜并放于专用滤膜盒内，然后放置在4 ℃条件下密封冷藏保存。其中，分析OC、EC的滤膜需置于特制滤膜盒（盒内需放一层铝箔覆盖）中密封冷藏保存。

（6）若样品需要运输，将样品和冰盒（事先应冷冻24 h以上）一起放入冷藏箱中，确保运输过程中样品性质稳定。

（7）平行采样，确保称重质量准确；与国控点、自动站在线数据对比，剔除异常值，保障数据质量。

10.2　气溶胶中EC和OC分析方法

10.2.1　仪器原理

碳含量采用DRI 2001A热光碳分析仪（以下简称DRI）进行测定。DRI是一款应用热光法测量原理、设计精良、非常成熟的分析仪，可适用于美国IMPROVE，NIOSH5040，USEPA-STN，加拿大MSC1和中国香港UST-TOT方法，基于在不同的温度下分步氧化有机碳（OC）和元素碳（EC），进行碳定量测量。OC、EC的区分原理是在低温通氦气的环境下有机碳化合物挥发而EL不减少（图10-3、图10-4）。但是在第一步测量OC的时候，由于部分OC在低温无氧状态下没有挥发，而是转化为化学性质与EC类似的裂解碳，因此在EC测量过程中需要校正这部分OC。DRI中设置有光反射和透射系统对裂解碳进行校正。DRI采用波长为632～633 nm氦-氖激光光源的光度计校正。当OC转化为裂解碳时反射光和透射光会降低，当反射光和透射光回到原来值的那一点即为裂解碳与EC的分界点，将这部分裂解碳从EC中扣除并加和到OC中即可准确测量OC与EC。在本实验中裂解碳的校正采用的是热光反射法，EC、OC分析采用IMPROVE法。但是本实验中采样的滤膜为玻璃纤维滤膜，所以EC分析的温度固定为580 ℃。

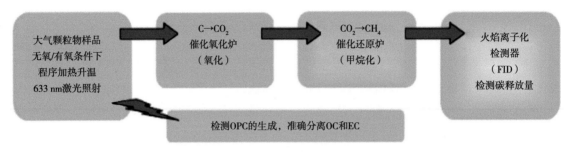

图10-3　EC、OC测定原理示意图

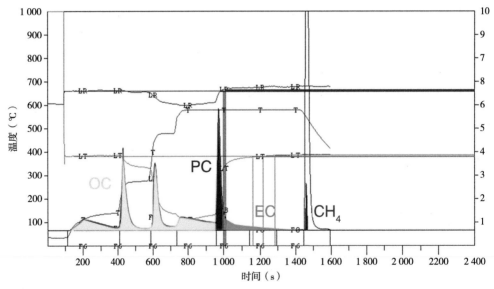

图10-4　热光碳分析仪原理

具体测量过程如下：

在不同的温度和氧化环境下让石英膜片上样品中的碳化合物释放出来；释放出来的混合物通过一个氧化炉（加热的二氧化锰，MnO_2）转换成CO_2；CO_2气流通过一个甲烷转化器（氢富集的镍铬催化剂）转化为CH_4；通过火焰离子化检测器（FID）量化CH_4。分析仪器光学元件的主要功能是修正高温的时候有机碳裂解成的EC，这样可以避免低估OC和高估EC。样品反射光和透射光通过一个氦-氖激光器和一个光检测器在整个循环过程中持续的测量。高温裂解碳的存在使样品膜片吸收的光增加，造成反射光和透射光减少，通过测量反射光/透射光可以精确地确定高温裂解的有机碳分配到有机碳的范围。

10.2.2　分析方法

OC、EC的质量浓度采用DRI 2001A热光碳分析仪（图10-5）进行测定，分析方法选用IMPROVE_A方法，具体的方法是：在无氧的纯氮气环境下，分别在140 ℃（OC1）、280 ℃（OC2）、480 ℃（OC3）、580 ℃（OC4）温度下，对0.502 5 cm^{2}的滤膜进行加热，将其上的颗粒态碳转化为CO_2；之后样品在含10%氧气的氦气环境下，升温到580 ℃测定EC（EC1、EC2、EC3），此时样品中的元素碳释放出来。以上各个温度梯度下产生的CO_2，经镍催化氢气还原成为CH_4，经氢火焰离子化检测器（FID）定量检测。样品在加热过程中，会发生有机碳裂解现象，导致OC和EC不易区分。因此，在测量过程中，采用波长为632～633 nm的氦-氖激光加以校正，利用光强的变化明确指示元素碳氧化的起始点，确保EC和OC区分点的准确性。样品分析前，先高温老化转化炉和催化剂，去除系统杂质，测定系统空白，测定TC含量小于0.5 μg/m^{2}后、用CH_4/CO_2标准气体对仪器进行校正，当OC3、EC1处的峰面积与校准气峰面积的相对偏差小于5%，同时FID信号的基线漂移小于±3 mV时，表明仪器状态良好，然后进行样品分析，当天样品分析结束后仍采用CH_4/CO_2标准气体校准仪器，需满足同样的要求。如果不满足，当天样品重新测量。

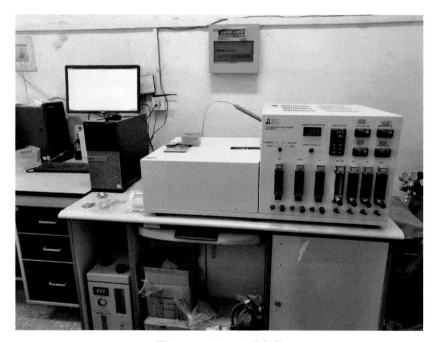

图10-5　OC、EC分析仪

10.2.3 QA/QC

（1）样品膜取样后放回冰箱妥善保存，以备后续分析失败后重做。

（2）在分析样品前，确保样品分析通道的干净，仪器空载总碳浓度≤0.2 μg。同时用氦气吹洗样品炉2 min左右，以除去管路中的杂质。

（3）确保接触样品膜的工具清洁，必要时使用无尘纸擦拭。

（4）CH_4标气标定。每天分析样品前，用5% CH_4/He标气标定仪器，确保仪器的漂移值在3%范围内，方可进行样品分析。样品分析结束前，再次用CH_4/He标气标定仪器，确保仪器运行正常。

（5）蔗糖标准溶液标定。根据分析仪器操作要求，每半年进行一次蔗糖溶液标定，以验证CH_4标气标定的准确性。量取5～20 μL蔗糖标准溶液，加载于空白膜片上，分析蔗糖标液峰面积，并与CH_4内标峰面积比较，验证CH_4标气标定的准确性。

10.3 气溶胶中水溶性离子分析方法

10.3.1 仪器原理

水溶性离子采用离子色谱仪测定，运用的是离子交换原理。离子交换是用于分离阴离子和阳离子常见的分离方式。在色谱分离过程中，样品中的离子与流动相中对应的离子进行交换，短时间内样品离子附着在固定相中的固定电荷上。样品离子对固定相亲和力的不同，使得样品中多种离子的分离成为可能。使用电导检测器进行检测，测定溶液流过电导池电极时的电导率。电导率是在阴极和阳极之间的离子化溶液传导电流的能力。溶液中的离子越多，在两电极间通过的电流越大。在低浓度时，电导率直接与溶液中导电物质的浓度成正比。测定样品时用泵为淋洗液输送动力，通过离子交换分离，柱后连接抑制器来降低背景电导，提高灵敏度。

一台离子色谱仪由6个系统组成，分别为淋洗液输送系统、进样系统、分离系统、抑制和衍生系统、检测系统、仪器控制和数据采集处理系统（图10-6）。淋洗液输送系统包括淋洗液贮瓶和高压泵。淋洗液贮瓶主要用于贮存淋洗液，一定要使用非金属材质、无离子溶出、具有一定的耐压性能、可方便安装空气过滤装置及外接惰性气体的贮瓶，淋洗液应现用现配。高压泵系统主要用于为整个分析系统连续不断地提供淋洗液，这个系统要求脉动小，尽量无脉动，多用双柱塞往复泵；耐酸碱腐蚀，通常使用PEEK材料；耐高压，30 MPa内可正常运行；流量精确，重复性在0.5%以内；流速在0.01～5.00 mL/min区间内可调。进样系统分为手动进样和自动进样。阳离子测定使用手动进样，阴离子测定使用自动进样。分离系统主要用于分离样品中的待测离子，是离子色谱仪的核心部件，通常包括保护柱、分离柱和柱前过滤器三部分。抑制系统主要作用是降低背景电导，提高检测器的灵敏度。检测系统用于检测池溶液的实时检测。仪器控制包括泵的相关设置、检测器参数设置、抑制电流设置、手动及自动进样器设置、淋洗液发生装置设置、传感器信息反馈和远程控制。数据采集处理包括谱图信息记录、谱峰积分处理、统计数据报表、定量方法选择、标准曲线计算、分析报告生成和结果输出。

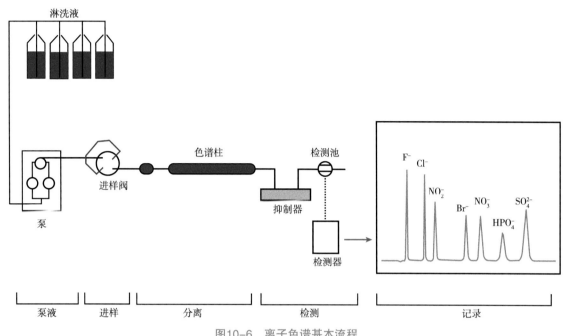

图10-6　离子色谱基本流程

10.3.2　分析方法

Dionex公司的DX-80和ICS-1100由活塞泵、六通进样阀、保护柱、分离柱、抑制器和电导检测器组成。样品浸提完成后，液体样品被注入定量环，经保护柱到分离柱，在分离柱中可溶性阴、阳离子成分由于与固定相的亲和力不同而被分离，顺序洗脱，随后进入抑制器用电导检测器检测。自动分析系统需要准确地将各阴、阳离子完全分开，而不是针对某些特殊离子，因此选用了对常规阴、阳离子分离较好的AS19阴离子分离柱和CS12A阳离子分离柱。阴离子淋洗液选择KOH，其背景电导值较低，低于$1\ \mu S$。阳离子淋洗液选用甲基磺酸，背景电导值低于$1\ \mu S$。

ICS采用外标曲线法定量，内标校正。标准曲线浓度范围为$0.1\sim20\ mg/L$，10种离子线性相关系数均超过0.996 5。每更换一次淋洗液后使用同一标准液再次标定，然后与样品的数据进行比较，从而完成对样品离子的定性、定量分析。定性分析通常在相同的色谱条件下，通过与标准溶液的保留时间对照来定性，如果保留时间一致，则可能是同一种离子。当在样品中加标后峰高增加，调整淋洗液比例后，两者保留时间变化一致，基本可确定是同一种离子。定量分析的依据是待检测离子的浓度与其峰面积或峰高成正比，所以通常以峰面积或峰高为定量依据，通过标准曲线定量。使用较多的是以峰面积为依据的多点外标法。

具体分析方法为：

取1/2张聚四氟乙烯膜置于PET瓶中，加入40 mL去离子水，超声提取30 min，经0.45 μm滤膜过滤后用DX-80离子色谱仪测定阳离子Na^+、NH_4^+、K^+、Mg^{2+}、Ca^{2+}的含量，ICS-1100离子色谱仪测定阴离子F^-、Cl^-、NO_2^-、NO_3^-、SO_4^{2-}的含量。阳离子检测采用Ionpac CS12A 4 mm × 250 mm色谱柱，CSRS 300（4 mm）抑制器，淋洗液为20 mmol/L的甲基磺酸（图10-7）；阴离子检测采用Ionpac AS19 4 mm × 250 mm分离柱，ASRS 300（4 mm）抑制器，淋洗液为20 mmol/L的KOH（图10-8）。

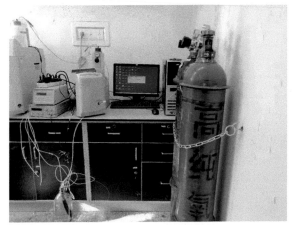

图10-7　阳离子色谱

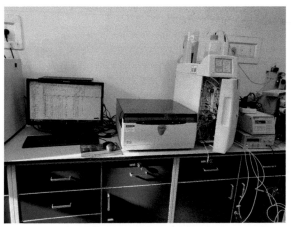

图10-8　阴离子色谱

10.3.3　QA/QC

每批样品分析前先做标准曲线，其相关系数必须达到≥0.999，否则重新制作标准曲线。标准曲线要求至少5个浓度点，各点浓度值的确定以各采样点离子平均浓度为依据。每个采样点每次采集带1个空白样品。进行离子组分分析时，每9个样品分析1个空白。每分析10个样品，再分析1个已知标准溶液，其分析值与标准值相差不大于5%，否则重做标准曲线，且重新分析样品。样品分析时，要求做10%的平行样。

10.4　气溶胶中重金属元素分析

10.4.1　仪器原理和方法

使用CEM公司生产的MARS微波消解仪进行样品的酸溶解，其工作原理（图10-9）为：控制系统根据用户设定的程序，控制磁控管输出一定功率的微波能量到消解罐，温度和压力传感器监测到消解罐的温度和压力数据，反馈到控制系统，控制系统根据实时的温度和压力数据调整磁控管的输出功率。MARS微波消解仪采用微波的方式加热样品，利用底部双红外温控系统检测消解罐的温度。仪器按照设定的程序，通过调整微波发射功率来控制反应体系的温度。待消解的样品和消解用的试剂加入到消解罐内衬内，弹片、内衬和盖子组成的密闭空间保证反应体系的温度可以被加热到较高的温度。这样，在微波和密闭高温条件下，样品消解速度得到极大的提高。

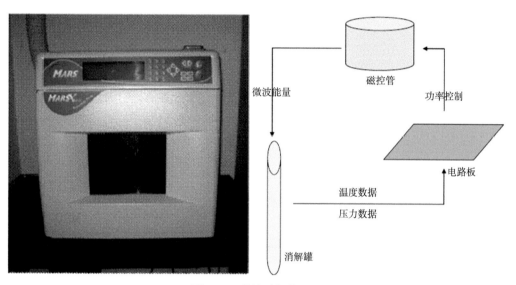

图10-9　微波消解仪原理

　　反应罐组件包括转盘、外套、盖子、弹片和内衬（图10-10）。外套应保持干燥清洁。可以用微湿的毛巾擦拭，然后晾干即可，不要用水冲洗或浸泡。外套平常放入转盘内反应罐位置，不需要经常取出。如果外套数量不足40位，应该把外套按尽量均匀对称的原则先放入内圈，放满内圈后按尽量均匀对称的原则放入外圈。转盘应该保持干燥清洁，必要时可以用湿的毛巾擦拭，然后干燥即可。使用前，应确认转盘在桌面上转动正常。使用后的内衬，要把原有的试液倒掉，然后按下面的步骤和盖子、弹片一起洗涤：用自来水冲洗；用洗涤剂洗；用自来水冲洗；用去离子水淋洗至少3次。用洗涤剂洗时，应使用海绵刷或软毛刷蘸取洗涤剂来反复刷洗，或用超声波清洗器来清洗。注意不要使用硬毛刷刷洗。如果用自来水冲洗后没有污垢，即可不需要洗涤剂洗。对于难以洗净的污垢，可以用一些实验室常用洗液来洗涤。新的内衬、盖子、弹片，或者空白偏高时，应把罐子用洗涤剂清洗干净后，在10%的稀硝酸内浸泡48 h，然后再用自来水冲洗，用去离子水淋洗至少3次。如果泡酸仍不能控制好空白或时间不允许，可以使用煮罐的方法来清洗罐子。在罐子内加入10 mL浓硝酸，同消解样品一样，运行160 ℃、10 min的样品消解方法即可。清洗干净的内衬、盖子、弹片，晾干、105 ℃烘干或热风机吹干即可保存备用。

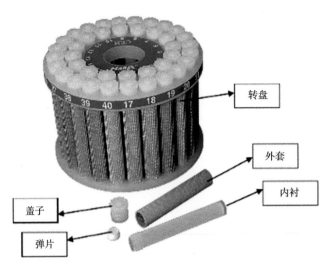

图10-10　反应罐组件

　　ICP-MS是以电感耦合等离子体为离子源，以质谱仪为检测器的无机元素分析技术。该仪器主要由样品引入系统、离子源、接口部分、离子聚焦系统、质量分析器和检测系统六部分组成。此外，典型的ICP-MS仪器还配置真空系统、供电系统以及用于仪器控制和数据处理的计算机系统。本书采用安捷伦（Agilent）公司生产的8800 ICP-MS测定样品元素组成，工作原理（图10-11）为：ICP-MS分析过程中，待分析样品以水溶液的气溶胶形式被引入氩气流中，然后进入由射频能量激发的处于大气压下的氩等离子体中心区，等离子体的高温使得样品去溶剂化、汽化、解离和电离。部分等离子体经过不同的压力区进入真空系统。真空系统内，MS部分（四极快速扫描质谱仪）通过高速顺序扫描分离测定所有离子，扫描元素质量数范围为6～260，并通过高速双通道分离后的离子进行检测，浓度线性动态范围达9个数量级（$10^{-12} \sim 10^{-6}$）。因此，与传统无机分析技术相比，ICP-MS技术提供了最低的检出限、最宽的动态线性范围，受干扰最少、分析精密度高，分析速度快，可进行多元素同时测定，它通过谱线的核质比进行定性分析，通过谱线全扫描测定几乎所有元素的大致浓度范围，进行半定量分析，是元素分析研究工作的强有力工具。

　　等离子体离子源：通常，液体样品通过蠕动泵引入一个雾化器产生气溶胶。双通路雾室确保将气溶胶传输到等离子体。在一套形成等离子体的同心石英管中通入氩气。炬管安置在射频（RF）线圈的中心位置，RF能量在线圈上通过。强射频场使氩原子之间发生碰撞，产生一个高能等离子体。样品气溶胶瞬间在等离子体中被解离（等离子体温度为6 000～10 000 K），形成被分析原子，同时被电离。将等离子体中产生的离子提取到高真空（一般为10^{-4} Pa）的质谱仪部分。真空由差式抽真空系统维持：待分析离子通过一对接口（称作采样锥和截取锥）被提取。

　　四级杆质谱仪：待分析离子由一组离子透镜聚焦进入四极杆质量分析器，按其质荷比进行分离。之所以称其为四极杆，是因为质量分析器实际上是由四根平行的不锈钢杆组成，其上施加

RF和直流（DC）电压。RF和DC电压的结合允许分析器只能传输具有特定质荷比的离子。

检测器：最后，采用电子倍增器测量离子，由一个计数器收集每个质量的计数。

质谱：质谱图非常简单。每个元素的同位素出现在其不同的质量上，其峰强度与该元素在样品溶液中同位素的初始浓度成正比。3 min内可以同时分析出从低质量的锂到高质量数的铀范围内的大量元素。用ICP-MS，一次分析就可以测量浓度水平为$10^{-12} \sim 10^{-6}$的元素。

ICP-MS广泛用于许多工业领域，包括半导体工业、环境、地质、化学工业、核工业、临床以及各类研究实验室，是痕量元素测定的关键分析工具。

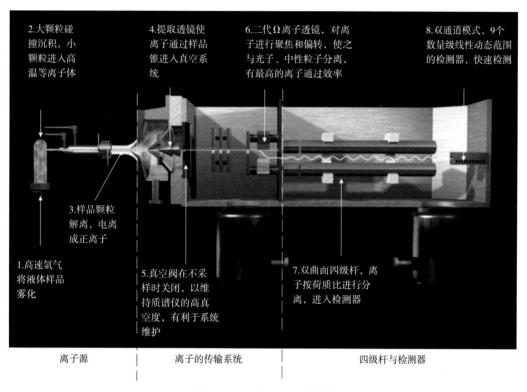

图10-11 ICP-MS工作原理

10.4.2 样品分析流程

把内衬放在天平上，去皮，加入样品，称取一定量的样品，记录样品重量和内衬编号。同一批消解的样品应保证种类和样品量尽量一致。称取样品时应把样品放到内衬底部，避免挂壁。加入消解试剂，同一批消解的样品试剂种类和配比应相同，试剂量相同。同一批消解，至少要有8个反应罐。加入试剂后，放置15 min后。把弹片放在内衬上，然后盖上盖子。先用手指拧上盖子到轻微施力直至遇到障碍而不再转动，然后用手使力拧30°即可。确认内衬和盖子外面，特别是内衬外面的底部干燥清洁。然后把拧紧盖子的内衬直接插入放置在转盘内的外套内。把装配好的反应罐按尽量均匀、对称的原则摆放在转盘上（16个以内放置在内圈，16~24个放置在外圈，24个以上先放满内圈，其他的均匀、对称地放置在外圈）。反应罐要充分插入转盘内，并注意有外套。

切取1/2面积的纤维素聚酯膜放入消解罐中，依次加入4.5 mL HNO_3、1.5 mL HCl和0.25 mL HF，采用逐步升温的方法进行微波消解（CEM-MARS）。放入微波消解仪设置3步升温程序，样品在195 ℃保持50 min，直至消解完全。消解结束等待消解罐降至室温后，用超纯水将消解液稀释转移到PET塑料瓶中定容至100 mL，并于4 ℃避光条件下保存至分析。

使用电感耦合等离子体质谱仪（ICP-MS；Agilent 8800）进行元素含量分析（图10-12）。在测样之前，取1/2面积的空白膜，用相同的消解和分析方法对其进行处理，以3倍空白膜测定结果的标准偏差作为检出限，除个别元素（例如，As的检测限为0.1 g/L）外，其他元素检出限均可达到0.01 g/L甚至更低。在ICP-MS中测得Cu、Pb、Zn、Cd、As、Be、K、Na、Ca、Mg、Al、Mn、Fe、Co、Ni、Cr、Se、V、Mo、Ag、Sb、Ba、Th、U和Tl等25种元素的浓度。测样之前进行仪器调谐保证仪器的灵敏度以及稳定性，并保证每天测的仪器标准曲线的R值均达到0.999 9以上。另外，在测样过程中每个测试样品测3次，依据内标元素（45Sc、72Ge、103Rh、115In、209Bi）的相对标准偏差（RSD）判断仪器的稳定性。将内标管放进1 g/L的内标溶液（Part# 5183-4680，Agilent），每次数据采集结束后，检查内标元素的RSD值，各个RSD值均须小于3%，否则重新采集数据。各个元素的回收率为86%~112%。

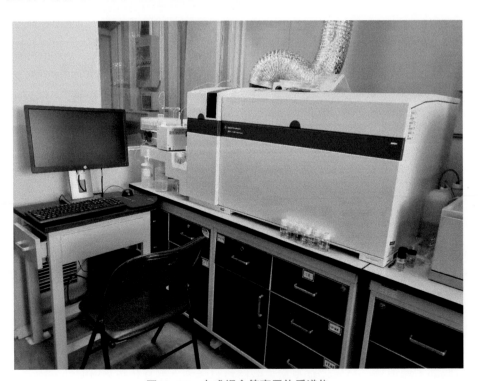

图10-12　电感耦合等离子体质谱仪

10.4.3 QA/QC

标准物质中各种元素的相对标准偏差都在10%以下（每个样品重复测3次），表明ICP-MS方法有较好的精密度。煤飞灰标准物质中Ca、As的回收率达到90%以上。延长EPA3052方法的消解时间到40 min，土壤标准物质中12种元素的回收率达到90%以上，Al、K、Sn、Ba、Tl的为40%~90%，Na的回收率只有5.6%。煤灰飞标准物质中Ca、As、Cd的回收率达到90%以上。Na、Al、K等元素的回收率比较低，估计是因为矿物态K、Al等，如钾长石（$KAlSi_3O_8$）、白云石[$H_2KAl_3(SiO_4)_3$]，难以被HNO_3、HCl消解。此外，消解完的标准样品（为保证样品的均一性，取样量比较大，约0.1 g）有明显的沉淀，也说明矿物态K、Al、Na等元素没有被分解。

第十一章 基于观测的吉安市大气细颗粒物PM$_{2.5}$污染特征

2019—2020年观测期间每个季度采样不少于40个，本章结合PM$_{2.5}$在线数据和膜采样数据进行同步分析。

11.1 环境空气质量评价

根据《环境空气质量标准》（GB 3095—2012），PM$_{10}$、PM$_{2.5}$、NO$_2$、SO$_2$、O$_3$、CO这6种污染物的浓度是评价环境空气质量的指标。

污染物排放与人为活动有着极大的关系。图11-1是吉安市观测期间6种污染物月、周变化。可以看出，PM$_{2.5}$和PM$_{10}$的周变化相似，PM$_{2.5}$和PM$_{10}$浓度均在周一达到高值之后降低，周五周六的浓度相对偏高，这在2019年观测时间段内更加明显。

NO$_2$在2019年观测期间周六达到最高值，之后不断降低，并在周三出现小高峰；在2020年观测期间周四达到最高值之后逐渐降低。城市汽车尾气排放、化石燃料燃烧等是NO$_2$的重要来源，人们工作日上下班的机动车出行，造成NO$_2$大量累积。CO在2019年观测期间周变化不明显，周末浓度较高；在2020年观测期间周三达到最高值。CO主要来自机动车尾气、民用燃煤、固体废弃物焚烧排出的废气等。SO$_2$在2019年观测期间周六出现了浓度的上涨，这可能是因为工厂的运作并不具有显著的双休规律，因此周末SO$_2$没有显著的减少，叠加上其他源排放的影响，SO$_2$在周末甚至出现了浓度的回升；2020年SO$_2$的周变化与2019年不同，周一浓度最高，之后逐渐下降，周三出现最低值，然后浓度又升高，周末浓度下降。SO$_2$的排放主要来源于含硫化石燃料的燃烧、工厂尾气的排放、机动车尾气排放等。

O$_3$的污染表现为典型的消耗NO$_x$光化学污染，其变化趋势大体上与NO$_2$相反，2019年观测期间在周三达到低谷，周五达到最高值；2020年观测期间周二达到最高值，周三有一定降低后趋于平稳。SO$_2$、NO$_x$、O$_{3-8h}$、PM$_{10}$、PM$_{2.5}$高值均出现在3—4月，而最低值出现在降水较多的6月。

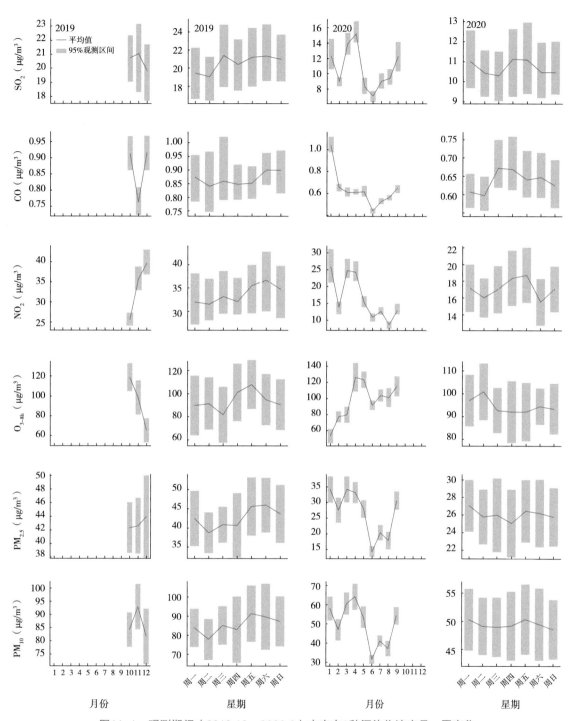

图11-1　观测期间（2019.10—2020.9）吉安市6种污染物浓度月、周变化

对于污染物浓度的月变化，利用二维半的宫格图表示更为直观和形象。图11-2和图11-3是吉安市6种污染物月浓度变化图和日历图。可以看出，PM$_{2.5}$和PM$_{10}$、SO$_2$相似，2019年10—12月为观测期间污染最严重的；NO$_2$在2019年11月和12月明显高于观测期间其他月份；CO不同的是最高值出现在2020年1月份；O$_3$的变化规律与其他5种污染物相反，在2020年4月和5月达到最高值，1月份为浓度低谷。对比2019年10—12月与2020年秋冬季，发现2020年6月污染物的数据是有明显下降的，这应该是当地的管控措施发挥了一定的作用。

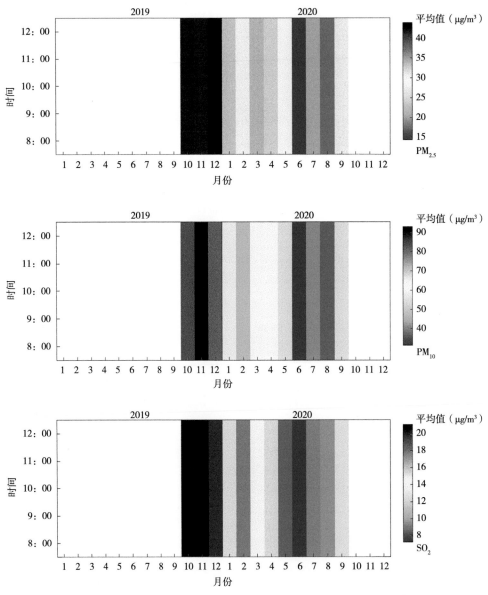

图11-2　观测期间（2019.10—2020.9）吉安市6种污染物月浓度变化

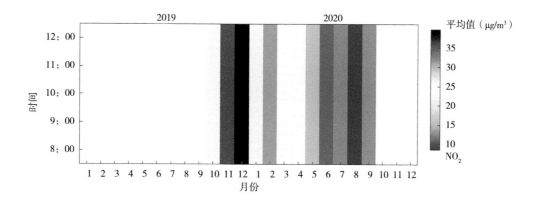

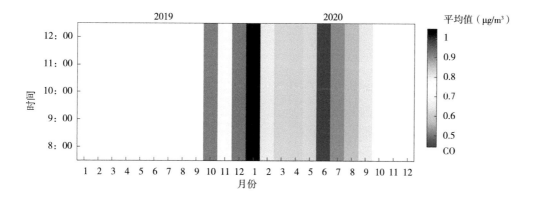

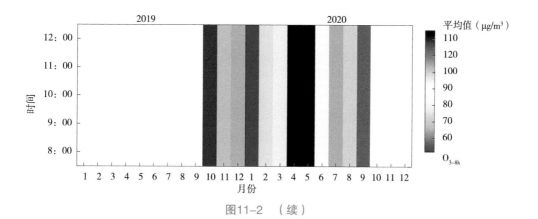

图11-2　（续）

（CO）

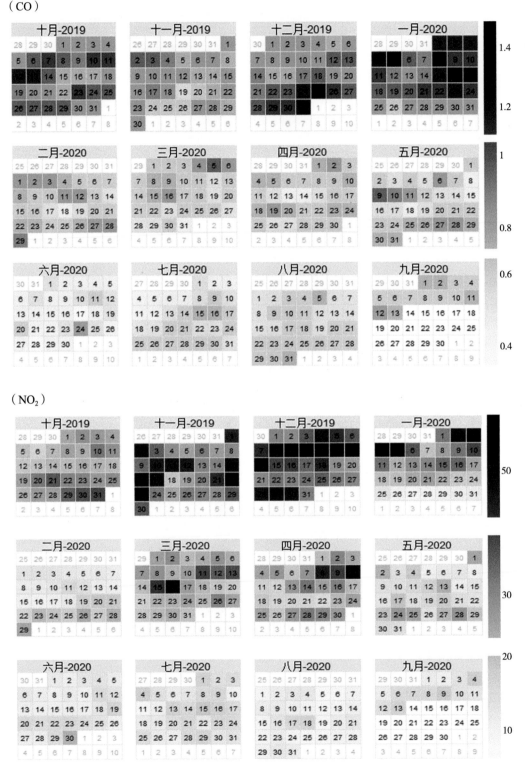

（NO₂）

图11-3　观测期间（2019.10—2020.9）吉安市6种污染物浓度日历图（单位：μg/m³）

（SO₂）

（PM₁₀）

图11-3 （续）

（PM$_{2.5}$）

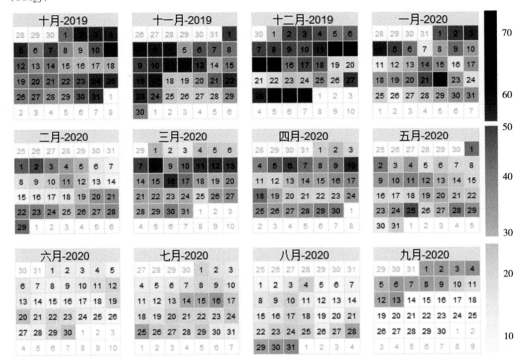

（O$_3$）

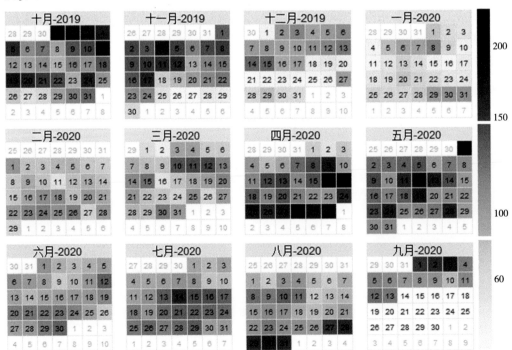

图11-3 （续）

为了初步探究吉安市各污染物与气象条件间相互的关系，图11-4给出吉安市各监测参数相关系数矩阵，图11-5、图11-6给出吉安市主要监测参数的交互关系。

从图11-4可以看出，PM$_{10}$、PM$_{2.5}$、SO$_4^{2-}$、NO$_3^-$之间有极强的正相关关系，硫酸盐和硝酸盐是颗粒物中占比最大的组分，这两种组分的增加无疑会造成颗粒物污染趋于严重。PM$_{10}$、PM$_{2.5}$也与K$^+$、Cl$^-$、SO$_2$、NO$_2$、CO之间具有较强的正相关关系，SO$_2$、NO$_2$作为重要的气体前体物，是硫酸盐和硝酸盐的最主要来源，而K$^+$、Cl$^-$在颗粒物中也占部分比重。O$_3$与NO$_2$、PM$_{10}$、PM$_{2.5}$、SO$_4^{2-}$、NO$_3^-$呈负相关，NO$_2$是O$_3$的重要前体物，而O$_3$又作为将SO$_2$非均相氧化为颗粒态的硫酸盐氧化剂之一，在一定条件下（例如SO$_2$充足的情况下），与颗粒物此消彼长。也有研究指出，在O$_3$将SO$_2$氧化为颗粒态硫酸盐过程中，NO$_x$起到催化剂的作用。

O$_3$与温度呈正相关，NO$_2$与温度呈负相关。NO$_2$作为O$_3$的重要前体物，与O$_3$呈现此消彼长的状态，太阳辐射增强能够促进光化学反应的进行，从而促进O$_3$的生成，同时反应温度的提高也能加快化学反应速率。高的相对湿度不仅容易形成雾而且会促进SO$_2$、NO$_2$向颗粒态的硫酸盐、硝酸盐转化，导致颗粒物浓度大大提高，而颗粒态污染物的增加导致能见度大大降低。

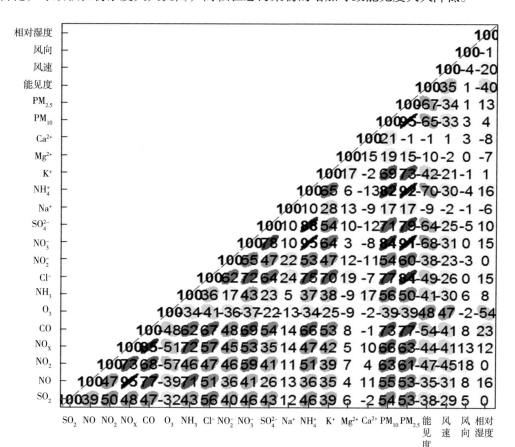

图11-4 观测期间（2019.10—2020.9）吉安市各监测参数相关系数矩阵

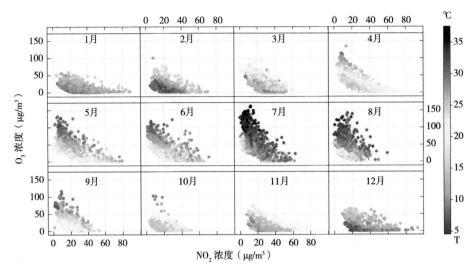

图11-5 观测期间（2019.10—2020.9）吉安市O₃、NO₂和T的相关关系

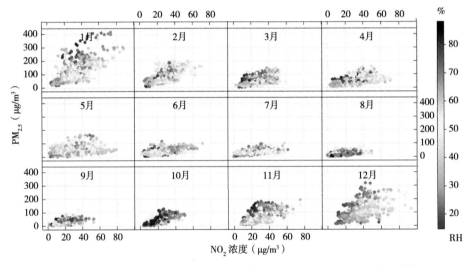

图11-6 观测期间（2019.10—2020.9）吉安市PM₂.₅、NO₂和RH的相关关系

11.2 颗粒物浓度变化特征

观测期间，吉安市各采样点PM₂.₅浓度变化范围为2～86 μg/m³。PM₁₀的浓度范围为16～164 μg/m³，季节变化趋势与PM₂.₅相似。生态环境局、凤凰小学、天立实验小学、中专学校4个站点膜采样PM₂.₅平均浓度分别为31.5 μg/m³、35.6 μg/m³、32.5 μg/m³、30.5 μg/m³（图11-7）。各站点颗粒物浓度水平较低，低于《环境空气质量标准》（GB 3095—2012）二级日平均浓度75 μg/m³的限值，空气质量优良。

从时间上看，4个站点夏季PM₂.₅的浓度最低，秋季浓度最高（图11-8）。从空间上看，4个站点颗粒物浓度变化趋势基本一致（表11-1、表11-2）。中专学校、生态环境局颗粒物浓度低于凤凰小学和天立实验小学，可能是因为两站点远离污染源，人为污染源较少，浓度较低；中专学校均值最低，说明周边污染控制起到了一定效果。

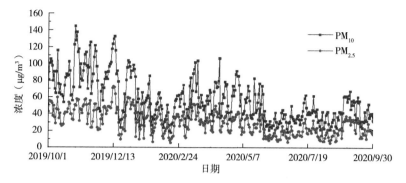

图11-7　观测期间（2019.10—2020.9）吉安市PM$_{2.5}$浓度变化

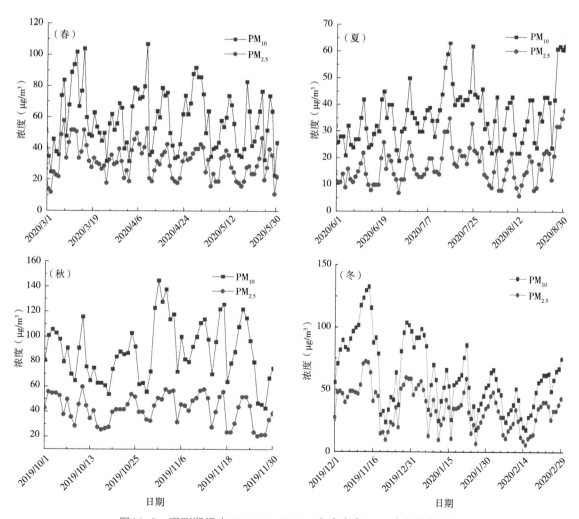

图11-8　观测期间（2019.10—2020.9）吉安市PM$_{2.5}$浓度季节变化

表11-1　吉安市观测期间不同站点PM2.5浓度统计结果　　　　单位：μg/m³

	均值	标准偏差	最大值	最小值
生态环境局	31.5	11.2	73	6
凤凰小学	35.6	18.3	86	2
天立实验小学	32.5	17.1	86	4
中专学校	30.5	14.9	67	2

表11-2　吉安市四季不同站点PM2.5浓度统计结果　　　　单位：μg/m³

季节	站点	均值	标准偏差	最大值	最小值
春	生态环境局	31.5	10.5	58	11
	凤凰小学	34.3	20.1	84	11
	天立实验小学	34.9	17.9	81	16
	中专学校	27.5	13.5	67	13
夏	生态环境局	17.3	7.0	38	6
	凤凰小学	25.3	8.0	36	10
	天立实验小学	19.0	12.2	43	4
	中专学校	19.9	12.9	39	7
秋	生态环境局	42.2	11.0	60	7
	凤凰小学	45.3	15.4	56	3
	天立实验小学	49.7	19.2	86	5
	中专学校	33.6	10.1	49	12
冬	生态环境局	34.2	14.1	60	6
	凤凰小学	35.0	16.2	56	7
	天立实验小学	37.7	18.1	73	13
	中专学校	30.3	6.6	48	11

11.3　颗粒物化学组分变化

（1）颗粒物主要化学组分　大气颗粒物的化学组成复杂，总体上主要有水溶性无机盐、含碳物质和不可溶矿物质组成。水溶性无机盐主要是NO$_3^-$、SO$_4^{2-}$、Cl$^-$、NH$_4^+$、Na$^+$、Ca^{2+}等阴、阳离子。含碳物质按C数计为TC，包括有机物（按C数计为OC）和元素碳（按C数计为EC），其中有机物包括正构烷烃、有机酸、羰基化合物、多环芳烃以及杂环化合物等。总碳含量通常用有机碳（Organic Carbon，OC）表示；EC则常常以单质碳（纯碳、石墨碳）和高分子量有机物（焦油、焦炭等）的混合形式存在。不可溶矿物质主要是含有Si、Al、Fe等元素的地壳物质。

水溶性离子是大气颗粒物重要组成部分。水溶性离子分为水溶性阳离子和水溶性阴离子，本节选择分析的水溶性阳离子包括K$^+$、Na$^+$、Ca^{2+}、Mg^{2+}、NH$_4^+$，水溶性阴离子包括Cl$^-$、NO$_3^-$、SO$_4^{2-}$、F$^-$。这些水溶性离子很容易受到气象因素的影响，其中水溶性阴离子更是容易形成云凝结核，使地表降温并增加降水，进而影响地表气候。另外，水溶性离子可以改变大气降水的酸碱度，还可以与有害物质发生协同作用，危害人体的健康。

（2）化学组分示踪作用　研究选择上述水溶性离子成分进行化学分析，因为它们属于特征污染源的标识物，其中Cl$^-$是垃圾焚烧、工业生产以及海盐的标识物；NO$_3^-$、SO$_4^{2-}$是化石燃料燃烧的标识物；F$^-$是金属冶炼厂含氟烟气的标识物；NH$_4^+$是农业活动和畜牧中有机质腐化的标识物；K$^+$是生物质和垃圾焚烧的标识物；Na$^+$是土壤风沙的标识物，Ca^{2+}、Mg^{2+}两种离子是土壤源和建筑源的标识物。

大部分无机元素也是大气中各类污染源的特征标识性元素，如交通污染源的标识性元素是Pb、Cl、Ni；建筑污染的标识性元素是Ca、Mg、V；煤炭污染的标识性元素是Al、As、Mn、Cr、Co、Cu、Pb、Zn、Hg、Ni；农药和精炼厂的标识性元素是V；钢铁厂等金属冶炼厂的标识性元素是Cr、Cu、Zn、Fe、Mo；水泥厂的标识性元素是Ca；垃圾焚烧的标识性元素是Zn、Cd、Cu；燃油的标识性元素是V、Co、Ni、Cu。

有机碳（OC）包括由排放源直接排放的一次有机碳和通过光化学反应生成的由脂肪类、芳香族类、酸类等有机化合物混合而成的二次有机碳，它对成云过程可能有较为重要的影响。元素碳（EC），俗称炭黑，是化石燃料和生物质不完全燃烧的一次产物，吸光能力较强，可以对气溶胶的辐射强迫产生重要影响，可能是引起全球温室效应的关键因素之一。

11.3.1　PM$_{2.5}$金属元素污染特征

吉安市4个站点测试时间段内的元素占比见图11-9。吉安观测期间各类元素中Fe、Al、Mg、Ca和Na等元素所占的比重都相对较大。4个站点Na、Mg、K、Ca和Fe元素浓度均较高，同时其他元素也占有一定比例。大气颗粒物中的Ca、Fe和Al主要来自土壤风沙扬尘，在粗粒子中占有重要比例。大气颗粒物中的Mn主要来自燃煤、金属冶炼和汽油抗爆剂甲基环戊二烯三羰基锰等，同时土壤尘也是Mn的重要来源，因此Mn在大气粗、细粒子中均有富集。在观测期间，Mn、Cr、Cu等重金属也占一定比例，表明吉安市空气质量也受钢铁冶炼工业排放影响；Fe主要在粗粒子中，在细粒子中也存在，细粒子中的Fe主要来自工业源，而粗粒子中的Fe主要来自土壤和道路源。从空间上看，中专学校站点重金属元素包括Al、Ti、V、Mn、Fe、Zn等浓度均值要高于其他站点；凤凰小学Cd、Ni、Cu、As、Cr浓度较高。重金属元素主要来自工业和交通等燃煤燃油的排放，说明这两个站点受到工业源、交通的影响较大。两个站点经济水平高，人口聚居，机动车多、工业排放大，其环境质量受到人为源污染排放的影响较大，因此需要加强该方面污染排放的管控。生态环境局站点重金属浓度较低且较为接近，其受工业和交通等影响程度较小。

吉安市4个站点不同季节的元素组分情况如图11-10所示。吉安市4个季节占比较高的元素基本一致，但在空间上略有变化。春季天立实验小学站点重金属元素包括Pb、Ti、V、Mn、Fe、Zn等浓度均值高于其他站点，生态环境局站点重金属浓度较低且较为接近；而夏季、秋季和冬季均是中专学校站点重金属元素包括Al、Ti、V、Mn、Fe、Zn等浓度均值高于其他站点；凤凰小学Cd、Ni、Cu、As、Cr浓度较高。生态环境局站点在4个季节重金属浓度均较低且不同站点间较为接近。

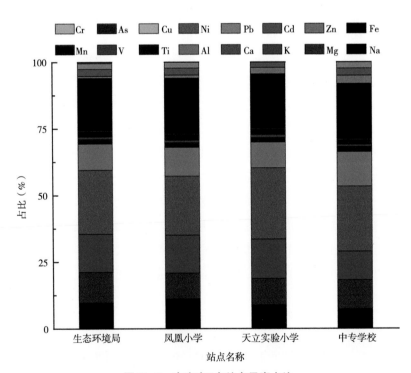

图11-9 吉安市4个站点元素占比

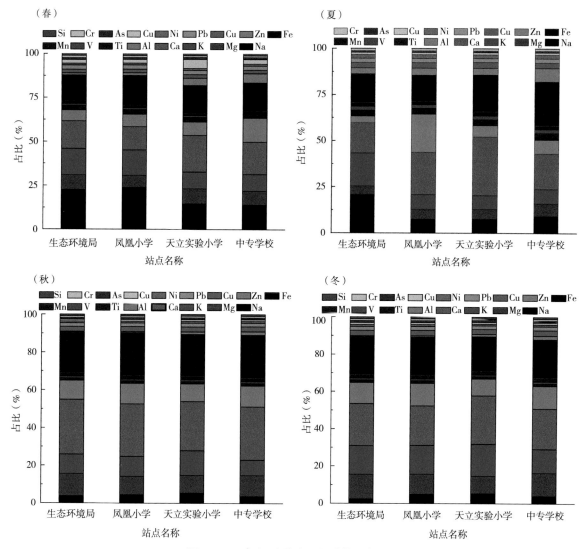

图11-10　吉安4个站点不同季节元素占比

11.3.2　PM₂.₅水溶性化学组分的变化特征

在离子组分方面，主要是水溶性无机盐，NO_3^-、SO_4^{2-}、Cl^-、NH_4^+、Na^+、Ca^{2+}等阴、阳离子。NO_3^-、SO_4^{2-}和NH_4^+合称二次无机盐（Sulfate-nitrate-ammonium，SNA），是区域性颗粒物污染过程中重要的化学组分。SNA主要富集于细粒子中，在我国城市PM₂.₅中的比例一般为20%～40%，区域背景PM₂.₅中的SNA比例一般较高，在渤海上空可达50%以上。

11.3.2.1　水溶性化学组分时空变化

根据逐日采样变化曲线，观测期间4个站点的离子浓度出现了相似的波动规律，说明站点间数据具有较好的一致性（图11-11）。与以往类似，受到转化条件、周边污染源和传输等因素的影响，三种离子浓度均是凤凰小学最高，天立实验小学和中专学校次之，生态环境局最低。

硫酸盐是人为气溶胶细粒子中的重要组分，主要来自气态SO_2的氧化，在大气中SO_2和硫酸盐颗粒物有1~1.5周的寿命，它们会引起酸雨等许多严重的环境问题。在观测期间，春季硫酸盐浓度为2.8~4.8 $\mu g/m^3$，硝酸盐浓度为4.4~8.9 $\mu g/m^3$；夏季硫酸盐浓度为1.3~4.7 $\mu g/m^3$，硝酸盐浓度为1.5~3.7 $\mu g/m^3$；秋季硫酸盐浓度为2.2~3.2 $\mu g/m^3$，硝酸盐浓度为3.7~7.0 $\mu g/m^3$；冬季硫酸盐浓度为2.2~3.6 $\mu g/m^3$，硝酸盐浓度为2.9~5.9 $\mu g/m^3$（图11-12）。硫酸盐、硝酸盐浓度整体维持在较低水平，且硝酸盐浓度与硫酸盐浓度变化趋势相近。硝酸盐对二次污染增强具有重要作用。硝酸盐在大气中的寿命比较短，容易干湿沉降，观测期间硝酸盐的变化主要受二次生成的影响。气态NH_3与大气化学过程中产生的二次污染物硫酸和硝酸结合成盐，形成硫酸铵和硝酸铵，它们是大气颗粒物细粒子最重要的组成部分，也是城市大气二次污染的标识性产物。在整个观测过程中，铵盐的质量浓度受硫酸盐和硝酸盐的影响，与二者变化趋势相似，也处于相对较低的水平。其他水溶性离子，包括Cl^-，Na^+，K^+，Mg^{2+}，浓度较低。颗粒物中的Cl^-可能来自土壤尘、海盐和化石燃料的燃烧（如燃煤产生的HCl是含Cl有机物的最后氧化产物）等人为源，颗粒物中的K^+主要来自生物质燃烧过程。

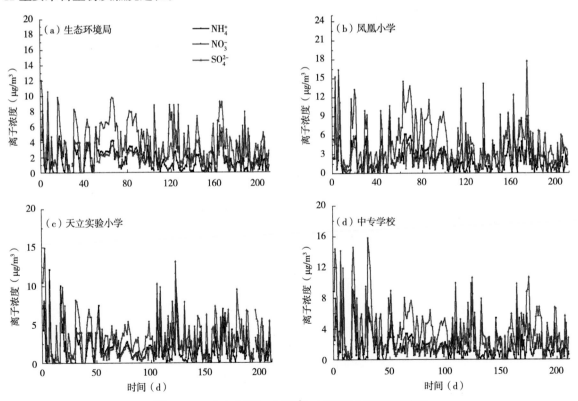

图11-11　吉安市$PM_{2.5}$中SO_4^{2-}、NO_3^-和NH_4^+的时间变化

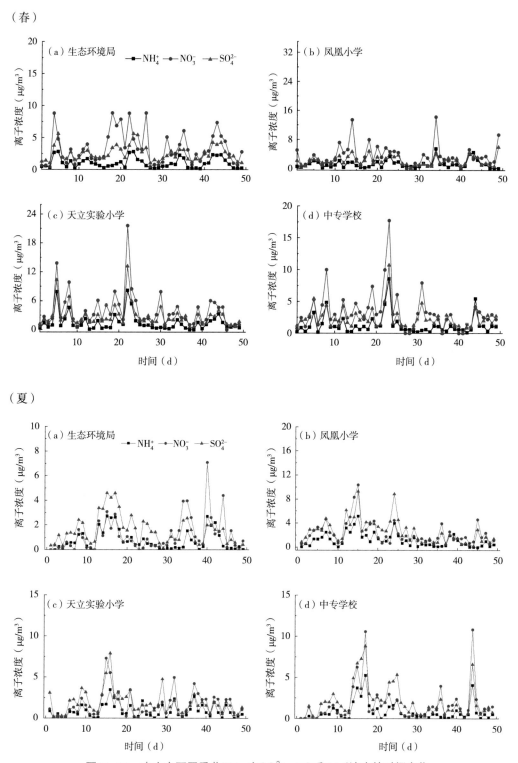

图11-12　吉安市不同季节PM₂.₅中SO_4^{2-}、NO_3^-和NH_4^+浓度的时间变化

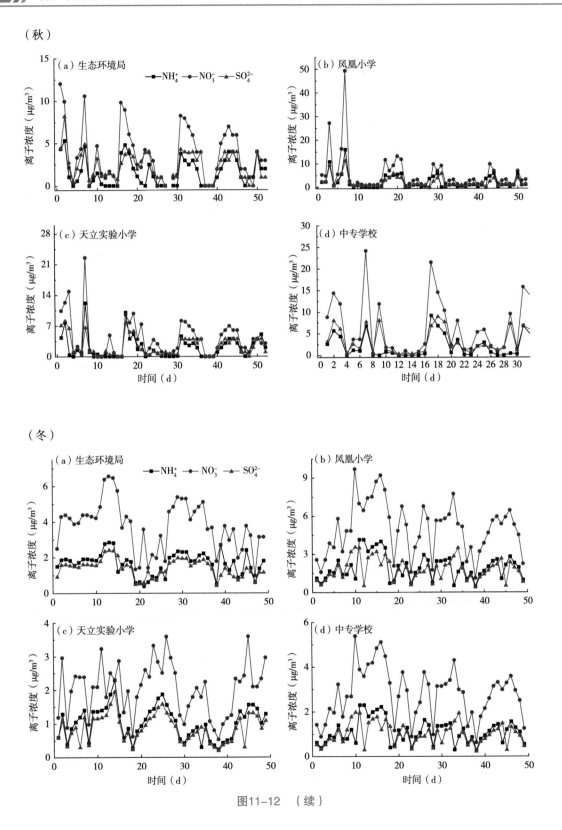

图11-12 （续）

从空间上看，凤凰小学SNA和其他离子浓度均高于其他3个站点，说明凤凰小学站点的二次污染程度较高，受附近排放影响较大。生态环境局二次污染程度最低。其他两个站点转化条件接近，二次污染程度也比较相近。4个季节保持一致。

11.3.2.2　水溶性化学组分与其他城市对比情况

表11-3为吉安市与我国其他城市PM$_{2.5}$颗粒物中水溶性离子的统计值比较情况。吉安市SNA浓度水平低于济南、北京、合肥、上海等大城市，但明显高于黄山，表明吉安市二次污染水平低于各城市水平；K$^+$、Cl$^-$浓度水平等也都明显低于其他几个主要城市。

表11-3　中国部分城市PM$_{2.5}$中水溶性无机离子浓度　　　　　单位：μg/m^3

城市	采样时间	SO$_4^{2-}$	NO$_3^-$	Cl$^-$	NH$_4^+$	Na$^+$	Ca^{2+}	Mg^{2+}	K$^+$	PM$_{2.5}$
合肥	2012.9—2013.11	15.6	15.1	1.2	7.8	0.5	5.2	0.3	1.0	86.3
上海	2003—2005	10.4	6.2	3.0	3.8	0.6	1.3	1.0	1.4	94.6
北京	2009—2010	19.1	20.5	2.9	6.4	0.5	1.5	0.2	1.7	123.4
济南	2007.10—2008.12	38.3	15.8	4.2	21.3	1.2	0.8	0.1	2.4	—
黄山	2011.6—2011.8	5.7	0.6	0.2	1.8	0.2	0.7	0.0	0.2	—
成都	2016.9—2017.9	9.3	9.3	1.1	5.7	0.3	0.5	0.2	0.7	56.1

11.3.3　PM$_{2.5}$质量浓度重构

质量平衡法通过获取PM$_{2.5}$主要化学组分构成，并将其质量浓度之和与由称重法确定的质量浓度相比较，其差值即为不确定部分的含量。对PM$_{2.5}$的化学组成进行分析，以获得对PM$_{2.5}$化学构成更加全面的认识，并进一步与有关的污染源进行关联。PM$_{2.5}$的质量平衡计算公式为：[PM$_{2.5}$]=OM+GM+SNA+EC+Metal。其中，OM为有机物，GM为地壳尘，SNA为二次无机盐，EC为单质碳，Metal为金属。

PM$_{2.5}$的质量平衡通常按如下几类组成进行质量重构：SO$_4^{2-}$、NO$_3^-$、NH$_4^+$、EC和微量元素是直接测量的，而有机物与矿物组分则是根据对其中某些原子（如OC和Al、Si、Fe、Ca、Mg等）含量的直接测量而推测其含量。有机物含量通常以OC的浓度乘以1.2～2.0以计入未测量的H、O、N和S，本书采取1.4作为OC的转化系数。GM=Fe/0.04。把所有重金属分析仪测得的元素定义为金属（Metal）。

图11-13给出了吉安市4个站点观测期间PM$_{2.5}$质量浓度的重构，图11-14为吉安市4个季节PM$_{2.5}$的质量浓度重构。生态环境局、凤凰小学、天立试验小学和中专学校站点重构后平均质量为PM$_{2.5}$实际称量结果的90%以上，所测定的组分含量与膜采样颗粒物质量吻合度较好。

水溶性离子对大气的消光系数具有较高的分担率，是造成城市能见度降低的主要原因（大气颗粒物与区域复合污染），3种典型的二次无机离子SO_4^{2-}、NO_3^-和NH_4^+（SNA）在重构$PM_{2.5}$质量浓度中占据较大比例，存在二次转化污染；OM占比最高说明工业及生活燃烧源对当地的影响偏大。这几类物质是$PM_{2.5}$最主要的化学组分，其他的水溶性离子组分以及重金属离子贡献相对较小。

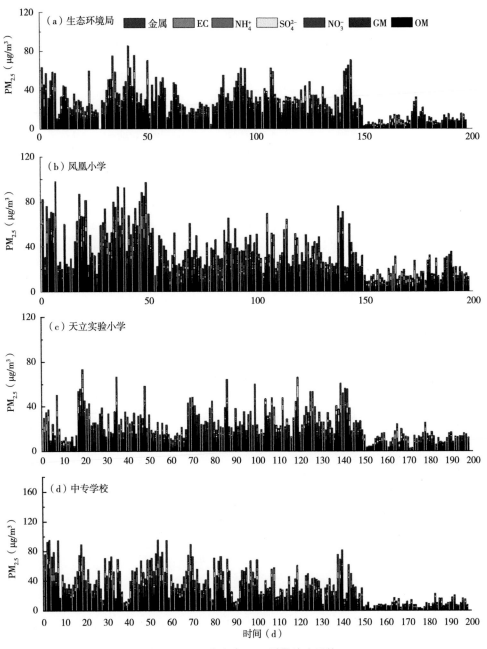

图11-13 吉安市$PM_{2.5}$质量浓度重构

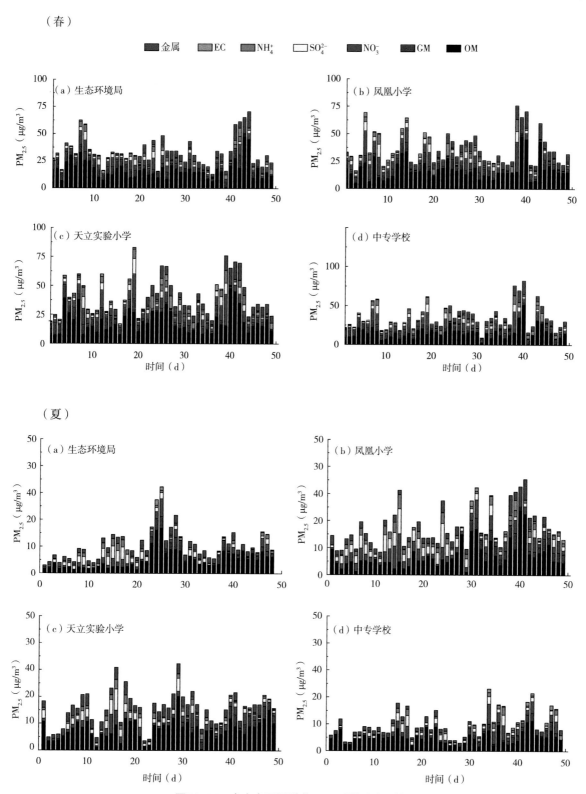

图11-14　吉安市不同季节PM$_{2.5}$质量浓度重构

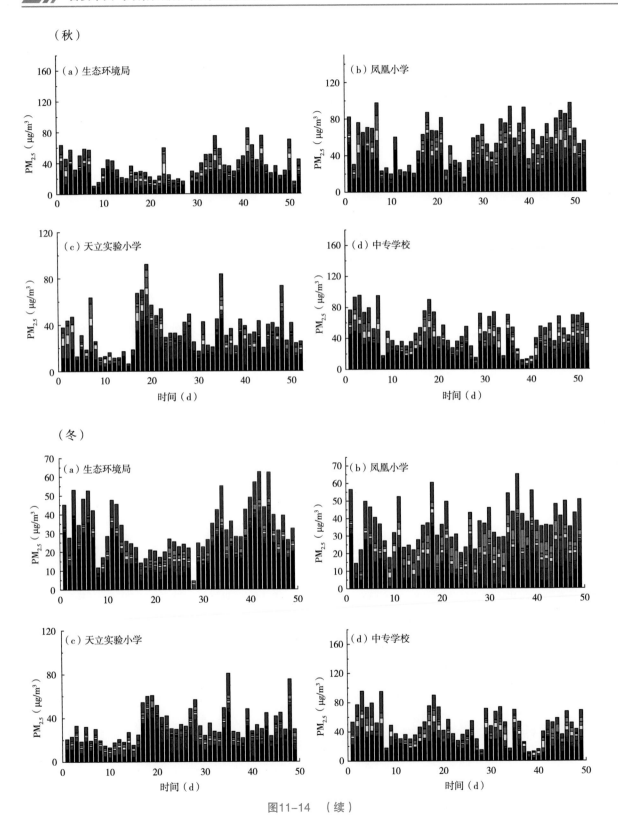

图11-14 （续）

11.3.4　PM$_{2.5}$离子酸碱性分析

酸度是颗粒物物理化学性质的重要指示参数，它主要是由二次无机盐SNA和一次矿物组分中的碱性物质（CaCO$_3$、MgCO$_3$等）共同决定，其中碱性阳离子NH$_4^+$、Ca^{2+}与酸性阴离子SO$_4^{2-}$、NO$_3^-$是影响颗粒物酸度的最关键物种。酸度的变化不仅能反映矿物组分对SO$_4^{2-}$、NO$_3^-$等致酸物质的中和能力，由于细粒子中的矿物颗粒可为SNA提供二次反应界面，因此它也能间接反映矿物颗粒对SNA形成过程的影响。同时，颗粒物酸度本身也可反馈于SO$_4^{2-}$和NO$_3^-$的形成机制，控制HNO$_3$/NO$_3^-$和NH$_3$/NH$_4^+$的气固分配，进而影响总铵（NH$_3$+NH$_4^+$）和总硝酸盐（HNO$_3$+NO$_3^-$）在大气中的停留时间。

本书采用离子平衡法分析大气PM$_{2.5}$的离子酸碱性。由于在采样期间清洁天很多，样品离子浓度很低，低于检测限，无数据，F$^-$浓度数据未得到。考虑到SO$_4^{2-}$、NO$_3^-$和NH$_4^+$是影响颗粒物酸度的关键物种，且在PM$_{2.5}$中所占比例高，因此只要SO$_4^{2-}$、NO$_3^-$和NH$_4^+$数据完整，便认为该日的数据有效，把缺失数据的离子浓度以零代入下列公式中，计算出阴、阳离子的摩尔电荷浓度，并做出阴阳离子拟合关系图。

阴离子摩尔浓度（μeq/m^3）=F$^-$/19+Cl$^-$/35.5+NO$_2^-$/46+NO$_3^-$/62+2×SO$_4^{2-}$/96

阳离子摩尔浓度（μeq/m^3）=Na$^+$/23+NH$_4^+$/18+K$^+$/39+2×Mg^{2+}/24+2×Ca^{2+}/40

如果阴、阳离子拟合的直线斜率大于1，则表示颗粒物中的阴离子摩尔电荷浓度高于阳离子摩尔电荷浓度，阴离子没有被完全中和，颗粒物表现为酸性；反之，颗粒物中的阴离子被完全中和，颗粒物表现为碱性。

各站点PM$_{2.5}$中阴、阳离子的拟合关系如图11-15所示。可以发现，阴、阳离子相关性较高，各站点阴、阳离子拟合的直线斜率均大于1，颗粒物呈现酸性。

各站点不同季节PM$_{2.5}$中阴、阳离子的拟合关系如图11-16所示。可以发现，不同季节的拟合结果存在一定差异。春季生态环境局和凤凰小学站点阴阳离子拟合斜率均小于1，颗粒物呈现碱性。天立实验小学和中专学校站点拟合斜率一致，均大于1，颗粒物呈现酸性。夏季青原区站点阴阳离子拟合斜率均小于1，颗粒物呈现碱性。生态环境局、凤凰小学和中专学校站点拟合斜率一致，均大于1，颗粒物呈现酸性；秋季和冬季各站点阴阳离子拟合斜率均大于1，颗粒物呈现酸性。

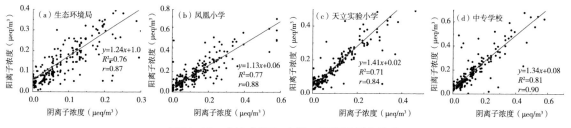

图11-15　吉安市PM$_{2.5}$中阴、阳离子拟合关系

（春）

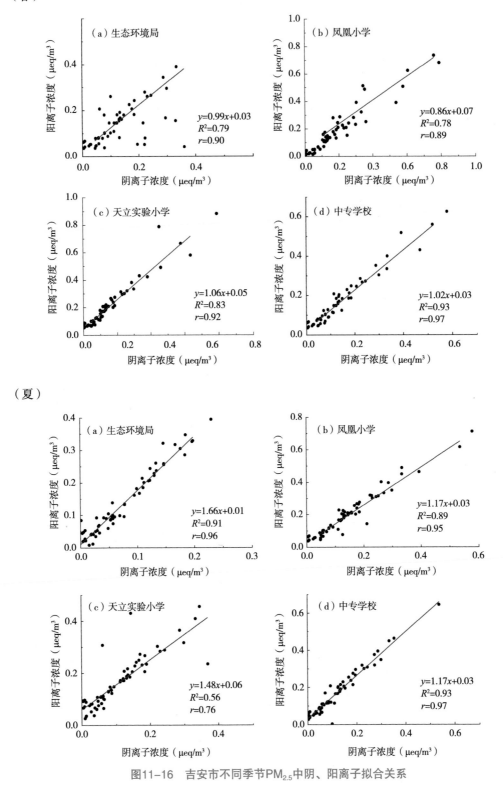

图11-16　吉安市不同季节PM₂.₅中阴、阳离子拟合关系

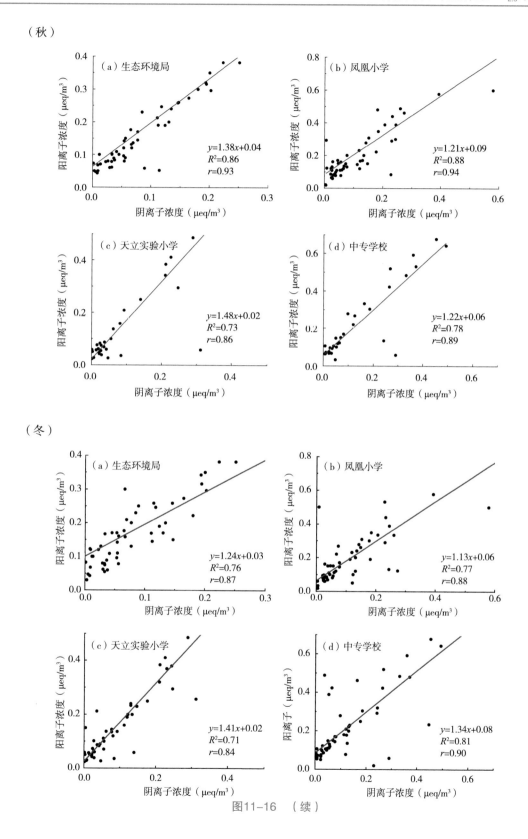

图11-16 （续）

11.3.5 PM$_{2.5}$离子形态解析

为了探究吉安市不同站点PM$_{2.5}$中NH$_4^+$的存在形态，分别做出不同站点NH$_4^+$与SO$_4^{2-}$、NH$_4^+$与NO$_3^-$、NH$_4^+$-2SO$_4^{2-}$与NO$_3^-$的浓度拟合关系图。如图11-17所示，回归方程、皮尔逊相关系数r均在图中标明。

对于NH$_4^+$与SO$_4^{2-}$浓度，整体上看，4个站点的皮尔逊相关系数r分别为0.53、0.55、0.62和0.62，相关性均较强；此外，其回归方程的斜率分别为0.1、0.1、0.12和0.14，均小于0.5（即NH$_4^+$/SO$_4^{2-}$>2）。分季节看，春季4个站点的r分别为0.86、0.91、0.97和0.96，回归方程的斜率分别为0.15、0.21、0.23和0.20；夏季4个站点的r分别为0.95、0.91、0.81和0.95，回归方程的斜率分别为0.29、0.28、0.28和0.32；秋季4个站点的r分别为0.83、0.88、0.83和0.76，回归方程的斜率分别为0.15、0.13、0.13和0.15；冬季4个站点的r分别为0.76、0.82、0.85和0.88，回归方程的斜率分别为0.44、0.22、0.44和0.23（图11-18）。可以看出，4个季节NH$_4^+$与SO$_4^{2-}$浓度的相关性均很强，且斜率均小于0.5，这表明不同站点H$_2$SO$_4$均可被NH$_3$完全中和生成（NH$_4$）$_2$SO$_4$，即（NH$_4$）$_2$SO$_4$是吉安市NH$_4^+$的主要存在形态之一，多余的NH$_4^+$可能以NH$_4$NO$_3$和NH$_4$Cl的形式存在。

对于NH$_4^+$与NO$_3^-$浓度，整体上看，4个站点的皮尔逊相关系数r分别为0.63、0.79、0.87、0.90，相关性较强。分季节看，春季4个站点的相关系数r分别为0.80、0.82、0.93、0.95；夏季4个站点相关系数r分别为0.91、0.88、0.71、0.92；秋季4个站点相关系数r分别为0.94、0.93、0.83、0.90；冬季4个站点相关系数r分别为0.74、0.83、0.91、0.90。可以看出，4个季节[NH$_4^+$]与[NO$_3^-$]的相关性均较强，以上分析表明NH$_4$NO$_3$也可能是NH$_4^+$的主要存在形态之一。

此外，对NH$_4^+$-2SO$_4^{2-}$与NO$_3^-$浓度进行线性回归分析，发现NH$_4^+$-2SO$_4^{2-}$与NO$_3^-$浓度也表现出较强的相关性。这进一步表明，与H$_2$SO$_4$完全反应后剩余的NH$_4^+$主要以NH$_4$NO$_3$的形式存在。综上所述，（NH$_4$）$_2$SO$_4$和NH$_4$NO$_3$均是吉安地区NH$_4^+$的重要存在形式。

（a）生态环境局

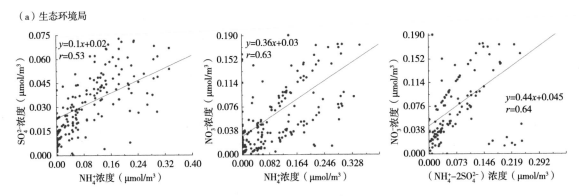

图11-17　吉安市不同站点NH$_4^+$与SO$_4^{2-}$、NO$_3^-$的拟合关系

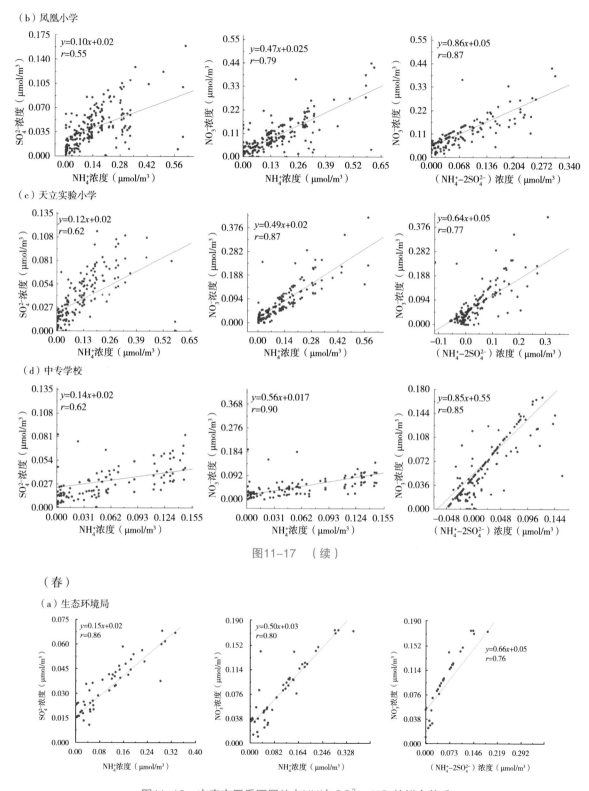

图11-17　（续）

（春）

（a）生态环境局

图11-18　吉安市四季不同站点NH₄⁺与SO₄²⁻、NO₃⁻的拟合关系

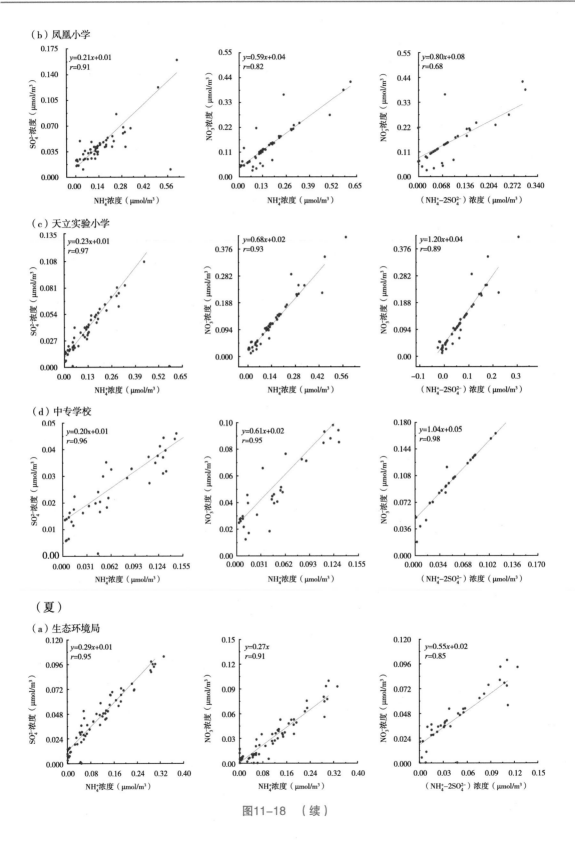

（b）凤凰小学

（c）天立实验小学

（d）中专学校

（夏）

（a）生态环境局

图11-18 （续）

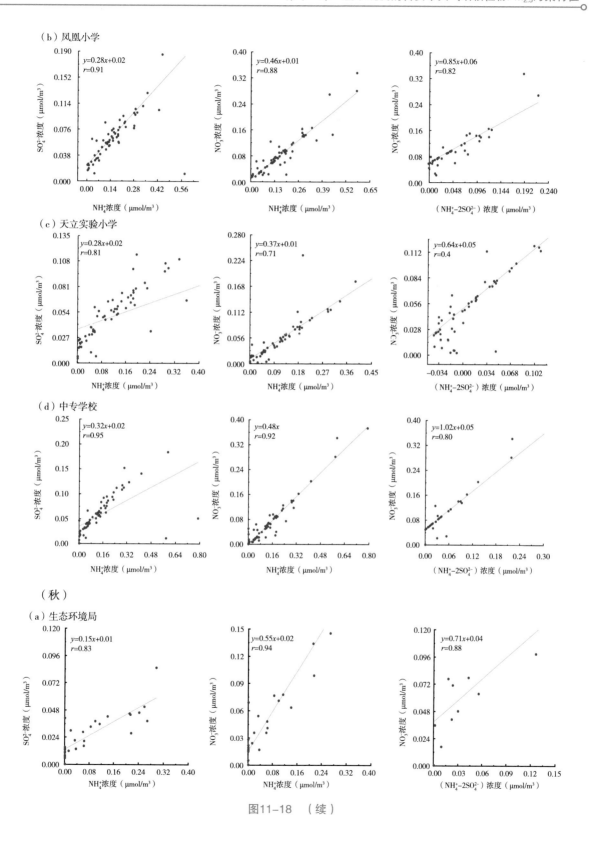

图11-18 （续）

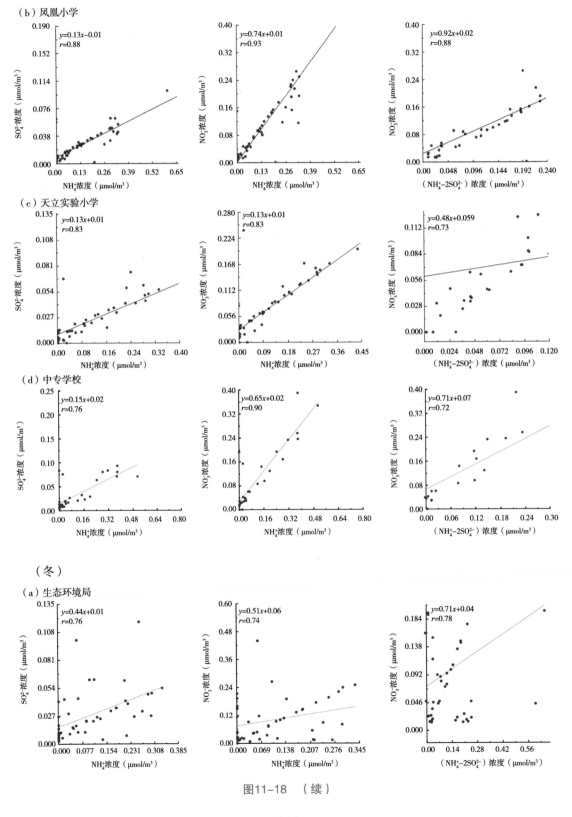

（b）凤凰小学

（c）天立实验小学

（d）中专学校

（冬）

（a）生态环境局

图11-18　（续）

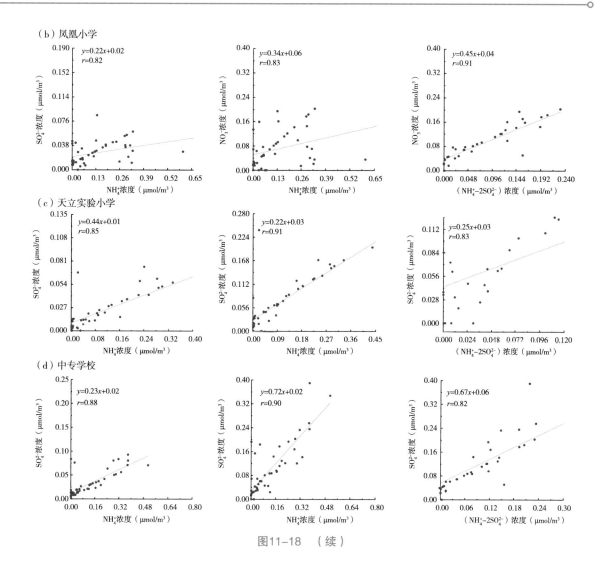

图11-18 （续）

11.4 小结

观测期间（2019.10—2020.09）吉安市膜采样PM$_{2.5}$平均浓度低于《环境空气质量标准》（GB 3095—2012）日平均浓度75 μg/m³的限值，空气质量良好。4个站点颗粒物浓度趋势一致，受周边污染源影响明显。

第十二章 PM₂.₅ 来源解析

12.1 PM₂.₅源解析

12.1.1 受体模型PMF介绍

源解析（Sources Apportionment）是对大气颗粒物来源进行定量或定性研究的方法。受体模型通过分析研究环境空气中颗粒物和源样品的物理、化学性质，定性识别对受体有贡献的污染源并定量确定各类污染源对受体的贡献占比。与扩散模型相比，受体模型不用追踪颗粒物的传输过程，不依赖于排放源的排放条件、地形、气象等数据，很好地避开了在扩散模型应用中遇到的很多困难。因而，自从受体模型出现以后，源解析研究主要集中于受体模型上。

受体模型经过40多年的发展，迅速成熟起来，发展了许多源解析方法。其中，正交矩阵因子分析法（Positive Matrix Factor Analysis，PMF）是应用最为广泛的源解析工具之一，它具有不需要测量源成分谱，分解矩阵中元素的分担率为非负，可以利用数据标准偏差来进行优化，并且可处理遗漏和不精确数据等特点，在源解析研究中得到了很多应用。具体原理的介绍可以参考 Paatero and Tapper（1994），下面只做简单介绍。

假设环境大气样品集X为$n \times m$矩阵，n为样品数，m为化学成分数目，那么矩阵X可以分解为矩阵G和矩阵F，其中G为$n \times p$的颗粒物排放源贡献矩阵，F为$p \times m$的污染源成分谱，p为主要污染源的数目。定义如下：

$$X = GF + E \qquad (12-1)$$

式中，E为残差矩阵，表示X与GF之间存在的差异。PMF分析的目的是最小化Q，Q定义为：

$$Q = \sum_{i=1}^{n}\sum_{j=1}^{m}(e_{ij} / S_{ij})^2$$

$$e_{ij} = x_{ij} - \sum_{k=1}^{p} g_{ik} f_{kj} \qquad (12-2)$$

$$i = 1, 2, \cdots, n; \ j = 1, 2, \cdots, m; \ k = 1, 2, \cdots, p$$

式中，S为X的标准偏差；x_{ij}、g_{ik}、f_{kj}和e_{ij}分别为X，G，F和E矩阵的元素。在$g_{ik} \geqslant 0$、$f_{kj} \geqslant 0$的约束条件下，通过迭代最小化算法对Q求解，可以同时确定污染源贡献值G（相对值）和污染源成分谱F（化学成分的相对浓度值）。

本书采用PMF探索开展在线源解析的初步研究，通过采样获得吉安市PM₂.₅离子组分数据、OC/EC数据和重金属元素数据，选取2019.10—2020.9一年四季为研究时间，将PM₂.₅中SO_4^{2-}、NO_3^-、NH_4^+、Cl^-、Na^+、Mg^{2+}、OC、EC、Na、Mg、Al、Ca、Ti、V、Cr、Mn、Fe、Ni、Cu、Zn、As、Cd、Pb等共23种物种输入模型，解析出6种可能的颗粒物来源，包括燃煤源、机动车、工业源、生物质燃烧、二次源和扬尘源，其排放源化学成分谱见图12-1，各月份各类污染源对PM₂.₅浓度的贡献见图12-2。

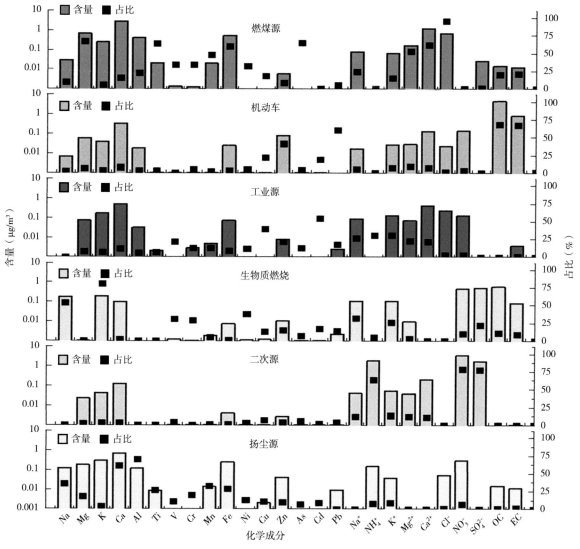

图12-1　观测期间（2019.10—2020.9）吉安市颗粒物主要排放源的化学成分谱

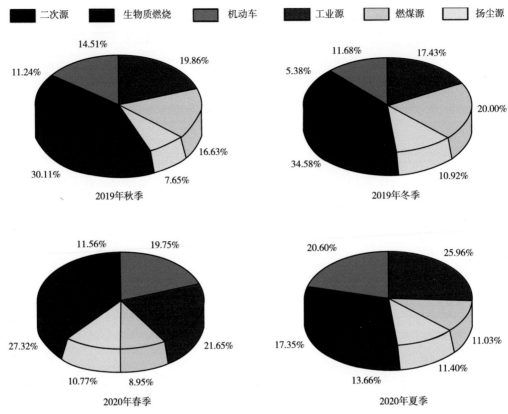

图12-2 观测期间（2019.10—2020.9）PMF解析吉安市颗粒物来源占比

12.1.2 PMF因子选择及不确定分析

PMF分析中最关键的问题是选择最优的因子数。太多的因素可能会导致"幽灵"因子的出现，这些"幽灵"因子可能没有物理解释能力，太少的因子数可能会导致一般混合源的问题。本书中选取3～9个因子运行PMF模型。每个测试使用随机种子执行100次基本运行。所有因子运行后的Q值（Q_{true}，Q_{robust}和Q_{true}/Q_{expect}）以及观测的$PM_{2.5}$浓度和模拟的$PM_{2.5}$浓度间的相关系数（R^2）与PMF因子的数量的关系如图12-3所示。理论上，如果定义的因子数准确，Q_{true}应接近Q_{expect}，Q_{true}/Q_{expect}的比值约等于1。如图12-3所示，随着因子数的增加，Q_{true}/Q_{expect}由于加入了额外的因子而降低。当因子数从3增加到4（-35%）、从4增加到5（-18%）和从5增加到6（-26%）时，Q_{true}/Q_{expect}显著减少，而当因子数增加到7时，变化小于15%，这表明6个因子的解决方案已经可以涵盖数据中的绝大多数变量。当因子数从3增加到6时，Q_{true}/Q_{expect}从2.43变化到0.96，比率达到1.0左右，说明在PMF分析中6个因子是合适的。此外，在6因子溶液中，观察到的$PM_{2.5}$浓度与预测的$PM_{2.5}$浓度的R^2系数达到了0.98，表明PMF模型可以很好地再现观测的$PM_{2.5}$总量。同样，超过83%的物种R^2系数均大于0.85，进一步证实了6因子解的最优性，因为PMF模型可以很好地解释大多数物种。

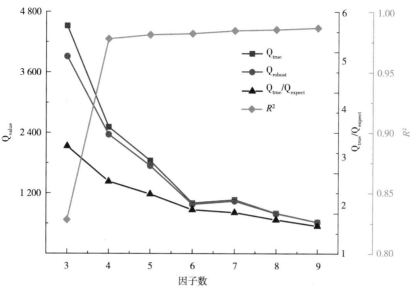

图12-3 随因子数变化Q_{true}、Q_{robust}和Q_{true}/Q_{expect}以及PM~2.5~
观测浓度和模拟浓度之间相关性的变化.

为了评价6因子解的稳定性和不确定性，分别采用Displacement（DISP）、Bootstrap（BS）和BS-DISP 3种误差估计（EE）方法。DISP可用于评估所选因子对于小变化的敏感性。它的误差区间只包括旋转歧义的影响。DISP阶段的可接受标准包括：①Q值的最小调整（$dQ_{max}=4$）因子之间不发生互换，②Q值的下降小于1%（$dQ>Q_{robust}×1\%$）。如果最小的dQ_{max}进行因子交换，表明解决方案中存在显著的旋转歧义，则该解决方案不够稳健，无法使用。如果Q值的减小大于1%，则很可能该因子可能是非Q的全局最小值。BS分析主要用于检测和估计一小组观测值对解的不成比例效应。它的误差区间包括随机误差的影响，以及较小程度的旋转模糊度，能够确定是否有一个小的观察组可以不成比例地影响解决方案。BS误差区间包括随机误差和部分包括旋转歧义的影响。BS阶段可接受的标准是BS因子映射了超过80%的基本运行因子。为保证统计数据的稳健性，BS的运行次数设置为100次，相关系数最小为0.8。如果一个BS因子映射的值小于对应的基本运行因子的80%，则表明被交换的因子之间存在一些歧义，且因子的数量可能不合适。BS-DISP是BS和DISP方法的结合，它评估了旋转模糊度和随机误差的双重影响。该方法需要考虑的两项指标是接受的案件数目和最适合的交换数目。如果所有情况都被接受，接受情况的数量应该是bootstrap的数量加1。在本书中，最适合的解决方案为101例。此外，如果在最佳拟合中观察到因子交换，则解决方案不受约束，在报告任何误差估计结果之前，需要重新评估因子的数量。

表12-1总结了来自不同因子数运行时3种误差估计方法的诊断结果。当因子数从3增加到9时，DISP结果均是稳健的，因为没有发生因子交换，并且Q值在所有解决方案中也均低于1%。对于BS结果，只有3因子的因子映射小于80%。在6因子方案中，基本因子和引导因子匹配度均高于99%（表12-2）。除生物质燃烧源外，所有的因素都100%映射到基本运行因素，其中一种

情况映射到燃料生产和燃烧源。这两个源的因素互换表明，化石源与燃料生产和燃烧源之间存在一些不明确之处。最后，BS-DISP结果表明，只有4因子和6因子被很好地约束，没有发生任何因子交换。6因子中99例BS被接受且Q值下降小于0.1%，说明6因子方案的约束良好且BS-DISP结果可靠。

表12-1　PMF分析误差诊断结果

结论	3因子	4因子	5因子	6因子	7因子	8因子	9因子
Q_{true}/Q_{expect}	2.428	1.584	1.297	0.959	0.928	0.784	0.677
DISP %dQ	−0.001 1	−0.000 8	−0.001 5	−0.001 7	−0.001 3	−0.000 8	−0.001 5
DISP swaps	0	0	0	0	0	0	0
Factors with the lowest BS mapping	79%	100%	98%	99%	99%	84%	90%
BS-DISP # of swaps by factor	2	0	4	0	9	68	17

表12-2　因子方案的BS运行结果

	燃煤源	扬尘源	机动车	二次源	生物质燃烧	工业源	未匹配
燃煤源	100	0	0	0	0	0	0
扬尘源	0	100	0	0	0	0	0
机动车	0	0	100	0	0	0	0
二次源	0	0	0	100	0	0	0
生物质燃烧	1	0	0	0	99	0	0
工业源	0	0	0	0	0	100	0

12.1.3　PM$_{2.5}$来源解析结果分析

12.1.3.1　全年PM$_{2.5}$来源解析

　　燃煤污染源的特征为高浓度的OC、EC和Cl$^-$，硫酸盐和硝酸盐浓度也较高，这几类物种通常被认为是燃煤排放的特征物，特别是燃煤排放Cl$^-$的示踪作用得到较多的认同。如图12-2所示，四季中燃煤源对PM$_{2.5}$的贡献为8.95%～20.00%。其中冬季燃煤源贡献最高，与采暖季有关。

　　机动车污染源的特征是高浓度的OM、EC和Zn、Pb等重金属。在颗粒物源解析研究中，Pb和

Zn都用来作为汽油燃烧的示踪物。机动车污染源排放已成为国内众多城市的PM$_{2.5}$重要排放源，如图12-2所示，2019.10—2020.9期间机动车排放对PM$_{2.5}$的贡献为11.68%～20.60%，其中夏季排放占比最高。Pb和Zn在机动车源中比例非常高，OC和EC在机动车源中比例相对较高，典型的机动车源特征。

工业源的特征是高浓度的金属元素，如Fe、Mn、Cd、Cu、Zn、Cr、V和As等，主要来自工业源排放。Fe、Mn、Zn、Cr、Ni与钢铁工业有关，As、Cd、Cu主要来自冶炼厂和有色金属厂。如图12-2所示，四季中工业源对PM$_{2.5}$的贡献为17.43%～25.96%，全年占比相对稳定。

生物质燃烧源的特征是高占比的K和Na元素，这两种物质通常被认为是生物质燃烧的特征物，尤其是K元素，通常作为生物质燃烧源的示踪物。由图12-2可知，在2019.10—2020.9四季中生物质燃烧对PM$_{2.5}$贡献占比为5.38%～17.35%，其中夏季占比最高，生物质燃烧强度最高时节与其他城市类似，多发生在夏季。

二次无机盐源的化学特征是高浓度的硫酸盐、硝酸盐和铵盐。如图12-2所示，2019.10—2020.9四季中二次无机盐对PM$_{2.5}$的贡献差异较大，占比为13.66%～34.58%，在秋冬季达到最高值。秋冬季高湿天气极有利于SO$_2$、NO$_x$和NH$_3$的二次转化，进而导致PM$_{2.5}$中二次离子组分浓度高。

扬尘源中通常富含Si、Al、Ca、Mg、Fe和Ti等地壳元素，同时由于各类扬尘暴露于人类活动之下，道路扬尘中也经常含有一定浓度的OC和硫酸盐，建筑扬尘则含有大量的Ca。如图12-2所示，本次源解析中，扬尘源以Ca为特征物种，Fe、Mn的含量也较高，说明该污染源可能与工程建设活动以及其他扬尘源有关。2019.10—2020.9四季扬尘源对PM$_{2.5}$的贡献为7.65%～11.40%，是大气PM$_{2.5}$的重要来源之一。

对比全国其他城市来看，据文献显示，北京、杭州、广州、深圳颗粒物的首要污染源是机动车，而石家庄、南京的首要污染源是燃煤，天津、上海、宁波的首要污染源分别是扬尘、移动源和工业。与以前研究结果比较，总的来说，本次源解析结果解析出的主要污染源大致相似：二次气溶胶是PM$_{2.5}$的最主要来源；解析出的PM$_{2.5}$工业和机动车来源也不容忽视。

PMF来源解析结果与其他城市存在差异的原因主要有：①产业结构存在差异，如吉安市重工业如焦化、钢铁之类的工业不多，电子信息产业相对较发达，因此化石燃料燃烧对其PM$_{2.5}$影响较小；②地理位置存在差异，吉安市地处南方，山地较多且植被丰富，大气扩散条件较好，因此整体环境质量状况良好；③模型中输入数据量有限，离线膜采样方法所采集的样品数有限，其对后续的化学分析和数据处理产生一定的影响；④PMF模型自身的局限性，PMF模型有其固有的优势和不足，在对PM$_{2.5}$进行来源解析时存在一定的系统误差。

综上，本章探索了基于在线监测颗粒物质量浓度、水溶性离子成分、碳质成分和重金属数据的源解析技术，解析结果与传统方法得到的结果具有可比性，但存在较大的不确定性。在线颗粒物源解析技术具有实现业务化的潜力，需要进一步补充主要成分的监测技术，提高数据质量和数据完整性，开展系统的验证。

12.1.3.2　各站点PM$_{2.5}$来源解析

2019.10—2020.9各站点之间颗粒物来源贡献和各季节来源贡献分别如图12-4和图12-5所示。

对于全年观测数据而言，在天立实验小学采样站点，工业源占比最高，达到34.68%；其次是燃煤源，占比为17.09%；扬尘源占比为16.10%；生物质燃烧的贡献并不突出。

在中专学校站点，机动车和工业源占比相对明显，占比分别为22.83%和22.75%，其次是生物质燃烧和燃煤源，占比分别为15.83%和14.91%。其余则为二次源（12.07%）和扬尘源（11.61%）。

在生态环境局站点，机动车为第一大来源，占比为25.79%；其次是工业源、二次源，占比分别为21.76%和19.95%，扬尘源和燃煤源占比并不高，可能与城区对道路扬尘和燃煤管控较严有关。

凤凰小学站点最明显的是机动车和二次源贡献占比较高，分别为28.82%和24.13%，可能与城市区域高的汽车保有量相关。其次为工业源，占比为15.50%；生物质燃烧占比最低，仅为7.70%。

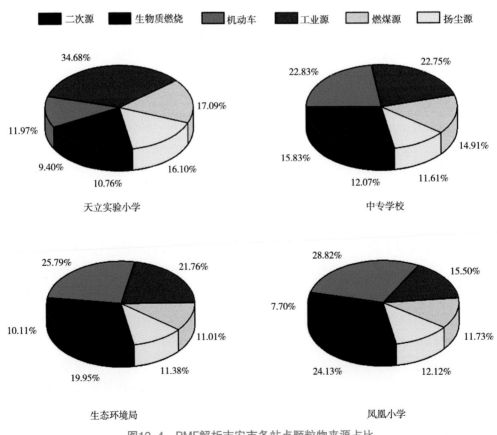

图12-4　PMF解析吉安市各站点颗粒物来源占比

2019年秋季各观测站点来源和占比相对接近。在天立实验小学采样站点，二次源占比最高，达到27.10%；其次是工业源，占比18.34%；生物质燃烧和扬尘源占比分别为11.89%和11.57%。在中专学校站点，也是二次源最高，占比23.27%，其次是工业源和机动车贡献较大，占比分别为18.84%和18.38%，生物质燃烧和扬尘源贡献较小。在生态环境局监测站点，二次源为第一大来源，占比23.58%；其次为机动车，占比为21.59%；工业源和燃煤源占比分别为17.71%和14.48%，扬尘源和生物质燃烧占比并不高。凤凰小学站点最明显的是机动车和二次源贡献占比较高，分别为23.97%和21.68%，可能与城市区域高的汽车保有量相关。其次为工业源，占比为17.6%；生物质燃烧和扬尘源占比最低。

2019年冬季各观测站点颗粒物来源贡献存在一定的差异性，尤其体现在二次源贡献占比上。在天立实验小学站点，二次源占比最高，为27.98%；其次是燃煤源和工业源，占比分别为19.21%和18.25%，机动车占比为16.66%；生物质燃烧的贡献并不突出。在中专学校站点，二次源占比最高，为29.54%；机动车、燃煤源和工业源占比相当，分别为18.06%、18.18%和17.27%；其余则为扬尘源（10.37%）和生物质燃烧（6.58%）。在生态环境局站点，二次源和机动车为PM$_{2.5}$前两大排放源，占比分别为24.55%和22.94%；其次为工业源和燃煤源，占比依次为18.10%和16.65%，扬尘源和生物质燃烧占比较低。凤凰小学站点不同于其他站点，机动车排放贡献PM$_{2.5}$总排放的26.44%，可能与城市区域高的汽车保有量有关。其次为工业源，占比为24.95%；生物质燃烧占比最低，可能与城区对于道路扬尘和燃煤管控较严有关。

2020年春季各观测站点之间颗粒物来源贡献存在略微的差异，在天立实验小学站点，工业源和二次源占比最高，分别为21.73%和21.68%；其次为机动车、生物质燃烧和燃煤源，占比分别为16.20%、15.90%和15.55%；占比最低的为扬尘源（8.94%）。在中专学校站点，工业源占比最高，占比为22.67%，其次为机动车和二次源，占比分别为19.53%和18.26%，其余依次为燃煤源（16.23%）、生物质燃烧（13.97%）和扬尘源（9.34%）。在生态环境局站点，机动车和二次源分别为PM$_{2.5}$的两大来源，占比分别为22.72%和21.50%；其次是工业源，占比为19.88%，其余依次为燃煤源、生物质燃烧和扬尘源。凤凰小学站点最明显的是机动车，占比为25.78%，其次为二次源和工业源，占比分别为20.65%和19.09%。燃煤源和生物质燃烧占比分别为14.81%和11.15%；扬尘源占比最低，为8.52%。

2020年夏季各观测站点之间颗粒物来源贡献存在较为显著差异。在天立实验小学站点，工业源占比最高，占比为29.01%；其次是机动车，占比21.23%；生物质燃烧和二次转化占比均为14.62%。在中专学校站点，工业源、二次源和机动车占比相对明显，占比分别为24.54%、21.23%和21.03%，其次是生物质燃烧和燃煤源，占比分别为13.07%和11.54%，其余则为扬尘源（8.59%）。在生态环境局站点，机动车和二次源为前两大来源，占比为23.97%和21.68%；其次是工业源，占比为17.55%，扬尘源和燃煤源占比并不高，可能与城区对于道路扬尘和燃煤管控较严有关。凤凰小学站点最明显的是机动车占比最高，占比可达32.67%，其次为二次源，占比为20.34%，工业源和生物质燃烧占比相当，分别为15.48%和13.46%，扬尘源占比最低，仅为6.48%。

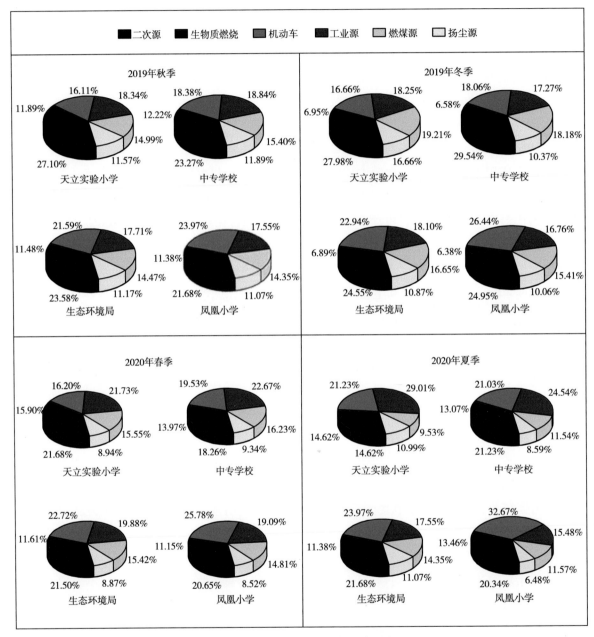

图12-5　吉安市PMF解析颗粒物来源占比

总之，各站点四季PM2.5来源呈现出一定的差异性。尤其是夏季和冬季时，这种差异性更显著。冬季PM2.5主要源自无机盐二次转化，此外，城区站点如凤凰小学汽车尾气的贡献也较为显著。而夏季时由于气温较高，VOCs排放显著，汽车源和工业源的贡献占比较明显。且在天立实验小学和中专学校工业较发达的地方该特征尤其显著。

12.1.3.3　PM$_{2.5}$来源日变化特征

为了探究PMF解析出的6个主要来源的变化特征，图12-6给出了污染源日变化分布特征。如图所示，机动车尾气展现出明显的双峰分布特征，尤其是在6：00—10：00和17：00—20：00贡献最高，符合机动车尾气特征。工业源是PM$_{2.5}$的第二大来源，其贡献全天占比较稳定。二次生成在20：00—次日4：00贡献浓度较高，上午和夜间贡献较高，而在下午时段相对较低，二次源是PM$_{2.5}$浓度的第一大来源；生物质燃烧源对于日间PM$_{2.5}$生成贡献较大；扬尘源对于PM$_{2.5}$的贡献整体较低，其贡献高值多发生在白天，可能与白天生活和生产活动较大相关。燃煤源在白天贡献较大，可能与白天高的工业活动相关，而在夜间的贡献比例相对较低。因此可以针对源排放贡献日变化情况在相应时段采取排查和管控措施，如加大早晚高峰对于机动车排放的管控，以及白天注意对扬尘源进行控制，坚持落实"六个百分百"等。

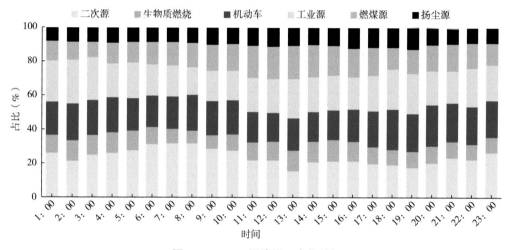

图12-6　PM$_{2.5}$污染源日变化特征

12.2　PM$_{2.5}$潜在来源解析

12.2.1　后向轨迹分析法

后向轨迹分析法是基于观测插值或模拟得到的气象场，估算在特定时间从源地到受体区域的最可能传输路径。其中，被广泛应用的后向轨迹分析法是美国国家海洋和大气管理局（NOAA）和澳大利亚气象局联合开发的混合单粒子拉格朗日积分传输扩散模式（HYSPLIT），它可以用来计算简单的气团轨迹并模拟复杂的扩散和沉积。该模型在模拟传输过程中，加入了多种气象要素参数，并考虑了多种物理过程和不同污染物的污染源，可以较为完整地还原污染物的传输、扩散和沉降过程，因此也被广泛用于污染物的区域传输研究。王亚强团队基于HYSPLIT模式中轨迹计算模块，添加了地理信息系统，开发了一种结合长期气团轨迹和站点观测数据、分析污染物传输路径和潜在源区的开源软件MeteoInfo。该软件基于HYSPLIT运行模式，对气象资料、污染物浓度资料等进行综合处理，模拟轨迹传输路径，并进行聚类分析、PSCF分析、CWT分析等，以便得出污染物空间分布结论，现已被广泛地应用于大气污染物区域传输和潜在源区的研究。

PSCF方法是利用后向轨迹来计算描述潜在源区地理位置空间分布的条件概率函数。PSCF方法原理：将特定的研究区域根据需求合理化分为$i*j$个网格，且研究期间所有轨迹总的节点数为N，如果有n_{ij}个节点落在第ij个网格中，则可以给出事件A_{ij}的概率：$P[A_{ij}]=n_{ij}/N$，概率$P[A_{ij}]$表示随机选择的气团在第ij个网格上的相对经过时间。如果在这n_{ij}个节点中有m_{ij}个节点对应的轨迹到达接收站时污染物的浓度高于某个设定值，则该事件B_{ij}的概率为：$P[B_{ij}]=m_{ij}/N$，概率$P[B_{ij}]$反映了这些污染气团在某一网格上的相对经过时间。PSCF被定义为一个条件概率，计算公式如下：

$$PSCF_{ij} = \frac{m_{ij}}{n_{ij}}W_{ij} \qquad （12-3）$$

由PSCF的定义可知，PSCF的误差会随着网格与采样点距离的变化而变化，若n_{ij}较小，PSCF的结果误差就会很大。在计算研究区内每个网格内平均轨迹断点数时，可以通过权重函数$W(n_{ij})$降低PSCF的误差。计算公式如下：

$$W_{ij} = \begin{cases} 1.0 & n_{ij} \geq 3n_{ave} \\ 0.73 & n_{ave} > n_{ij} \geq 1.5n_{ave} \\ 0.415 & n_{ave} > n_{ij} \geq n_{ave} \\ 0.2 & n_{ave} \geq 3n_{ave} \end{cases} \qquad （12-4）$$

W_{PSCF}值越高，代表其所对应的区域越有可能是污染物的潜在源区，并且经过该区域的轨迹为污染物传输的主要路径。PSCF方法只能得到网格中污染轨迹在所有轨迹中的比例，而不能得到污染轨迹污染程度的差异，即PSCF方法只能给出潜在源区的分布情况，而无法体现不同源区污染相对贡献的大小差异。

CWT方法通过求取研究时段内经过单个网格的全部轨迹对应样品浓度的平均值，来定量分析外来输送的浓度贡献水平。CWT分析方法通过计算轨迹的权重程度，可以得到污染轨迹污染程度的差异。在CWT分析法中，每个网格点都被赋予一个权重程度。同样引入PSCF方法中的$W(n_{ij})$进行数值修正，加权后的平均浓度值（WCWT值）可以用以区分潜在源的源强。网格内较高的WCWT值说明经过网格的气团导致了高的受点浓度，该网格对应的区域即可视为受点区域污染物外来输送的高浓度贡献潜在区域。

CWT计算公式如下：

$$C_{ij} = \frac{\sum_{l=1}^{M} C_l \cdot \tau_{ijl}}{\sum_{l=1}^{M} \tau_{ijl}}W_{ij} \qquad （12-5）$$

其中，C_{ij}是网格ij中的平均权重浓度，C_l为轨迹到达时观测到的浓度，τ_{ijl}为轨迹l在网格ij中停留的时间，W_{ij}为权重函数，l代表轨迹，M为轨迹总数。

　　本书应用MeteoInfo分析软件，利用网格密度为1.0°×1.0°的NOAA再分析资料，采用欧拉距离分析法计算吉安市48 h地面气团（500 m）的后向轨迹，根据测得的颗粒物浓度对各个季度的颗粒物可能的污染传输区域进行了分析。

12.2.2　PM$_{2.5}$潜在源分析结果

　　潜在污染源分析PSCF和CWT是一种半定量判断污染源的分析手段。图12-7为吉安市颗粒物潜在污染源分析结果。吉安市颗粒污染物受季风和短距离传输影响明显。周边区域的局地短距离输送对吉安市颗粒物污染影响较大，主要为东北方向和西南方向，省内南昌，东北方向湖北，安徽和浙江、西南方向广东广州等地影响明显。传输方向具有明显的季节性：冬春季节主要来自南北两个方向的影响；夏季主要来自西南方向的影响；秋季主要来自东北方向。传输来源区域存在大量的交通、工业、生物质燃烧、燃煤和溶剂使用等污染源，因此需要加强对周边区域污染传输的预警预报，根据季节差异，有区别的制定区域内大气污染治理联防联控措施；例如冬春季节应以东北方向颗粒物传输为主要关注对象，夏季需要警惕西南方向臭氧传输影响。

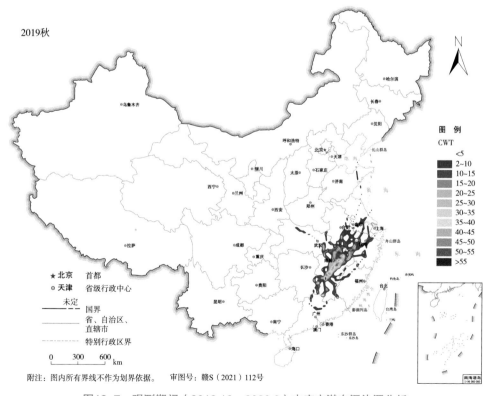

图12-7　观测期间（2019.10—2020.9）吉安市潜在污染源分析

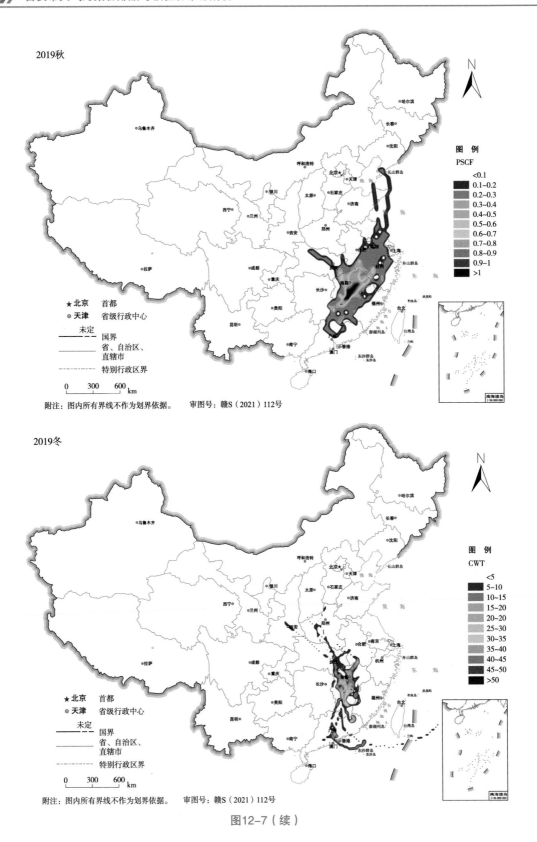

图12-7（续）

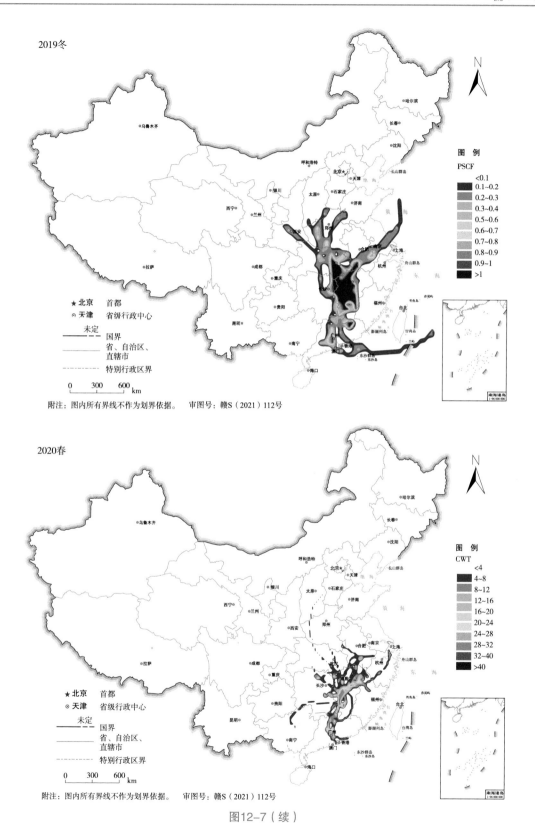

图12-7（续）

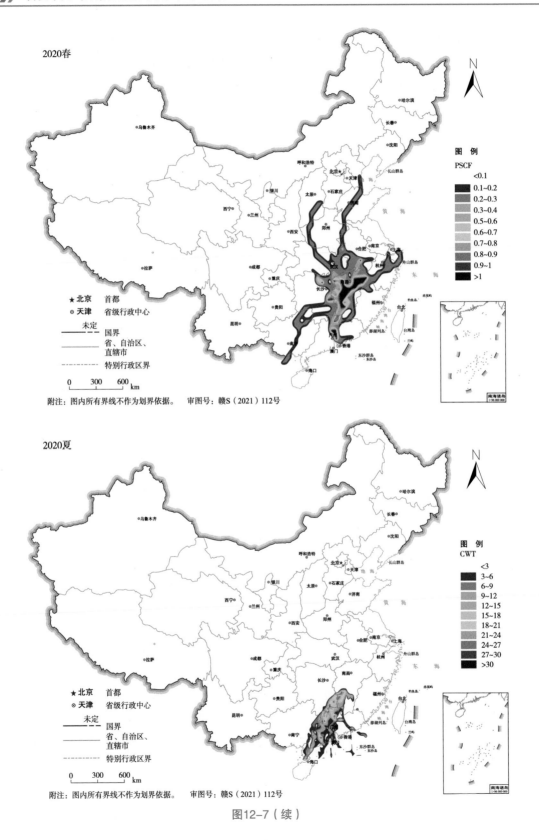

图12-7（续）

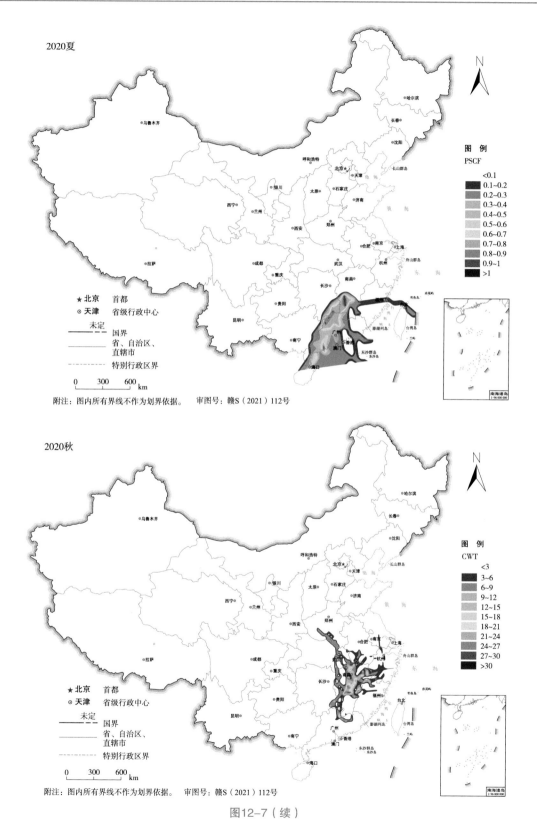

图12-7（续）

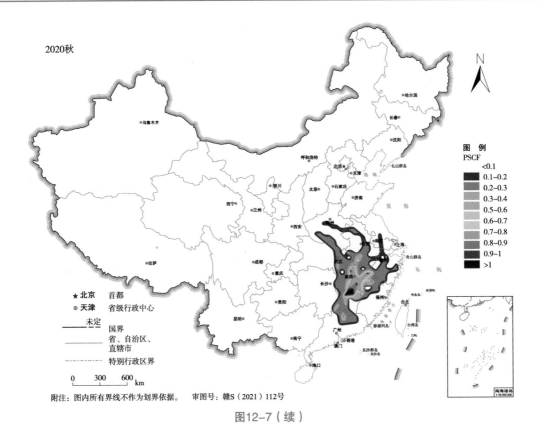

图12-7（续）

12.3 PM~2.5~区域传输贡献

$PM_{2.5}$、PM_{10}、O_3、SO_2、NO_x等污染物的研究一般结合外场观测、实验室烟雾箱模拟和计算机数值模拟进行。实际观测资料往往只能给出一个特定时段和特定地点的大气条件和大气环境状况，是一种物理和化学过程综合的结果，无法揭示不同因子和不同过程贡献的相对大小及造成这种结果的真正机制。因此基于观测的吉安市大气污染特征分析之后，利用数值模拟对吉安市主要大气污染物的时空分布特征进行了进一步的模拟和分析。

12.3.1 第三代空气质量模型CAMx

空气质量模型CAMx（Comprehensive Air Quality Model Extensions）是由美国Envion公司开发的一款综合三维欧拉（网格）区域光化学模型。模型基于"一个大气"的框架，采用质量守恒大气扩散方程，以有限差分三维网格为架构，模拟气态、颗粒污染物及空气毒物在大气中排放扩散、化学反应和干湿沉降等过程，适用于城市尺度甚至大尺度区域的模拟和评估。此模型包含了污染源追踪模块，可较好模拟颗粒物在大气中的扩散、生成、转化、清除等过程。

CAMx通过求解每个网格中每种污染物的物理化学变化方程来模拟排放、扩散、化学反应及污染物在大气中的去除过程。该模型的核心数学表达式为：

$$\frac{\partial c_1}{\partial_t} = -\nabla_H \cdot V_H c_1 + \left[\frac{\partial(c_1\eta)}{\partial z} - c_1 \frac{\partial^2 h}{\partial z \partial t} \right] + \nabla \cdot eK\nabla(c_1 le) + \frac{\partial c_1}{\partial t}_{\text{(Emission)}} + \frac{\partial c_1}{\partial t}_{\text{(Chemistry)}} + \frac{\partial c_1}{\partial t}_{\text{(Removal)}} \qquad （12-6）$$

其中，c_1代表物质的浓度（质量/体积），V_H代表水平方向风矢量，η代表净垂直传输率，h代表层界面高度，ρ代表大气密度，K代表湍流扩散系数。等号右边第1项代表水平平流（风场输送），第2项代表净垂直传输，第3项代表湍流扩散，第4项代表源排放，第5项代表化学反应过程，第6项表示污染物的去除过程。

12.3.2　大气数值模式WRF

本研究中CAMx的数值计算所需的气象场由气象模型WRF（Weather Research and Forecasting Model）提供。WRF模式是一种完全可压非静力模式，集数值天气预报、大气模拟及数据同化于一体的模式系统，能够更好地改善对中尺度天气的模拟和预报，目前主要应用于有限区域的大气研究和业务预报。

WRF模式能够比较成功地再现中尺度过程中的环流形势演变和雨带分布特征以及中小尺度天气系统，可以应用于模拟和业务预报。就中尺度模式之间的比较而言，WRF的模拟效果普遍较优。总体而言，在选用合适的物理参数化方案下，WRF模式具有较好的模拟和预报性能，体现了其在中尺度模拟中的普适性和优越性。

12.3.3　源模型——颗粒物源示踪技术（PSAT）

本书采用CAMx解析吉安市PM$_{2.5}$的来源，该模型中颗粒物源示踪技术（Particulate Source Apportionment Technology，PSAT）以示踪方式获取有关颗粒物排放和损耗的信息，并统计不同地区、不同种类的污染源排放以及初始条件和边界条件对颗粒物生成的贡献。PSAT的优点是计算效率高，结合二次颗粒物的化学变化过程和源示踪技术，PSAT可以对二次颗粒物进行源贡献分析。这种技术的优点是避免了源关闭法忽略非线性化学过程所造成的浓度偏差，可以更为准确、高效地对细颗粒物的输送源地区和污染排放源进行解析，减少模拟运算时间，提高模拟预测分析效率。

PSAT可以示踪的颗粒物组分包括硫酸盐、硝酸盐、铵盐、二次有机气溶胶、汞、一次气溶胶等。PSAT可以很好地计算硫酸盐、硝酸盐和铵盐的前体物SO$_2$、NO$_x$和NH$_3$的源分担率。PSAT的一个基本假设是每类颗粒物来源于其主要前体物。

在模拟时间步长Δt内，若反应为A→B，则PSAT计算方法如下：

$$A=\sum_{i=1}^{n} a_i, \quad B=\sum_{i=1}^{n} b_i \tag{12-7}$$

$$a_i(t+\Delta t) = a_i(t) + \Delta A \frac{w_i a_i}{\sum w_i a_i} \tag{12-8}$$

$$b_i(t+\Delta t) = b_i(t) + \Delta B \frac{w_i a_i}{\sum w_i a_i} \tag{12-9}$$

对于化学平衡反应，如 A $\leftrightarrow$ B，PSAT计算方法如下：

$$a_i(t+\Delta t) = \left[a_i(t) + b_i(t)\right] \frac{A}{A+B} \tag{12-10}$$

$$b_i(t+\Delta t) = \left[a_i(t) + b_i(t)\right] \frac{B}{A+B} \tag{12-11}$$

其中，a_i 和 b_i 分别表示某格点处物种A和B来自排放源 i 的示踪物浓度。w_i 为权重系数。式（12-8）、式（12-10）表示物种A通过物理或化学方式（如沉降或输送）的变化。$a_i(t)$ 表示 t 时刻浓度，$a_i(t+\Delta t)$ 表示 Δt 时间后的浓度。某格点处物种A浓度的减少量用 ΔA 表示。式（12-9）、式（12-11）表示物种B通过源排放或输送等方式使其浓度增加。$b_i(t)$ 表示 t 时刻浓度，$b_i(t+\Delta t)$ 表示 Δt 时间后的浓度，ΔB 表示物种B在某格点浓度的增量。

12.3.4 模式基本设置

本次模拟基于CAMx-PSAT方法，模型基本设置见表12-3。

表12-3 模型基本设置

选项	模式设置
投影方式	兰伯特投影
中心格点	114.780 0°E、24.941 6°N
水平分辨率	9 km
水平格点数	100 × 100
垂直层数	30
气相化学机制/求解方案	CB05/EBI
下垫面资料	USGS
气象场初边界条件	NCEP
气溶胶方案	静态两模态（CF）：粗/细
干湿沉降	Zhang03方案
模拟时段	2019年秋季、2019年冬季、2020年春季、2020年夏季

本次模拟将吉安市及周边地区划分为10个污染贡献区域，分别为吉安、赣州、抚州、新余、萍乡、宜春、江西北部各市（赣北）、郴州、株洲、国内其他城市（模拟区域内除上述城市外的地区），结果见图12-8。

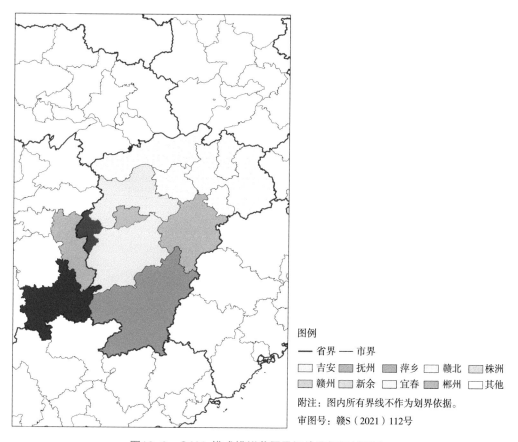

图例

— 省界 —— 市界

☐ 吉安　▨ 抚州　▧ 萍乡　☐ 赣北　▨ 株洲

▨ 赣州　▨ 新余　☐ 宜春　▨ 郴州　☐ 其他

附注：图内所有界线不作为划界依据。

审图号：赣S（2021）112号

图12-8　CAMx模式模拟范围及污染溯源区域划分

12.3.5　PM₂.₅区域传输贡献分析

图12-9给出了模拟时段内吉安市PM₂.₅来源平均贡献占比饼状图；表12-4至表12-7给出了模拟时段内吉安市PM₂.₅来源平均贡献值。

2019年秋季吉安市PM₂.₅平均模拟浓度值为39.42 μg/m³，秋季吉安市PM₂.₅的本地贡献值为16.36 μg/m³，占PM₂.₅总浓度的41.4%，为吉安市PM₂.₅的主要贡献源。对于外来输送，周边城市宜春市和抚州市的贡献较大，贡献值（贡献占比）分别为3.52 μg/m³（8.9%）、2.23 μg/m³（5.7%），其他地区的贡献值为8.21 μg/m³，占吉安市PM₂.₅总浓度的20.83%。

2019年冬季吉安市PM₂.₅平均模拟浓度值为42.23 μg/m³，冬季吉安市PM₂.₅的本地贡献值为15.90 μg/m³，占PM₂.₅总浓度的37.7%。本地来源仍然为PM₂.₅的主要贡献源，外来输送占比为32.4%，其他来源占比30.0%。对于外来输送，周边城市新余和宜春贡献最大，贡献值（贡献占比）分别为3.76 μg/m³（8.9%）、1.74 μg/m³（4.1%）。赣北城市贡献值为6.16 μg/m³，占吉安市PM$_{2.5}$总浓度的14.6%。

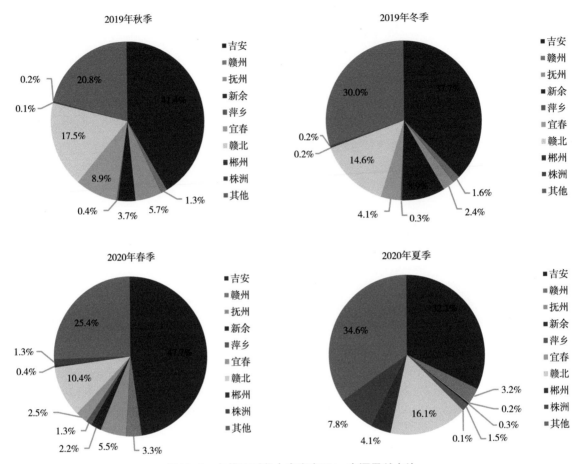

图12-9　各模拟时段内吉安市PM$_{2.5}$来源贡献占比

2020年春季吉安市PM$_{2.5}$平均模拟浓度为28.41 μg/m³，春季PM$_{2.5}$浓度明显低于秋冬季。春季吉安市PM$_{2.5}$的本地贡献值为13.58 μg/m³，占PM$_{2.5}$总浓度的47.7%，仍然为吉安市PM$_{2.5}$的主要贡献源；外来输送及未知来源占比共为52.3%。对于外来输送，抚州和赣州对其贡献较大，贡献值（贡献占比）分别为1.55 μg/m³（5.5%）和0.93 μg/m³（3.3%）；赣北城市贡献值为2.96 μg/m³，占比为10.4%。

2020年夏季吉安市PM$_{2.5}$平均模拟浓度为19.68 μg/m³，为四季最低。夏季吉安市PM$_{2.5}$的本地贡献值为6.2 μg/m³，占PM$_{2.5}$总浓度的47.8%，仍然为吉安市PM$_{2.5}$的主要贡献源。周边输送和其他未知来源占比共为52.2%。对于外来输送，株洲和郴州对其贡献较大，贡献值（贡献占比）分别为1.51 μg/m³（7.8%）和0.79 μg/m³（4.1%）；赣北城市贡献值较高，为3.1 μg/m³，占比为16.1%。

整体来看，吉安市PM$_{2.5}$来源中，本地贡献值最大，占比为37.6%～47.8%。针对本地源贡献，应重点关注对于工业源和移动源的治理。针对电力行业，虽然已实现超低排放，需进一步提高脱硝效率，保证SCR系统稳定高效运行。针对吉安市优势产业电子信息产业应开展能耗统计调查，通过耗电监控系统，盯紧重点能耗企业。其中，电子工业炉窑是大气污染的主要来源。开展电子工业炉窑节能改造，在燃烧系统、余热利用、绝缘保温、自动控制、热工检测技术性能等方面提高能源利用效率。针对化学品制造行业，重点加强对VOCs排放的监管。国家《"十三五"生态环境保护规划》发布化工行业成为国家环保整治重点。对此，化工行业首先要提高绿色发展意识，推进绿色生态文明建设。要按照绿色发展的理念来发展经济，更好地推进和履行责任，加强自律，严守底线。其次，要在研发、生产到储运全生命周期注重环保。针对金属冶炼业，首先需要控制扬尘源，在各工艺阶段采取有效措施抑制粉尘的产生。至于冶炼过程中排放的有毒有害气体，浓度高时需要采用回收方法，用水、四氯化碳或一氯化硫等吸收质进行吸收，之后将吸收溶液送到解吸塔解吸，并回收；浓度低时则采用氢氧化钠或石灰乳等吸收剂进行吸收。

对于周边输送，贡献值较高的地区为赣北、宜春、新余和抚州。虽然吉安市PM$_{2.5}$浓度整体较低，但在秋冬雾霾高发季，仍需关注周边省市对于本土空气质量的影响，特别是在周边省市有黄色、橙色和红色预警时，吉安市也应该提高警惕，根据预警情况适当限制部分工业排放或交通源排放。对于外地传输源控制，需建立区域大气污染治理联防联控机制。与周边省市建立日常联系制度，互通空气质量数据，互通各城市环境空气质量情况；同时要互通工作开展突发事件处置情况，2020年起，每个季度互通大气污染防治工作开展情况。当遇突发跨区域大气污染事件，三天内向对方通报预警信息和应急响应情况。建立各市大气污染防治专家库，实现专家资源共享；开展大气污染成因、溯源和防治对策，共享相关技术资源和成果。

表12-4　模拟时段内不同地区对吉安市PM$_{2.5}$贡献值（2019年秋季）　　　　单位：$\mu g/m^3$

地区	贡献值	地区	贡献值	地区	贡献值	地区	贡献值
本地	16.35	赣州	0.5	抚州	2.23	新余	1.44
萍乡	0.14	宜春	3.52	赣北	6.88	郴州	0.05
株洲	0.06	其他	8.21				

表12-5　模拟时段内不同地区对吉安市PM$_{2.5}$贡献值（2019年冬季）　　　　单位：$\mu g/m^3$

地区	贡献值	地区	贡献值	地区	贡献值	地区	贡献值
本地	15.90	赣州	0.66	抚州	1.01	新余	3.76
萍乡	0.13	宜春	1.74	赣北	6.16	郴州	0.09
株洲	0.10	其他	12.68				

表12-6　模拟时段内不同地区对吉安市PM$_{2.5}$贡献值（2020年春季）　　　单位：μg/m^3

地区	贡献值	地区	贡献值	地区	贡献值	地区	贡献值
本地	13.58	赣州	0.93	抚州	1.55	新余	0.62
萍乡	0.36	宜春	0.71	赣北	2.96	郴州	0.10
株洲	0.36	其他	7.23				

表12-7　模拟时段内不同地区对吉安市PM$_{2.5}$贡献值（2020年夏季）　　　单位：μg/m^3

地区	贡献值	地区	贡献值	地区	贡献值	地区	贡献值
本地	6.20	赣州	0.61	抚州	0.04	新余	0.06
萍乡	0.29	宜春	0.02	赣北	3.10	郴州	0.79
株洲	1.51	其他	6.77				

12.4　小结

根据受体模型PMF解析及误差分析选定了6种排放来源，源解析模型结果显示，吉安市PM$_{2.5}$的主要三大来源为：二次转化（26.4%）、工业源（21.2%）和机动车（16.6%）。PM$_{2.5}$来源贡献呈现出季节变化特征，冬季二次转化占比最高达34.6%，而夏季工业源（26.0%）和机动车尾气（20.6%）贡献较高。

基于后向轨迹分析法的PSCF和CWT结果显示，污染物传输方向具有明显的季节性：冬春季节主要受到来自南北方向气团的影响；夏季主要受到来自西南方向气团的影响，如广东广州等地；秋季主要受到来自东北方向气团的影响，如湖北、安徽和浙江等地。

CAMx模拟结果显示2019年秋季和冬季PM$_{2.5}$浓度稍高于国家二级标准，而2020年春季和夏季PM$_{2.5}$浓度较低，明显低于国家二级标准。PM$_{2.5}$排放贡献仍以本地为主，占比37.6%~47.8%。对于周边区域传输而言，秋冬季多为吉安市东北部城市，如新余、宜春等，而春夏季尤其是夏季多为吉安市南部城市，如郴州、抚州、赣州等。

因此，今后对于吉安市PM$_{2.5}$治理工作，在本地来源方面，应加强对于工业源和移动源的治理，工业源应注重对于电子信息等特色产业的大气污染治理工作，而移动源可大力推动新能源汽车；而对于外来传输源，需采取区域联防联控举措。要注重在优化自身产业布局、节能减排的同时，需要在政府部门领导下与周边省市加强沟通和合作，坚持属地管理与区域联动相结合。根据周边区域污染特点，建立大气污染联防联控机制，减小区域传输贡献对本地空气质量的影响。特别是秋冬季在周边高污染城市有橙色或红色预警时，可结合实际情况在本地进行工业源或交通源的减排，减少周边区域传输的影响，从而进一步巩固当前成果。

第十三章　吉安市PM₂.₅污染过程分析

随着我国工业化、城市化进程的快速推进，我国京津冀、长三角、珠三角和成渝平原等地区特别是秋冬季，以大气环境中PM$_{2.5}$浓度极高为特征的长时间区域性灰霾污染频繁发生。PM$_{2.5}$可以影响太阳辐射和云的形成，从而影响地球的能见度、天气和气候变化。在中国，气溶胶污染导致的光辐照度下降导致了农作物减产超过2%，中国约140万人因长期暴露在高浓度PM$_{2.5}$下而过早死亡。大气环境中PM$_{2.5}$化学/物理性质变化对其他方面具有深远影响。

当前，大气污染已经成为影响我国经济社会可持续发展和人民群众身体健康的突出环境问题、社会问题。为切实加快经济发展方式转变，有力促进我国经济社会可持续发展，全力推进我国重点区域大气污染防治，大力改善区域大气环境质量，着力保障人民群众身体健康，有效维护大气环境安全，国务院批复了《重点区域大气污染防治"十二五"规划》（国函〔2012〕146号），发布了《大气污染防治行动计划》，成为我国当前和今后统领大气污染防治工作的纲领性文件。

随着经济高速发展，城市化进程进一步加快，城市大气污染问题已成为世界各国面临的主要环境问题之一。《打赢蓝天保卫战三年行动计划》中明确指出长三角地区是我国大气污染防治的重点区域之一。随着长三角地区城市群规模的扩大，高强度的工业生产，高速膨胀的城市不仅使本地区的大气质量恶化、大气容量减小，而且使城市间污染缓冲距离减小，导致长三角地区大气污染呈现污染复合型和区域性特点，重污染天气常常在区域内大范围同时出现，原本属于不同城市的环境问题转变成区域性环境问题。

长三角地区PM$_{2.5}$的空间分布特征总体也呈现出东低西高、南低北高的态势，但季节差异较大，同一城市不同季节PM$_{2.5}$浓度变化大。从时间上来看，春季各地差异较小，夏季、秋季、冬季区域差异较大。在我国环境空气质量标准中，PM$_{2.5}$的年平均二级标准浓度限值为35 μg/m³。长三角地区颗粒污染物是冬季浓度最高，夏季浓度最低，一方面因为夏季扩散条件好，降雨多，地区环境容量大，而冬季条件却相反；另一方面，由于受冬季风或寒潮影响，污染物传输也会叠加影响长三角地区，造成冬季污染物浓度高。对大气颗粒物污染过程、类型和特征进行分析，有利于了解污染主要影响因子和驱动因素。本章针对吉安市2019—2020年观测期间的污染过程进行分析。

13.1 颗粒物组分变化

研究雾霾污染的特征和形成机理，对于政府制定有效的大气污染防治策略具有重要意义。吉安市空气质量整体优良，观测期间未出现重污染天气。为了研究吉安市大气颗粒物污染变化过程，探究污染形成的主要影响因素，在本书中，平均浓度为$PM_{2.5}<35\ \mu g/m^3$、$35\ \mu g/m^3 < PM_{2.5}<75\ \mu g/m^3$和$PM_{2.5}>75\ \mu g/m^3$的情况被划分为清洁（CL）、中度污染（MP）和重度污染（HP）天。清洁、中度污染和重度污染期间的$PM_{2.5}$浓度分别为（21.6±2.1）$\mu g/m^3$、（46.5±4.3）$\mu g/m^3$和（78.2±9.6）$\mu g/m^3$，污染日的平均浓度为清洁天数的3～5倍（图13-1）。

有机物OM和二次无机盐SIA（SO_4^{2-}、NO_3^-、NH_4^+）是颗粒物主要成分，在清洁天分别占到$PM_{2.5}$质量的44.9%和28.3%，而在污染日，OM降低至8.9%，SIA升高至42.2%。OM浓度无明显变化，但污染天的SIA浓度从3.5 $\mu g/m^3$增加到11.4 $\mu g/m^3$，这说明SIA的快速转化是形成雾霾污染天的重要原因。在SIA中，清洁、中度污染和重度污染期间的NO_3^-浓度分别为（1.0±1.2）$\mu g/m^3$、（3.4±1.2）$\mu g/m^3$和（4.5±1.2）$\mu g/m^3$，并且污染日的平均浓度可以是清洁天数的2倍，不同污染水平下的SO_4^{2-}和NH_4^+也与NO_3^-表现出相似的规律。EC和Cl^-是另外两个主要元素，在污染过程中EC的比例降低而Cl^-升高，表明无机气溶胶的二次转化在雾霾形成中起重要作用。随着污染的发展，扬尘中$PM_{2.5}$的浓度显著增加。矿物尘浓度从清洁日的2.0 $\mu g/m^3$到重度污染日的11.4 $\mu g/m^3$，增加了5倍多。

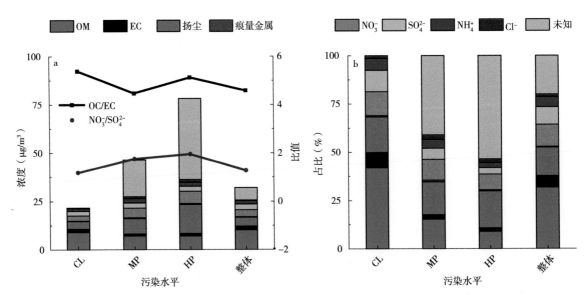

图13-1 吉安不同污染水平下化学成分浓度、占比以及OC/EC和NO_3^-/SO_4^{2-}变化

NO_3^-、SO_4^{2-}质量浓度比（NO_3^-/SO_4^{2-}）已被广泛用于指示大气中固定源与移动源排放的硝酸盐和硫酸盐对气溶胶的相对贡献。燃煤和机动车对硝酸盐和硫酸盐的排放有很大贡献。较高的NO_3^-/SO_4^{2-}表示移动源与固定排放源相比占主导地位。由于高硫含量煤炭的广泛使用，以前研究中NO_3^-/SO_4^{2-}通常较低（0.3~0.5）。为了改善空气质量，近年来，我国大部分地区已严格禁止使用散煤，但机动车保有量却在增加。北京、天津和石家庄的NO_3^-/SO_4^{2-}分别为1.25、0.97和0.92，成都为0.61~0.88。尽管北京和成都是我国机动车数量最多的两个城市，但在清洁、中度污染和重度污染下吉安市的NO_3^-/SO_4^{2-}分别为1.2±0.9、1.8±0.7和2.0±1.1，比值高于上述大城市，这表明来自移动源的污染物排放在吉安市颗粒物污染中越来越占主导地位。OC、EC的比值（OC/EC）可用于指示碳质气溶胶的来源。先前的研究表明，车辆废气，煤炭燃烧和生物质燃烧的OC/EC分别为0.2~1.6、0.1~7.6和3.9~7.7。吉安市清洁、中度污染和重度污染天的OC/EC分别为5.4±2.4、4.5±2.6和5.1±2.5，表明生物质和燃煤燃烧对吉安市的颗粒物污染有一定影响。

13.2　二次转化

除了主要的NO_3^-、SO_4^{2-}和OC排放外，氧化反应和非均相反应等因素也会使颗粒物前体物转化产生二次排放。EC反应活性较低，通常是从一次源排放出来的。因此，其他组分与EC的比值被广泛用来表示二次生成的贡献。本书计算了不同污染水平的NO_3^-/EC、SO_4^{2-}/EC和SOC/EC，以确定二次转化对雾霾污染的贡献。基于最小比值法计算的二次有机碳SOC［SOC=OC-EC（OC/EC）$_{一次}$］的变化情况，同时，硫氧化比［SOR=nSO_4^{2-}/（nSO_4^{2-}+nSO_2），其中n表示为摩尔浓度］，氮氧化比［NOR=nNO_3^-/（nNO_3^-+nNO_2）］和SOC/OC也被用于探究二次有机气溶胶的形成机制。较高的SOR和NOR表明在大气环境中更多的气态SO_2和NO_2转化为硫酸盐和硝酸盐。图13-2显示了在不同污染天中SOR、NOR和SOC/OC的变化以及SOR、NOR和SOC/OC与T、RH和O_3浓度的相关性。

在污染天观察到较高的NO_3^-/EC、SO_4^{2-}/EC、SOR和NOR，表明在污染期硝酸盐的二次生成增加。平均SOR从清洁天期间的0.18增加到中度污染期间的0.22，增加了22%，但清洁天和重度污染天之间没有明显差异。这些数值远低于北京（0.6）、西安（0.44）和石家庄（0.61），但与郑州（0.10~0.23）和新乡（0.14~0.21）等欠发达城市的情况类似，这表明吉安的大气氧化能力相对于大城市较低。NOR从清洁天期间的0.11上升到了中度污染期间的0.21和重度污染期间的0.20，增加了约2倍，并且比SOR高得多，表明在污染期从气态前体到颗粒态硝酸盐的形成比硫酸盐更强。在很多其他中国城市都观测到了类似的变化。

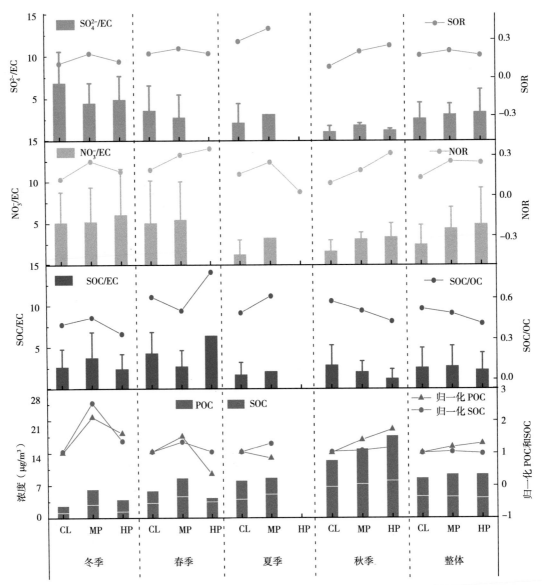

图13-2 不同季节不同污染时期NO_3^-/EC、SO_4^{2-}/EC、SOC/EC质量比，POC和SOC浓度以及SOR和NOR的变化

通常，SO_4^{2-}主要由OH自由基下的SO_2通过均相气相反应，或在过渡催化下与溶解的强氧化剂如H_2O_2或O_3进行多相反应形成，具有催化活性的离子包括Fe^{3+}、Cu^{2+}和Mn^{2+}。SOR随相对湿度（RH）的增加呈现增加的趋势，表明非均相反应可能是二次硫酸盐形成的重要因素。SOR和温度（T）之间（$r=0.55$，$P<0.05$，数据未显示）以及SOR和O_3浓度（$r=0.46$，$P<0.05$）之间均存在正相关关系，表明强烈的光化学反应也可能导致较高的SOR。冬季SO_4^{2-}浓度与Cl^-和EC呈正相关（图13-3）。

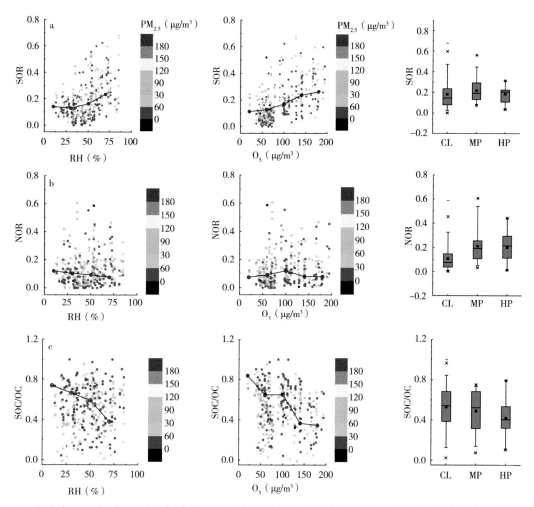

图13-3 吉安市SOR（a）、NOR（b）和SOC/OC（c）与相对湿度（RH）、臭氧（O₃）和污染程度的相关性

NO_3^-主要通过2种均相反应途径形成。一是NO_2与OH基反应生成硝酸（HNO_3），HNO_3与NH_3反应生成NO_3^-气溶胶。该路径在白天占主导地位，在一定程度上与T、RH和O₃有关。二是NO_2首先与硝酸盐（由O₃产生）反应，然后与五氧化二氮（N_2O_5）反应，N_2O_5再与湿气溶胶表面的水反应释放出HNO_3，并进一步产生与路径一相同的NO_3^-气溶胶。该路径在夜晚占主导地位。如图13-3所示，在污染天观测到较高的NOR，但NOR在T、RH和O₃的不同区间下均保持稳定。这表明由于非均相反应和光化学反应较弱，NO_3^-的形成受到抑制。大气边界层的降低可能是不同污染时期NOR增加的重要原因。

冬季和秋季的NO_3^-/EC、SO_4^{2-}/EC相对高于其他季节。如图13-4所示，浓雾污染主要发生在冬季和秋季，同时具有较高的相对湿度（51.1%）、较低的温度（1.1 ℃）、较低的风速（2.2 m/s）和较低的边界层高度。对于前体物，清洁天、中度和重度污染期间的SO_2浓度分别为（10.9±4.4）μg/m³、（13.5±4.3）μg/m³和（15.5±3.8）μg/m³；NO_2分别为（23.9±11.3）μg/m³、

（29.2±15.0）μg/m³和（33.8±12.7）μg/m³。先前的研究表明，由于冬天积累的前体物浓度和冬季的不利天气条件，非均相反应是冬季形成NO_3^-和SO_4^{2-}的主要因素，而光化学反应对于强太阳辐射和高O_3浓度的化学反应也起到了重要作用。但O_3污染通常发生在夏季，雾霾天的光化学反应减弱，导致NO_3^-/EC、SO_4^{2-}/EC在污染天较低。

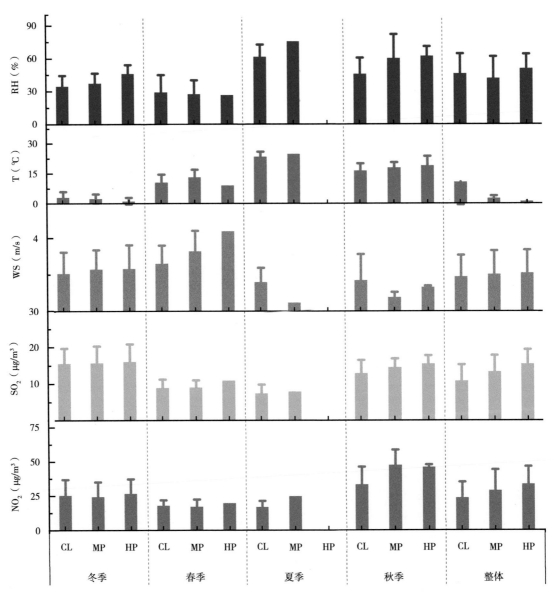

图13-4　不同季节相对湿度（RH）、温度（T）和风速（WS）以及大气污染物（SO_2和NO_2）浓度的变化

　　碳质气溶胶可以直接来自颗粒物（一次排放），也可以由挥发性有机化合物（VOCs）氧化（二次排放）产生。在不同的污染时段，OC的浓度变化很小，但是从清洁天到重度污染

天，SOC/OC和SOC/EC明显降低。SOC的形成与光化学反应有关，日照弱是造成污染天SOC/EC降低的主要原因。颗粒物重污染期间的O$_3$浓度降至（68.2±23.4）μg/m^3，而清洁天期间为（97.8±42.7）μg/m^3。因此，夏季的SOC/OC通常大于冬季，夏季和秋季的SOC浓度明显高于其他季节。SOC表现出随着T、RH和O$_3$的增加而降低的趋势。低温有利于在现有颗粒上形成的半挥发性有机化合物的冷凝和吸附。一般而言，随着O$_3$污染的恶化，光化学活性增强，但随着O$_3$浓度的增加，SOC/OC降低，这可能导致污染天的POC排放增加。春季POC和K$^+$之间显著正相关（r=0.45~0.65，P<0.05），这表明春季生物质燃烧将是POC排放的重要来源。我国春季经常会露天秸秆焚烧，以除去农田中多余的秸秆进行播种。VOCs浓度累积和不利的天气条件等因素可能会增加污染天的SOC/OC，但较弱的光照强度导致SOC转化较少。

13.3　排放源变化

根据前面内容已经确定吉安颗粒物可能的排放源包括燃煤源、机动车、工业源、生物质燃烧、二次源和扬尘源。在此，探讨不同污染水平下污染源的变化情况。

对于不同污染水平情况，二次转化、工业排放、机动车、生物质和燃煤占主导地位（图13-5）。在污染天，SIA的来源占主导地位（>30%），这与颗粒物污染演变过程中SIA的化学成分变化一致，再次表明二次无机盐的转化是雾霾形成的重要驱动因素。同时，与NO$_3^-$/SO$_4^{2-}$的变化一致，污染天来自汽车尾气的贡献大于清洁天，洁净天燃煤的贡献比重更大一些。总体而言，燃烧源和二次无机来源是减少空气污染物排放的关键因素。控制工业和机动车排放、减少生物质和煤炭焚烧、推广新能源仍然是空气污染控制重要措施之一。

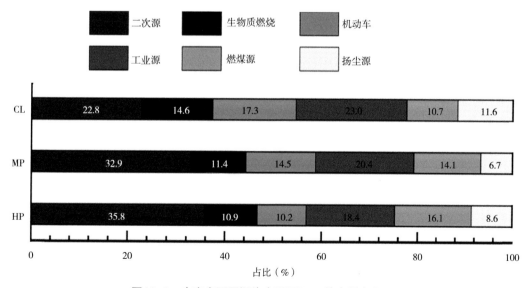

图13-5　吉安市不同污染水平下PM$_{2.5}$的来源变化

13.4 小结

基于4个站点的实地观测数据探索了吉安市大气颗粒物过程变化特征。从$PM_{2.5}$的化学成分、形成机理和污染源贡献方面进行了分析。根据$PM_{2.5}<35\ \mu g/m^3$、$35\ \mu g/m^3<PM_{2.5}<75\ \mu g/m^3$和$PM_{2.5}>75\ \mu g/m^3$的情况针对污染水平进行了划分。

各个污染期间的$PM_{2.5}$浓度分别为（21.6 ± 2.1）$\mu g/m^3$、（46.5 ± 4.3）$\mu g/m^3$和（78.2 ± 9.6）$\mu g/m^3$，污染天的平均浓度为清洁天的3~5倍。吉安市$PM_{2.5}$浓度值远低于中国大城市。

随着$PM_{2.5}$污染过程的演化，观察到较高的NO_3^-/EC（2.7~5.0）、SO_4^{2-}/EC（2.6~3.2）、SOR（0.18~0.22）和NOR（0.11~0.21），并且存在明显的二次转化过程。非均相反应是二次硫酸盐形成的重要影响因素。在污染时期，从气态前体物到颗粒态硝酸盐形成比硫酸盐强。SOC/OC（0.42~0.53）和SOC/EC（2.4~2.9）从清洁天到重度污染天明显降低，这是由污染天的POC排放增加所致。

使用PMF模型确定的排放源、燃烧源和二次无机来源是减少空气污染物排放的关键因素。控制工业和机动车排放、减少生物质和煤炭燃烧是空气污染控制重要措施之一。

第十四章 吉安市大气颗粒物污染及防治对策

14.1 大气颗粒物源解析

14.1.1 大气污染物排放清单结论

对大气污染源及各类污染物排放特征进行了分析研究，结果显示，吉安市SO_2排放主要来自工艺过程源，占比达61.21%，二级污染源以电力行业，水泥行业和砖瓦、石材等建筑材料制造业贡献为主；NO_x排放主要来自化石燃料固定燃烧源和移动源，占比分别为33.22%和51.34%，二级污染源以电力行业和机动车排放为主；PM_{10}和$PM_{2.5}$排放主要来自工艺过程源、化石燃料固定燃烧源和扬尘源，二级污染源以金属制品业，砖瓦、石材等建筑材料制造业，道路扬尘源和民用燃烧源为主；VOCs排放主要来自工艺过程源，占比高达63.35%；NH_3排放主要来自农业源，占比88.09%；CO排放主要来自工艺过程源和化石燃料固定燃烧源，占比分别为53.42%和38.80%；BC、OC排放主要来自工艺过程源和民用燃烧源。

14.1.2 颗粒物污染特征分析结论

吉安市整个采样期间膜采样$PM_{2.5}$平均浓度低于《环境空气质量标准》（GB 3095—2012）日平均浓度75 μg/m³的限值，接近35 μg/m³，空气质量良好。4个站点均受工业源、交通的燃煤燃油等人为源影响较大，需要加强对机动车辆、工业等方面污染排放的管控。$PM_{2.5}$质量浓度的重构中OM和二次无机离子在$PM_{2.5}$中占比较高，说明吉安市受工业、生活燃烧源和二次污染影响较大。二次污染水平低于其他各城市水平，污染程度较低。（NH_4）$_2SO_4$和NH_4NO_3均是吉安市NH_4^+的重要存在形式。

吉安市4个观测站点的整体源解析结果表明，机动车、工业源和二次源在颗粒物来源中占据主导地位，生物质燃烧、燃煤和扬尘等排放源也占一定的比例。因此，需要针对各排放污染源制定针对性措施。传输方向具有明显的季节性：冬春季节主要受到来自南、北两个方向气团的影响；夏季主要受到来自西南方向气团的影响；秋季主要受到来自东北方向气团的影响。传输来源区域存在大量的交通、工业、生物质燃烧、燃煤和溶剂使用等污染源，因此，需要加强对周边区域污染传输的预警预报。根据季节差异，有区别地制定区域内大气污染治理联防联控措施。

14.1.3 空气质量模型结论

CAMx模拟结果显示，2019年秋季和冬季PM$_{2.5}$浓度稍高于国家二级标准，而2020年春季和夏季PM$_{2.5}$浓度较低，明显低于国家二级标准。PM$_{2.5}$排放贡献仍以本地为主，占比37.6%～47.8%。对于域外传输而言，秋、冬季多为吉安市东北部城市，如新余、宜春等，而春、夏季尤其是夏季多为吉安市南部城市，如郴州、抚州、赣州等。因此，今后应加强秋、冬季对PM$_{2.5}$的管控，尤其应加强对工业源的管控，在有橙色或红色预警时，对大气污染物重点排放企业适当进行限产和关停。

此外，通过区域来源解析可以发现，周边省市对吉安市空气质量影响较大。结合周边情景模拟发现，周边只有严格落实空气质量目标，与吉安市同步减排才能促进吉安市空气质量稳定达标。因此，应加强与周边区域的联防联控，依托区域监测和信息平台，逐步建立区域重污染应急管理系统和区域大气污染物决策支持系统，推动区域内信息共享，为区域联防联控提供支撑。

14.2 大气颗粒物污染防治对策

习近平总书记在2018年全国生态环境保护大会上强调，在环境质量底线方面，生态环境质量只能更好，不能变坏，对生态破坏严重、环境质量恶化的区域必须严肃问责。吉安市各级党政领导班子和领导干部要进一步提高政治站位，保持治霾战略定力，紧盯空气质量改善目标，坚持方向不变，力度不减，围绕重点区域、重点领域、重点时段、重点环节，突出精准治污，科学治污，依法治污，加快四个结构调整，加快补齐生态环境短板，坚决打赢蓝天保卫战。根据监测结果，吉安市空气质量良好，需要保持污染控制措施力度。针对机动车尾气、工业源、生物质燃烧、燃煤和扬尘等几大污染源，根据站点及大气颗粒物情况进行动态化调控，按照环境质量"只能更好，不能变坏"的原则，结合源解析结果，提出以下建议。

第一，切实强化组织推动。吉安市、县两级要进一步提高政治站位，坚决扛起打赢蓝天保卫战政治责任，全市上下特别是各级党政领导班子成员要统一思想、形成共识、凝聚合力，严格落实生态环境保护"党政同责，一岗双责"要求，市有关部门要落实行业管理责任，把"管发展的管环保，管行业的管环保，管生产的管环保"体现在经济社会发展各领域，系统细致研究，找准问题症结，加强调度督导，加大推进力度，提高治理水平。各县（市、区）要牢牢压实属地责任，督促乡镇（街道）、村庄履行治污责任，完善对空气质量恶化、问题突出区域包联机制，形成主要领导定期调度、各分管领导牵头推进、职能部门协力监管的工作格局。要建立和完善决策科学、运转高效、各负其责、协调联动的工作体制机制，不断巩固和完善制度成果，为大气污染治理提供强有力的制度支撑和体制保障，全面推动环境空气质量持续改善。同时，制定完善导向明确、目标明确、责任明确、法度清晰、可操作性强的考核问责体系，真督严考、敢于亮剑，对蓝天保卫战中的各种不作为、慢作为的行为要敢于说"不"，通过加强考核督导力度，真正发挥制度的奖优罚劣作用，切实打通落实"最后一公里"。

第二，切实强化结构优化调整。①加快推进吉安市落后产能退出、重污染企业退城搬迁，加快解决"重化围城、城中有钢"的问题，积极探索特色产业集群清洁化改造。②加大工业治理力度，继续对重点排放大户实施总量控制，确保排污总量同比下降30%以上，完成重点减排工程，对工业企业炉窑和涉VOCs企业进行综合整治，对传统产业实行分类整治，健全和落实应急减排"一厂一策"措施，提高工业企业治理水平。③深入抓好散煤整治，鼓励有条件的山区探索空气能热泵、生物质能清洁化利用。严厉打击劣质煤流通和使用，严防散煤复燃。④持续抓好机动车污染治理，大力推动"公转铁"，完成铁路专线建设。进一步提高工矿企业铁路货运比例。推进全市重点用车大户货物运输车辆使用国五以上排放标准的柴油车或清洁能源、新能源车辆，加快淘汰现有国三营运重型柴油货车和提标改造符合条件的重型柴油货车。科学有效设定柴油货车绕行线路，加强机动车尾气路检路查和油品清洁整治。⑤精细抓好面源污染管控。加强法律法规宣传，建设工程施工、建（构）筑物拆除、装饰装修、物料运输、物料堆放、园林绿化、道路养护保洁、矿产资源开采加工等逐条对标规范扬尘防治措施，充分利用禁烧高清视频监控和红外报警系统，及时发现和处置露天焚烧秸秆、垃圾、工业废料等问题。全面禁止燃放烟花爆竹。

第三，切实强化秋冬季大气污染治理攻坚。统筹组织实施2—3月大气污染综合治理攻坚，深入开展扬尘污染达标整治、严禁秸秆和垃圾露天焚烧、严控柴油货车污染、强化工业企业和锅炉监管、排查整治"散乱污"企业、推进超低排放改造、科学精准高质量应对重污染天气等行动，实施系列攻坚工程，实现PM$_{2.5}$平均浓度大幅下降，达到年度目标时序进度要求。

第四，切实强化督察执法监管。扎实推进生态环境部强化监督、省大气治理调研帮扶、省生态环境保护督察和省大气环境执法专项行动交办问题的整改，坚持举一反三、全面整改，加大对县级党委、政府和有关部门督察力度，对涉气环境问题突出、屡查屡犯、长期得不到彻底整改以及空气质量持续恶化的县（市、区），适时开展驻点解剖式督察，深挖问题根源，倒推责任落实。对负有大气污染监督管理责任的发改、工信、生态环境、住建、城管、交通、自然资源、市场监管等相关部门开展专项督察，督促落实重点任务，对工作不力的严肃追责问责。统筹环境执法力量，持续保持严厉打击环境违法行为的高压态势。综合运用按日连续处罚、查封扣押、限产停产、移送行政拘留等手段，严厉打击偷排偷放、超标排污等环境违法行为。完善大气环境监管大数据平台建设，运用分表计电、远程执法、视频监测等手段，提升执法效能。

第五，切实加强区域联防联控。认真落实省委省政府关于全面排查污染源的有关部署要求，对各类涉气污染源开展拉网式、全覆盖的大排查，严明县、乡、村的排查责任，建立污染源清单和监管整改要求。吉安市在抓好主城区大气治理的同时，要格外强化城乡统筹，下力抓好市区周边传输通道县（市）污染治理，做到统一规划、统一标准、统一执法，实现城乡共建共治共享。

为认真贯彻落实党的十九大精神，坚决打赢蓝天保卫战，确保吉安市空气环境质量持续根本性好转，不断满足人民日益增长的优美生态环境需要，完成达标考核目标，根据《中华人民共和国大气污染防治法》及有关法律法规规定，结合吉安市实际，提出以下建议措施。

14.2.1 秋、冬季大气质量管控方案

14.2.1.1 调整优化产业结构

推进工业园区升级改造。按照"标杆建设一批、改造提升一批、优化整合一批、淘汰退出一批"的总体要求，制定综合整治方案，从生产工艺、产品质量、安全生产、产能规模、燃料类型、原辅材料替代、污染治理、大宗货物运输等方面提出具体治理任务，统一标准和时间表，提升产业发展质量和环保治理水平。要依法开展整治，坚决反对"一刀切"。要扶持树立标杆企业，引领集群转型升级；对保留的企业，实现有组织排放口全面达标排放，加强生产工艺过程、物料储存和运输无组织排放管控；制订集群清洁运输方案，优先采取铁路、水运、管道等方式运输；推广集中供气供热或建设清洁低碳能源中心；鼓励具备条件的地区建设集中涂装中心、有机溶剂集中回收处置中心等。

坚决治理"散乱污"企业。各县（市、区）统一"散乱污"企业认定标准和整治要求。各城市要根据产业政策、布局规划，以及土地、环保、质量、安全、能耗等要求，对"散乱污"企业分类处置。提升改造类的，要对标先进企业实施深度治理。进一步夯实网格化管理，落实街道（乡、镇）属地管理责任，强化部门联动，重点关注农村、城乡接合部、行政区交界等区域，坚决遏制"散乱污"企业死灰复燃、异地转移。创新监管方式，充分运用电网公司专用变压器电量数据以及卫星遥感、无人机等技术，定期开展排查整治，实现"散乱污"企业动态管理。

提升企业VOCs综合治理水平。加强指导帮扶，对VOCs排放量较大的企业，组织编制"一厂一策"方案。市场监管总局出台低VOCs含量涂料产品技术要求。大力推广使用低VOCs含量涂料、油墨、胶黏剂，在技术成熟的家具、集装箱、汽车制造、船舶制造、机械设备制造、汽修、印刷等行业，推进企业全面实施源头替代。各地应将低VOCs含量产品优先纳入政府采购名录，并在市政工程中率先推广使用。

控制燃煤引起的大气污染，主要是控制燃煤利用过程中各个环节的污染源头，另一重要且有效的措施就是在所有的生产和生活领域大力发展清洁节能技术。根据煤炭加工与转化技术，做好选煤工作，提高煤的燃烧效率。充分利用低NO_x燃烧技术和烟气净化降低NO_x技术，除优先燃用优质低硫煤、洗选煤等低污染燃料或其他清洁能源外，烟气脱硫（FGD）是最实用的方案。利用溶剂吸收法、变压吸附法、低温精馏法、固体膜分离法等方法回收利用CO_2。

针对电子信息产业组织开展能耗统计调查，为节能监控体系提供支持，狠抓行业耗能重点。组织开展节能产品的推广应用工作；推动废旧电子产品的综合利用，促进产业循环发展。加强节能技术的宣传引导，为产业节能减排争取政策支持。在燃烧系统、余热利用、绝缘保温、自动控制、热工检测技术性能等方面提高能源利用效率。改造旧式电子工业炉窑，全面提高其热效率已成为电子信息产业节能减排的重要任务。引进能源综合管理系统等信息技术，实现关键生产工艺装置的长期安全稳定运行。

构建化学品环境风险防控体系，严格化学品环境管理，全面加强化学品环境风险防控能力，切实保障人体健康和环境安全。针对化学品生产、加工、储存、运输、使用、回收和废物处置等多个环节加强管控，预防化学品生产事故、交通运输事故、违法排污等原因引发的突发环境事件。以科学发展观为指导，以建立健全化学品环境风险防控体系为目标，以夯实化学品环境管理和风险防控能力为重点，以法制建设和机构建设为抓手，突出重点防控化学品，控制特征污染物排放，提高预警应急水平，有效遏制化学品环境污染和突发环境事件高发态势，防范化学品导致的人体健康和环境风险，初步构建符合化学品管理科学规律、具有中国特色的化学品环境管理机制，为全面推进化学品环境管理和风险防控奠定坚实基础。基本原则：①预防为主，全程防控。坚持源头预防，积极主动做好环境风险预防，严格准入，优化布局，建立涵盖测试、评估、登记、排放、监管、处置、应急、责任追究等全过程的防控体系。②突出重点，分类实施。针对不同类型的环境风险防控物质对象，实施不同的防控对策，大力推进重点防控行业、企业的化学品环境管理和风险防控，提高化工园区环境风险防范水平。③制度先行，夯实基础。重点强化化学品环境风险防控主要环节、薄弱环节的制度建设，加强调查、测试、评估、管理、科研、培训等支撑体系建设。政府主导，企业负责。大力强化规划、准入、标准、审批、监管、预案、应急等手段，引导和推动化学品环境风险防范；化学品相关企业担负化学品环境风险防控主体责任，负责落实各项管理规定和要求，预防和减少化学品突发环境事件发生。④重点防控化学品。根据环境风险来源和风险类型的不同，确定环境风险重点防控对象。一是根据重点环境管理危险化学品清单，重点考虑生产量、使用量、环境危害性、生物蓄积性等因素，确定累积风险类重点防控化学品。通过源头预防、减少暴露、加强登记、排放转移报告等措施控制风险。二是根据近年来引发突发环境事件频次、危害影响等因素，确定突发环境事件高发类重点防控化学品。通过严格管理、加强预警应急、强化响应等措施，遏制突发环境事件高发态势。三是根据行业排放标准要求、环境危害性等因素，确定特征污染物类重点防控化学品。通过强化环评、完善标准、加强监测、强化监管等措施，控制排放并逐步减少向环境的排放。

我国的金属冶炼业主要表现形式是国有企业，国有企业的金属冶炼生产线众多、冶炼技术复杂、排放气体众多。有色金属工业废气是指在有色金属采矿、选矿、冶炼、加工生产及其相关过程中，因凿岩、爆破、矿石破碎、筛分和运输、金属冶炼和加工、燃料燃烧等产生的含污染物质的有毒有害气体。有色金属工业废气按照其性质大致可分为3类：第一类为采矿、选矿过程中产生的以粉尘为主的废气；第二类为有色金属冶炼过程中产生的含硫、氟或氯的冶炼废气；第三类为有色金属加工过程中排放的含酸、含碱废气。有色金属工业废气排放以无机物为主，废气成分复杂，排放量较大，污染面较广，治理难度较大。在一些有色金属冶炼过程中，Hg、Cd、As等污染物会随高温烟气排出，其中有色金属冶炼是Hg排放的最主要来源。采矿、选矿矿井粉尘处理技术根据污染过程，可以分为尘源控制和粉尘传播途径控制等两大类。控制尘源是指在采矿作业的各个工序内采取特殊方式来达到有效抑制粉尘的产生。控制粉尘的传播总的来说分为干式和湿式除尘两大类。烟气脱硫是世界上唯一被大规模商业化应用的脱硫方法。根据脱硫剂的类型分为湿法、干法和半干法。湿法烟气脱硫应用最为广泛，而湿法烟气脱硫中石灰/石灰石-石膏法是目前世界上最成熟、运行状况最稳定的脱硫工艺。氟化物的处理方法分为湿法净化和干法净化两类。含氯烟气的处理技术视其浓度高低而定。当烟气中氯气体积分数大于1%时采用回收方法，通常的方法是用水、四氯化碳或一氯化硫等吸收质进行吸收，之后将吸收溶液送到解吸塔解吸，并回收氯。当氯气浓度比较低时可以使用氢氧化钠水溶液或石灰乳吸收氯气，也可以使用二氧化铁溶液吸收含氯烟气。

14.2.1.2　优化调整能源结构

深入开展锅炉综合整治。继续推进燃煤锅炉淘汰改造工作，全面完成燃煤锅炉整治任务。加快建设天然气基础设施互联互通重点工程，确保按计划建成投产。落实切断市区高污染燃料禁燃区内煤炭流通渠道。加大生物质锅炉治理力度。各地结合第二次污染源普查，对生物质锅炉逐一开展环保检查，建立管理台账，对不能稳定达标排放的依法实施停产整治。生物质锅炉数量较多的地区要制定综合整治方案，开展专项整治。生物质锅炉应采用专用锅炉，配套旋风+布袋等高效除尘设施，禁止掺烧煤炭、垃圾、工业固体废物等其他物料。积极推进城市建成区生物质锅炉超低排放改造。推进4蒸吨/h及以上的生物质锅炉安装烟气排放自动监控设施，并与生态环境部门联网。未安装自动监控设施的生物质锅炉，原则上一年内应更换一次布袋，并保留相应记录。

严格控制煤炭消费总量。强化源头管控，严控新增用煤，对新增耗煤项目实施等量或减量替代；着力削减非电用煤，重点压减高耗能、高排放、产能过剩行业及落后产能用煤。加快推进30万kW及以上热电联产机组供热半径15 km范围内的燃煤锅炉和低效燃煤小热电关停整合。对以煤为燃料的工业炉窑，加快使用清洁低碳能源以及利用工厂余热、电厂热力等进行替代。切断市区高污染燃料禁燃区内煤炭流通渠道。

严格控制露天焚烧。吉安市农村地区冬季露天焚烧杂草、落叶、垃圾等现象较为普遍，对空气质量的影响极大。强化各级政府主体责任，建立全覆盖网格化监管体系，加强"定点、定时、定人、定责"管控，综合运用卫星遥感、高清视频监控等手段，加强露天焚烧监管。

14.2.1.3　积极调整运输结构

加快推进港口、码头、铁路多式联运体系建设。加快实施《长三角区域港口货运和集装箱转运专项治理（含岸电使用）实施方案》，推动吉安市港水水中转、江海直达和江海联运配套码头、锚地等设施技术改造。推动港口集团码头一体化整合、沿江港口和集装箱码头整合并购，支持集装箱"弃路改水"；主要港口的矿石、焦炭等大宗货物原则上主要改由铁路或水路运输。确保港口全面接入集疏港铁路。

加快推进老旧车船淘汰。加快淘汰国三及以下排放标准的柴油货车、采用稀薄燃烧技术或"油改气"的老旧燃气车辆。各地应制订老旧柴油货车淘汰任务及实施计划。各地景区、娱乐场所新增车船全部采用新能源车船，逐步将已有车船替换为新能源车船，大力推动20 a以上的内河船舶淘汰。

严肃查处机动车超标排放行为。建成移动式机动车尾气遥感监测设备。强化多部门联合执法，完善生态环境部门监测取证、公安交管部门实施处罚、交通运输部门监督维修的联合监管模式，并通过国家机动车超标排放数据平台，将相关信息及时上报，实现信息共享。在主要物流货运通道和城市主要入口布设排放检测站（点），针对柴油货车等开展常态化全天候执法检查。加大对物流园、工业园、货物集散地等车辆集中停放地，以及大型工矿企业、物流货运、长途客运、公交、环卫、邮政、旅游等重点单位的入户检查力度，实现全覆盖。秋、冬季，开展柴油货车污染专项整治，要大幅增加监督抽测的柴油车数量。

开展油品质量检查专项行动。以物流基地、货运车辆停车场和休息区、油品运输车、施工工地等为重点，集中打击和清理取缔黑加油站点、流动加油车，对不达标的油品追踪溯源，查处劣质油品存储、销售集散地和生产加工企业，对涉案人员依法追究相关法律责任。开展企业自备油库专项检查，对大型工业企业、公交车场站、机场和铁路货场自备油库油品质量进行监督抽测，严禁储存和使用非标油，对不符合要求的自备油罐及装置（设施），依法依规关停并妥善拆除。加大对加油船、水上加油站、船用油品等监督检查力度，确保内河和江海直达船、船舶排放控制区内远洋船舶使用符合标准的燃油。

大力支持工业节能降耗、降本增效，实现绿色发展，重点支持开展退役新能源汽车动力蓄电池梯级利用和再利用。执行新能源汽车购置优惠政策，推动充电、加氢等设施建设。对符合条件的新能源汽车免征车辆购置税，继续实施节能、新能源车船减免车船税政策。大力推行政府绿色采购。此外，还将加快车船结构升级，加快推进城市建成区新增和更新的公交、环卫、邮政、出租、通勤、轻型物流配送车辆使用新能源或清洁能源汽车。更新公交车辆全部纯电动化，新增、更新的邮政、出租、轻型物流配送车辆实施以新能源为主的清洁能源化比例不低于85%。核发号牌的纯电动轻型、微型厢式载货汽车和纯电动轻型、微型封闭式载货汽车，不受机动车尾号及早晚高峰时段限行限制。完善充电设施建设布局，完成公共充电桩建设。

14.2.1.4　加强扬尘综合治理

加强降尘量监测质控工作，平均降尘量不得高于7 t/（月·km²），每月按时向中国环境监测总站报送降尘量监测结果并向社会公布，对降尘量高的城市和县（市、区）及时预警提醒。不断加严降尘量控制指标，实施网格化降尘量监测考核。

加强施工扬尘控制。城市施工工地严格落实工地周边围挡、物料堆放覆盖、土方开挖湿法作业、路面硬化、出入车辆清洗、渣土车辆密闭运输"六个百分之百"。5 000 m^2 及以上土石方建筑工地全部安装在线监测和视频监控设施，并与当地有关部门联网。长距离的市政、城市道路、水利等工程，要合理降低土方作业范围，实施分段施工。鼓励各地推动实施"阳光施工""阳光运输"，减少夜间施工。将扬尘管理不到位的纳入建筑市场信用管理体系；情节严重的，列入建筑市场主体"黑名单"。

强化道路扬尘管控。扩大机械化清扫范围，对城市周边道路、城市支路、可作业的背街里巷等，提高机械化清扫频次，加大清扫力度；推广主次干路高压冲洗与机扫联合作业模式，大幅降低道路积尘负荷。建立健全环卫保洁指标量化考核机制，加强城市及周边道路两侧裸土、长期闲置土地的绿化、硬化，对城市周边及物流园区周边等地柴油货车临时停车场实施路面硬化。

加强堆场、码头扬尘污染控制。对城区、城乡接合部各类煤堆、料堆、灰堆、渣土堆采取苫盖等有效抑尘措施并及时清运。加强港口作业扬尘监管，开展干散货码头扬尘专项治理，全面推进港口码头大型煤炭、矿石堆场防风抑尘、洒水等设施建设。

14.2.1.5　重污染天气应急减排

夯实应急减排清单。根据吉安市编制的重污染天气应急管控清单，在接到应急管控通知后，严格按照预警级别启动应急响应措施，强化重点行业绩效分级管控。细化红色、橙色、黄色预警级别下具体生产线、工艺环节及关键性指标的停限产措施，确保应急减排措施清单化、制度化、规范化，使管控措施可操作、可监测、可核查。依据"省下达管控指令，市县落实"的预警模式，对列入清单的重点工业企业，全面实施"一厂一策"清单化管理，并督促相关企业严格落实企业主体责任，确保更加有效开展重污染天气应对工作，切实实现"削峰降速"的减排效果，大幅改善秋、冬季空气质量，保护人民群众身体健康。

应急减排差异化管理。根据重点企业评级结果，实施动态管理措施。对于生产工艺、污染治理水平、排放强度等达到全国领先水平的A级企业原则上在重污染期间可不采取减排措施；对于达到省内标杆水平的B级企业适当减少减排措施；对其他未实施绩效分级的重点行业及非重点行业，应结合实际污染情况以及行业排放水平、对环境空气质量影响程度等，自行制定应急减排措施。

14.2.1.6　全面落实保障措施

加强空气质量网格化监测水平，实现全市所有乡镇/街道空气质量、降尘监测全覆盖。不定期对重点地区开展VOCs走航监测、颗粒物雷达扫描等，持续排查异常污染源，提升大气污染防治工作的精准度。生态环境、气象部门在每日开展空气质量预报的基础上，会商确定重点管控区域和管控事项，指导各级"点位长"有效开展工作。

加大重污染天气预警期间执法检查力度。在重污染天气应急响应期间，各地区、各部门要系统部署应急减排工作，加密执法检查频次，严厉打击不落实应急减排措施、超标排污等违法行为。要加强用电量数据、污染源自动监控数据等应用。各地要依据相关法律规定，对重污染天气预警期间实施的违法行为从严处罚，涉嫌犯罪的，移送公安机关依法查处。

提高政治站位，强化监督问责。坚决贯彻落实省委、省政府关于"打赢蓝天保卫战"工作部署，充分发挥市、县（区）政府主要领导直接分管环保工作体制机制，进一步完善"点位长"履职行为，定期调度"点位长"履职工作，确保管控措施"有人管"，出了问题"可追查"。依托已经建成的覆盖全市的高空高清视频监控以及覆盖市区所有乡镇/街道的PM$_{2.5}$监测网络，持续实施PM$_{2.5}$浓度"周排名、旬通报、月约谈"制度，对大气污染防治措施不力、PM$_{2.5}$浓度持续垫底的乡镇/街道进行约谈、曝光，综合运用排查、交办、核查、约谈、专项督察"五步法"监管机制，压实基层环保责任，扎扎实实推进大气污染防治工作。以"5+2""白+黑"的工作模式，持续开展大气污染防治攻坚，突出抓好扬尘、柴油货车、露天焚烧等影响吉安市大气环境质量的突出问题。对攻坚过程发现的环境问题，市打好污染防治攻坚战指挥部将跟踪督办，问题比较突出的，由协管副市长签发"督察令"，问题依然未能有效解决的，由大气污染防治攻坚战指挥部部长直接签发"总指挥长"督察令，同时纪检监察部门将跟进处理，涉及违法的，要依法从严处罚。

14.2.2　PM$_{2.5}$与O$_3$协同管控方案

我国已于1996年修订《环境空气质量标准》时发布了O$_3$的浓度标准，并于2012年增添了PM$_{2.5}$标准、O$_3$ 8小时标准等，但O$_3$标准在环境管理中实施成效不充分，目前以二次PM$_{2.5}$与O$_3$污染为主的大气复合污染仍然严峻。为治理大气复合污染，需基于空气质量标准，建立多污染物协同控制体系。大气复合污染具有多种污染类型叠加、多种过程耦合、多尺度污染相互作用等特点，核心驱动力是大气氧化性，代表性污染物是O$_3$。如图14-1所示，HO$_x$自由基循环是大气氧化性的动力和推进器、VOCs是导致大气氧化能力增强的"燃料"，促使O$_3$和二次气溶胶同时生成。因此，O$_3$和PM$_{2.5}$污染是一体化问题，治理重点是对其前体物进行协同控制。

PM$_{2.5}$与O$_3$污染的协同控制中，其前体物VOCs与NO$_x$的协同减排是工作的重点。目前VOCs污染防治已经得到了重视，但是VOCs排放尚未得到有效控制，排放总量依然巨大；并且VOCs的控制还存在着一系列需要解决的难点，包括源头管控技术、末端治理技术等，在一定程度上阻碍了PM$_{2.5}$与O$_3$污染协同控制方案的有效实施。因此，下一步应该重视以下方面的工作，促进PM$_{2.5}$与O$_3$的协同控制。

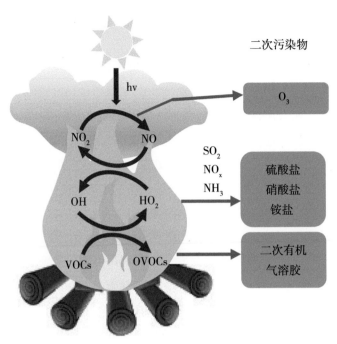

二次污染物

图14-1　大气氧化性形成机理概念图

14.2.2.1　大力推进VOCs源头替代

通过使用水性、粉末、高固体分、无溶剂、辐射固化等低VOCs含量的涂料，水性、辐射固化、植物基等低VOCs含量的油墨，水基、热熔、无溶剂、辐射固化、改性、生物降解等低VOCs含量的胶黏剂，以及低VOCs含量、低反应活性的清洗剂等，替代溶剂型涂料、油墨、胶黏剂、清洗剂等，从源头减少VOCs产生。工业涂装、包装印刷等行业要加大源头替代力度；化工行业要推广使用低（无）VOCs含量、低反应活性的原辅材料，加快对芳香烃、含卤素有机化合物的绿色替代。企业应大力推广使用低VOCs含量木器涂料、车辆涂料、机械设备涂料、集装箱涂料以及建筑物和构筑物防护涂料等，在技术成熟的行业，推广使用低VOCs含量油墨和胶黏剂，重点区域到2020年年底前基本完成。鼓励加快低VOCs含量涂料、油墨、胶黏剂等研发和生产。

14.2.2.2　全面加强VOCs无组织排放控制

加强对含VOCs物料储存、转移和输送、设备与管线组件泄漏、敞开液面逸散以及工艺过程等五类排放源VOCs管控。按照"应收尽收、分质收集"的原则，显著提高废气收集率。密封点数量大于等于2 000个的企业，开展泄漏检测与修复工作。船舶制造企业应优化涂装工艺，提高密闭喷涂比例，除船坞涂装、码头涂装、完工涂装、舾装涂装以及其他无法密闭的涂装活动外，禁止露天喷涂、晾（风）干。

14.2.2.3　深化移动源和工业源NO$_x$治理水平

加强机动车NO$_x$排放监管，落实淘汰老旧车辆，利用机动车尾气遥感监测设备监测道路机动车尾气排放水平，大力推广国六排放标准车辆及新能源车辆。严格实施非道路机械排放标准，推进重点场所清洁能源机械替代，推进超低排放改造，推进行业制定NO$_x$超低排放限值，其他涉工业炉窑的行业提高NO$_x$污染治理水平。

14.2.2.4　加快监测能力建设，完善管理体系

以VOCs监测为重点完善光化学立体监测网，制定O$_3$、中间产物、衍生物及光化学反应重要前体物观测统一的技术规范；加强构建PM$_{2.5}$组分监测网，建立PM$_{2.5}$和O$_3$污染协同预报预警平台及应急预案，制定不同污染程度下的应急减排措施，减少对公众身体健康和生态环境的威胁与不良影响；加大立法和执法力度，强化联防联控，加大各级政府协调治理能力，综合运用经济手段。强化科技支撑，提高PM$_{2.5}$和O$_3$污染控制精准性。深入研究二次颗粒物与O$_3$形成的化学机理和影响因素，系统探究O$_3$的时空分布情况和影响因素，开展PM$_{2.5}$和O$_3$污染成因与来源解析，准确定量吉安市PM$_{2.5}$与O$_3$来源，识别O$_3$生成敏感性和关键前体物，确定最优的NO$_x$和VOCs减排比例；明确重点控制区域和重点行业，制定多措并举的NO$_x$与VOCs协同减排策略。基于吉安市产业结构布局、污染源特征、人群暴露、环境健康风险水平和现有工作基础，积极推进吉安市生态环境与健康管理试点工作方案，为保障人体健康和生态环境安全提出良策。

14.2.2.5　加快构建NO$_x$和VOCs治理技术体系

制定以技术为基础的污染物排放控制标准；加强绿色原料生产技术、工艺过程技术、末端治理技术的研发和推广，以最佳可行控制技术推进污染减排，促进VOCs控制业务化技术的推广。构建NO$_x$和VOCs治理技术体系，制定精准化、系统化的PM$_{2.5}$和O$_3$污染治理方案。研究PM$_{2.5}$和O$_3$重污染应急方案，提高PM$_{2.5}$和O$_3$重污染应对措施的有效性。加大NO$_x$和VOCs的协同减排力度，保障减排方案落实到位。开展VOCs综合整治行动，落实工业企业VOCs治理与减排方案，强化柴油车治理攻坚行动，加大工业源和移动源管控力度；持续改进和更新精细化VOCs和NO$_x$排放清单；分行业、分区域制订NO$_x$与VOCs减排方案，创新激励和惩罚手段，完善大气污染防治法规标准体系，确保减排方案落实到位。

综上所述，O$_3$和PM$_{2.5}$协同防控的实质是大气氧化性调控。大气复合污染防治工作短期应着力减少VOCs排放，建立区域VOCs和NO$_x$协同控制策略。与此同时，在大幅减排VOCs的基础上，逐步建立以NO$_x$减排为重点的多污染物协同控制的长期策略，持续减少NO$_x$排放是实现O$_3$污染得到有效管控的主要途径。

14.2.3　建立日常调度机制

14.2.3.1　工作目标

确保秋、冬季PM$_{2.5}$浓度降低，长期控制实现颗粒物浓度年均值在35 μg/m³以下的目标。

14.2.3.2　重点调度内容

1. 日常调度

成立吉安市大气污染防治攻坚办公室（市大气办），调度各市县区、经济开发区各项大气污染防治工作任务落实情况，并按照大气防治行动计划，调度各市县区、经济开发区示范区建设情况。（市大气办按照工作职责组织调度）

2. 应急调度

动态开展应急调度，由市大气办根据空气质量现状及预测情况，及时发布日调度指令，各市县区、经济开发区及各部门应立即落实如下调度措施。

道路扬尘。提高城区内道路洒水、雾炮作业频次。城区内道路每天冲洗不少于1次，洗扫作业不少于3次，洒水喷雾作业每2小时1次，并根据市大气污染防治指挥部动态指令，适时调整洒水降尘频次。城区内道路做到"以克论净"，车行道地面尘土量不超过5 g/m²，人行道不超过10 g/m²，道路可见垃圾（不包括树叶）停留时间不超过5 min。遇有环境恶劣天气，增加道路冲洗次数、洒水次数。（督查部门：市城管局）

机动车。加强城区交通疏导，重点做好重点道路及交叉口附近交通疏导，确保交通畅通，车辆无拥堵。在日调度期间，开展超标排放车辆执法检查，对违规穿行禁区的机动车，严格按照相关规定进行处罚。基于《黑烟车电子抓拍系统检测方法》，配合人力巡查，利用智能黑烟车抓拍取证系统的人工智能视频识别技术，全天候24h对道路中行驶的机动车进行实时在线监测，对冒黑烟车辆进行自动抓拍、自动取证、自动预警、自动传输。实现监测方式由人工到全自动的转变，提高环保交管部门的非现场执法效率，有利于在较少的人员编制下，完成大量的黑烟车执法工作，能有效减少黑烟车等高排放车上路行驶，减少机动车超排尾气对空气质量的影响。对冒黑烟车辆，发现一起，严查一起。（督查部门：市公安局）

餐饮行业。全天候开展市区内餐饮经营单位上路巡查，组织对餐饮油烟净化设施运行情况开展执法检查，重点检查是否安装与其经营规模相匹配的油烟净化设备、是否正常运行、是否达标排放。对违反上述要求的，依法依规进行顶格查处。（督查部门：市城管局、市环保局）

施工工地。站点2 km范围内所有工地禁止土石方及渣土清运作业，停止无收集处置装置的露天焊接作业以及其他直接排放大气污染物的各类作业。禁止使用未达到国家第二阶段（汽油）、国家第三阶段（柴油）排放标准的非道路移动机械以及所有排放可视黑烟的非道路移动机械和各类工程车辆。（督查部门：市住建委、市重点局、市交通局）

汽修行业。市域内所有汽修行业停止焊接、找平、喷涂、流平、烘干、打磨、使用有机溶剂清洗等一切产生大气污染物的作业。（督查部门：市交通局）

非道路移动机械。市域内建设施工机械、园林绿化机械、市政机械等非道路移动机械，停止施工作业。（督查部门：市住建委、市城管局、市公安局、市重点局）

3. 工业企业调度

总量调度。重点工业企业排放总量不超过上年度排放总量，按月对重点工业企业污染物排放总量进行调度，对超过上年度同期排放总量的工业企业发出预警。

承担协同处置城市垃圾、固体废物或危险废物等民生任务的企业，按规定承担的额外民生任务而新增的排放量，报市大气办备案后可不纳入第四季度排放总量控制。（督查部门：市环保局；配合单位：市经信委）

机动式巡查。利用固定式雷达、移动式走航车开展工业企业废气污染源溯源，精准锁定污染源区域或污染企业。当雷达扫描区域显示为黄色时，对该区域企业开展现场执法检查，对发现存在违法排污的企业依法进行查处。（督查部门：市环保局）

14.2.3.3　工作要求

压实责任主体（表14-1）。严格落实地方各级人民政府对本行政区域的大气环境质量负总责的要求，各市、县、区人民政府、开发区管委会是落实各项调度措施的责任主体，主要负责同志是第一责任人。

完善调度台账。按照2 km范围完善餐饮、汽修、工地、加油站、工业企业污染源台账，明确管控要求。各县应参照执行。

做好调度响应。市气象局及时分析研判气象情况，及时发布气象预警，根据市大气办指令，及时开展人工增雨。各县区、开发区及各部门按照日调度工作机制，持续做好各季度日调度机制响应工作。

强化考核问责。市大气办组织开展督查复核。对调度措施响应或落实不力、空气质量改善未达到月度、季度考核目标的地区，按有关规定实施追责。

加强宣传引导。建立宣传引导协调机制，及时发布信息，统筹做好大气污染防治攻坚行动的信息公开、宣传报道和舆情监测等工作，及时发布环境保护政策和环境违法案件的查处情况，监督企业及时公开环境信息，充分发挥社会监督。

表14-1 各部门详细职责

职能部门	工作任务	责任分工	涉及（配合）单位
生态环境局	综合协调和统一监督管理及监督其他部门依法履行职责	①会同有关部门采取措施，指导和推动本行政区域大气环境科技进步和环保产业发展，开展环境保护对外合作与交流 ②负责本行政区域大气环境信息发布工作，编制并发布大气环境质量状况报告、重点污染源监督性监测报告，发布重大环境事件处置情况信息，依法公开环境信息，指导并监督重点污染企业环境信息公开 ③制定并组织实施本行政区域大气环境保护目标责任制	本行政区域各相关部门，各县（市、区）人民政府、开发区管委会
市气象局	天气预报及预警	①发布大风、高温等天气预警 ②提供历史天气数据 ③研判大风对扬尘影响 ④研判高温对臭氧影响 ⑤利好天气对污染清除信息	本行政区域各相关部门，各县（市、区）人民政府、开发区管委会
市住房和城市建设局（市住建局）	扬尘管控标准	①建筑工地扬尘专项治理 ·严格落实工地"六个到位"要求 ·严格落实"五个百分百"要求 ·严格落实"两个禁止"要求 ·实行"一票停工制" ②渣土车专项治理 ·强化源头管理 ·重视过程监管 ③道路扬尘专项治理 ·规范道路保洁，合理安排，科学洒水 ·开展全城清洁专项行动 ·开展道路"以克论净"积尘考核 ④大风天气（≥5级风）扬尘管控 ·加强工地扬尘管控 ·加强道路清扫保洁 ·全面清扫楼顶积尘 ·加大垃圾清理力度	市交通局、市城管局，各县（市、区）人民政府、开发区管委会
市城市管理局（市城管局）	餐饮油烟管控	①在店经营餐饮企业油烟整治。检验周围饭店油烟净化装置是否正常使用、滤网及时清理情况 ②流动摊贩整治。市区经营户、农贸市场及流动摊贩散煤的储蓄情况进行排查，防止劣质煤燃烧	市场监管局，各县（市、区）人民政府、开发区管委会
市生态环境保护综合执法局	本行政区域大气环境保护行政执法监管	①加强对包括大气各类污染源和"三烧"（露天烧烤、垃圾焚烧、秸秆焚烧）的监督管理 ②依法查处在禁燃区内销售高污染燃料的行为	各县（市、区）人民政府、开发区管委会

（续表）

职能部门	工作任务	责任分工	涉及（配合）单位
市发展改革委员会	燃煤散烧整治	①重点区域内全面取缔散煤加工、销售，严查散煤运输，禁止燃煤散烧 ②完成居民区、餐饮店燃煤情况摸排，统计燃煤使用量； ③完成市区内"煤改电""煤改气"工作，实现重点区域燃煤清零	市生态环境局、市安监局，各县（市、区）人民政府、开发区管委会
市公安局	烟花爆竹管控	制定烟花爆竹禁放限放严控方案，明确春节期间限放区域和允许燃放时间	市交通局、市安监局，各县（市、区）人民政府、开发区管委会
市交通运输局（市交通局）	高污染车辆管控	市域内所有路段实行高污染车辆绕行政策。重型柴油货车、渣土车绕行，黄标车、黑烟车等高污染车辆禁行，县域内确需进行渣土运输的工地，开展渣土运输前需向市相关管理部门报备，由市相关管理部门上报市大气办，经市大气办批准后沿指定路线行驶	市公安交警支队、市住建局、市城管局，各县（市、区）人民政府、开发区管委会
市商务局	加油站专项整治；喷漆行业专项治理	①对市域范围内，围绕加油站油气回收设施运行情况开展专项检查，围绕储油库油气回收设施运行情况开展专项检查 ②对市域范围内4S店、汽修企业、家具广场开展专项检查，全面禁止露天喷漆，室内作业必须有密闭喷漆房，安装废气处理装置并正常使用，未按照要求安装污染防治设施并保持正常使用的一律关停整改	市交通局、市城管局，各县（市、区）人民政府、开发区管委会
市纪委监察局	查处下级人民政府及相关职能部门的违纪违规、失职渎职等行为	参与和监督大气环境污染事件调查处理，负责环境污染事故行政责任的追究，对事故行政责任追究落实情况进行监督检查	相关职能部门，各县（市、区）人民政府、开发区管委会

14.2.3.4　建立政府长效工作机制

市大气办下设综合处、调度处、宣传培训处、督察处、追责处、技术处等，主要成员包括市长、主管市长、生态环境局局长等相关领导。工作职责是：负责全市环境污染防治工作的领导、组织、协调，研究制定推进大气污染防治工作的部署和落实，推动市政府有关部门配合联动，全面完成确定的目标任务；督促检查各区、县政府有关部门、有关企业对相关政策的落实情况及任务完成情况，协调解决工作中的重大问题；研究确定年度工作要点和阶段性工作计划，定期汇总工作情况并及时通报；完成市委、市政府交办的其他工作任务。

专家组将针对吉安市提出重点区域管控标准，控扬尘、控油烟、控车辆、控燃煤、控挥发性有机物，强化管控力度；本着权责明确、分工履职的原则，建立6项工作机制，保障各项工作快速推进，实现吉安市环境攻坚工作和专家团队的有机结合。工作机制如下。

调度会工作机制。原则上定期（每周）召开环境保护工作调度会，市政府主要领导（分管领导）主持召开，市有关部门主要领导（分管领导）、市大气办主要成员、市内各区主要领导（分管领导）及市大气办主任、各单位联络员及专家组成员等参加，总结当周工作、通报发现问题、研判下周形势、安排下周工作、推进重点工作。市大气办、政府督查室宣读各责任单位对专家提出的防治指令的响应落实情况。建立市生态环境局与市气象局会商制度，联合发力，预警预报大风高温等不利天气对颗粒物和臭氧影响。

专业人员保障机制。住建局、公安局、交通局等大气污染防治任务较重的部门成立精干的专业化团队，指定一位副局长负责本系统内环保工作，抽调2~3名干部专职辅助该副局长开展环保工作。

实时响应机制。建立"吉安市大气污染防治攻坚指挥群"（微信），作为"专家指令"信息发布的微信群。群成员包括：市政府主要领导、分管领导；市大气办主要成员单位领导；市有关部门主要领导、分管领导及联络员（2~3名轮流值班）；主管区长（主任）、市大气办主任及联络员（2~3名轮流值班）；专家组成员及群管理员等。专家组每日研判污染形势，提出管控建议，经市大气办认可，各单位按建议落实，各级督查人员督查落实情况并及时反馈通报，实现快速调度，多部门联动，联防联控。

督导反馈机制。将党委、政府两办督查室的督政、市大气办的专业督导、行业主管部门的内部督导、专家组的第三方专业巡查相结合，确保各项措施真正落实。

压力传导机制。建立县（市、区）空气质量排名考核办法，引导县（市、区）建立街道、乡镇空气质量考核办法。专家组负责统计环境数据，开展周讲评、月排名、季考核，严格执行考核办法，激发内生动力，推动持续改善全市环境质量。

闭环管理机制。大气污染防治工作是一场攻坚战，建立工作落实机制，到最末端发现问题、到最末端检查落实成效、抓两头促中间、抓中间促落实、持之以恒反复抓，建立闭环管理机制，防止推诿扯皮。市、县、区、街道政府形成以问题为导向，查摆问题、问题分解、问题处置、结果上报、督查督办、问责处理的一环扣一环的闭环管理机制，问题清楚、责任人清楚、处理结果反馈清楚，逐步打响打赢大气污染防治攻坚战。

14.2.4 空气质量达标规划保障措施

为了吉安市空气质量持续改善，必须要有强大的保障措施。

14.2.4.1 组织保障

落实规划实施领导责任制，组建大气污染综合防治委，由市政府主要领导牵头，环保、工信、公安等部门，以及发改委、住房和城乡建设局、城市管理局、农业农村局等组成，建立吉安市大气污染防治行动工作联席会议制度，定期召开会议，保证各部门协同高效运行。

明确责任分工。各县、区政府和开发区管委会要将承担的工作任务按照谁主管谁负责的原则，制订分工方案，进一步明确责任人、责任单位、工作任务和完成时限。

对大气污染防治工作实施年度考核，纳入政府目标管理体系，加强考核问责。建立健全干部行政监察和考核制度，将城市空气质量改善工作内容列入领导干部的考核目标中，并将考核情况作为干部选拔任用和奖惩的依据之一。

14.2.4.2　责任保障

建立以空气质量改善为核心的环境保护目标责任考核体系，对本规划实施情况进行年度考核、阶段评估和终期考核，考核、评估结果经市委、市人民政府同意后向社会公布，并作为各区和市直各部门领导班子、领导干部综合考核评价的重要依据。对未通过考核的单位，由市环保局会同市委组织部、市监察局对有关负责人进行约谈，督促整改；对履职缺位、弄虚作假和未完成年度目标任务的，将严肃追究有关单位和人员责任。

贯彻落实国家和吉安市相关政策，对党政主要领导干部进行环境保护工作审计，将在任期间执行环境保护法律法规和政策、落实环境保护目标责任制等同时纳入审计内容。

14.2.4.3　能力保障

（1）加强生态环境监测网络建设　建设环境质量、重点污染源全覆盖的监测网络。实现各级各类监测数据系统互联共享，提升监测预报预警、信息化能力和保障水平。

环境质量监测网络。统一规划、整合、优化环境质量监测点位，加强空气质量监测体系能力建设，根据国家环境空气质量监测点位布局要求，在吉安市市区及各县建成空气自动监测系统，建设各工业集聚区大气污染物监控系统，在常规大气指标监测的基础上，增加VOCs等非常规指标的监测。

重点污染源监测网络。加强重点污染源在线监测，国控、省控重点排放单位、20 t以上锅炉使用单位应安装稳定运行的污染物排放在线监测系统，实施排放的连续监控。建立市污染源自动监控中心，与省总控中心联网监控，实现国控、省控重点污染源"全监控"。

加大环境监测能力建设的资金投入。确保实验室及业务用房建设，加强各类监测仪器设备配置，对现有监测实验室进行升级改造，全面加强各级监测站专项监测分析能力。加强监测科研和综合分析，提高生态环境监测立体化、自动化、智能化水平，提高准确性、及时性。

（2）构建生态环境大数据综合平台　建立生态环境大数据综合管理平台，推进各种数据资源全面整合共享。整合生态环境质量、环境承载力、环境管理、污染源监管、污染企业基本环境信息等数据资源，建设大数据管理平台，形成生态环境信息资源中心，实现数据互联互通。

应用大数据综合平台，加强生态环境科学决策。利用大数据支撑环境形势综合研判、环境政策措施制定、环境风险预测预警、重点工作会商评估，为政策、规划等的制定提供信息支持。定量化、可视化评估环境管理措施的实施成效，提高管理决策预见性、针对性和时效性，提高生态环境综合治理科学化水平，提升环境保护参与经济发展与宏观调控的能力。

创新精准化生态环境监管模式，提高生态环境监管的主动性、准确性和有效性。运用大数据平台提高环境监管能力，支撑环境监察执法从被动响应向主动查究转变，实现排污企业的差别化、精细化管理，大大提高管理效率。

利用生态环境大数据管理平台，提升企业排污信息公开的内容、质量和时效，加大公众参与和监督的力度，让群众的千万双眼睛督促企业守法经营；加强环境信用监管，在环保管理和执法等工作中，嵌入企业环境信用状况审核，将环境信用差的企业列入黑名单，吸引更多的公众眼睛督促和环保执法的关注。

利用生态环境大数据管理平台，建立空气质量预测预报服务，提高重污染天气监测预警应急能力，推动生态环境信息向社会开放共享，满足公众环境信息需求，增强政府公信力，及时回应公众意见、建议和举报。

14.2.4.4　资金、政策保障

为保证规划的顺利实施，吉安市应根据当地的环境管理和城市发展现状，积极争取中央、省相关专项资金，整合本市环境保护、节能减排等专项资金和其他相关资金，支持大气污染防治工作。研究制定有利于大气污染防治的财政政策，深化"以奖代补""以奖促治"等机制，强化财政资金的引导作用。各级财政部门要统筹安排现有环保专项资金，对大气治理重点项目进行补助。市财政要进一步增加对燃煤锅炉整治、秸秆综禁等重点工作的补助资金。

要研究制定促进落后产能淘汰和过剩产能化解的财税、土地、金融政策，落实重点行业提标改造补助、燃煤机组超低排放电价等经济、价格政策。要尽快研究制定挥发性有机物排污费收费政策，制定和实施居民阶梯气价政策，建立推广使用清洁能源、推进污染治理的价格政策。

14.2.4.5　社会公众保障

以增强群众的环境保护意识和生态文明观念为目标，面向社会、面向基层、面向青少年，通过广播、电视、报纸、网络、手机报、微博、杂志等各类媒体开设专题、专栏，定期开展大气污染防治工作宣传教育，引导公众参与大气污染防控工作。进一步完善公众听证制度、环境保护信息公开制度、公众参与制度、有奖举报制度、环境诚信制度，扩大公民的知情权、参与权和监督权。及时曝光影响群众生产生活的大气环境问题，定期发布区域环境空气质量状况和大气污染防控工作进展情况，充分发挥媒体的舆论引导和人民群众的监督作用。

14.2.4.6 其他保障

（1）着力加强排污许可证、排污收费、排污权交易制度的建立和推行 完善污染物排污许可证制度，将排污许可证制度建设成为固定点源环境管理的核心制度，进一步整合衔接现行各项环境管理制度，实行排污许可"一证式"管理，形成系统完整、权责清晰、监管有效的污染源管理新格局，提升环境治理能力和管理水平。根据总量控制要求、产业布局和污染物排放现状完成现有排污单位排污权的初次核定，初始排污权分配总量不突破区域和行业总量控制目标。优先完成国控重点污染源及重点园区的排污许可证核发工作。

切实加强排污收费制度的执行力度和效果。排污收费的核实方法应建立在科学合理、数据证据等基础上，应要求企业建立运行完好的环保设施及污染源监测监控系统，提供详细环保设施及污染源运行数据（运行小时数、耗电量、耗燃气量、废气量、温度、排放浓度等），应要求企业建立运行完好的企业环保基础信息管理系统，提供详细主要原料（重点是与污染排放相关的原料）的购买量、消耗量、固体废物（废液）产生量等数据及证据材料。排污收费的核实应参考企业环境影响报告文件提供的环保设施及污染物排放量核算等有关信息，测算企业实际的生产负荷情况，评估企业提供的环保设施及污染源监测监控资料、环保基础信息资料是否合理可信，使排污收费制度落实在按排污量收费的原则上、落实在清楚了解企业污染物排放情况的原则上。

推进排污权有偿使用，深化排污权交易试点范围。对市内工业企业排放的二氧化硫实行排污权有偿使用，积极参与江西省排污权交易试点，推进排污权动态调控，在吉安市域内全面实行大气污染物排污权交易，拓展排污权交易市场。参加排污权交易的企业，必须具备运行完好的环保设施及污染源监测监控系统，必须具备运行完好的企业环保基础信息管理系统。

（2）积极加入大气污染区域联防联控 完善区域大气污染控制联动机制，统筹区域内外影响作用的关系。以区域大气环境质量整体达标为目标，推动与其他地区的大气污染跨区域联防联控机制，形成区域统一的环境决策协商机制、信息通告与报告机制、环评区域会商机制、区域联合执法机制和区域重污染天气应急联动机制，建立反映区域污染特征的差别化质量目标和任务。明确大气污染防治年度目标和实施计划。加强监督考核，推动各县（市、区）、重点企业履行大气污染联防联控的责任与义务，开展区域大气环境联合执法检查，集中整治违法排污企业。统一规划、统一监测、统一监管、统一评估、统一协调，协同改善区域环境空气质量。

（3）严控新增工业污染物排放 建立重大项目环境影响评价会商机制。对区域大气环境有重大影响的行业及相关国家级产业园区等项目，要以区域规划环境影响评价、区域重点产业环境影响评价为依据，会商评价其对区域大气环境质量的影响。

对工业领域严控新增污染源，对新增排放量的工业建设项目实施"减二增一"的消减量替代审批制度，遏制污染物排放量的增加，保证污染减排的成果。全方位禁批未通过节能评估和环评审查的项目，对未完成大气污染物减排任务的行业实施行业限批。

参考文献

陈国磊，周颖，程水源，等，2016. 承德市大气污染源排放清单及典型行业对$PM_{2.5}$的影响[J]. 环境科学，37（11）：4069-4079.

程钟，章建宁，周俊，等，2016. 常州市大气污染物排放清单及分布特征[J]. 环境监测管理与技术，28（3）：24-28.

华倩雯，冯菁，杨珏，等，2019. 苏州市人为源挥发性有机物排放清单及特征[J]. 环境科学学报，39（8）：2690-2698.

吉奕康，2015. 北京市大气污染物排放清单的建立及对雾霾天气的初步研究[D]. 北京：北京交通大学.

柯伯俊，2014. 四川省大气污染源排放清单研究[D]. 成都：西南交通大学.

李瑞芃，吴琳，毛洪钧，等，2016. 廊坊市区主要大气污染源排放清单的建立[J]. 环境科学学报，36（10）：3527-3534.

刘博薇，王宝庆，牛宏宏，等，2019. 乌鲁木齐市固定燃烧点源大气污染物排放清单[J]. 环境污染与防治，41（7）：748-752，757.

刘慧琳，陈志明，莫招育，等，2019. 广西工业源大气污染物排放清单及空间分布特征研究[J]. 环境科学学报，39（1）：229-242.

刘松华，周静，谭译，等，2017. 苏州市大气细颗粒物（$PM_{2.5}$）工业源排放清单[J]. 环境科学学报，37（2）：453-459.

刘松华，周静，2015. 苏州市人为源挥发性有机物排放清单研究[J]. 环境与可持续发展，40（1）：163-165.

刘莹，2016. 徐州市点源大气污染物排放清单研究[D]. 北京：北京林业大学.

牟莹莹，郑新梅，李文青，等，2017. 南京市工业源大气污染物排放清单的建立[J]. 环境科学与技术，40（3）：204-210.

潘月云，李楠，郑君瑜，等，2015. 广东省人为源大气污染物排放清单及特征研究[J]. 环境科学学报，35（9）：2655-2669.

仇丽萍，2015. 城市大气污染物排放清单建立及评估：以南京市为例[D]. 南京：南京大学.

吴建，程文，王卫军，2015. 浙江省部分地区大气工业污染源排放清单的建立[J]. 上海环境科学，34（4）：150-153.

项成龙，王杨君，周怀中，等，2017. 金华市人为源大气污染物排放清单[J]. 环境科学与技术，40（S2）：234-242.

徐萍，2016. 扬州市大气污染源排放清单建设研究[D]. 扬州：扬州大学.

薛佳平，田伟利，张清宇，2010. 杭州市机动车NO_x排放清单的建立及其对空气质量的影响[J]. 环境科学研究，23（5）：613-618.

薛亦峰，曲松，闫静，等，2014. 北京市水泥工业大气污染物排放清单及污染特征[J]. 环境科学与技术，37（1）：201-204.

闫东杰，丁毅飞，玉亚，等，2019. 西安市人为源一次$PM_{2.5}$排放清单及减排潜力研究[J]. 环境科学研究，32（5）：813-820.

叶贤满，徐昶，洪盛茂，等，2015. 杭州市大气污染物排放清单及特征[J]. 中国环境监测，31（2）：5-11.

袁梦晨，祖彪，张青新，等，2018. 辽宁省人为源大气污染物排放清单及特征研究[J]. 环境科学学报，38（4）：1345-1357.

张骥，徐媛，刘茂辉，等，2017. 天津津南区大气污染物小尺度精细化源清单[J]. 环境科学与技术，40（8）：210-215.

张磊石，2017. 基于遥感数据和污染源排放清单的河南省大气气态污染物特征研究[D]. 郑州：郑州大学.

张晓郁，陈振飞，徐文哲，2017. ArcGIS在大气污染源排放清单建立中的应用研究[J]. 环境科学与管理，42（1）：135-139.

张意，ANDRE M，李东，等，2017. 天津市非道路移动源污染物排放清单开发[J]. 环境科学，38（11）：4447-4453.

赵斌，马建中，2008. 天津市大气污染源排放清单的建立[J]. 环境科学学报，28（2）：368-375.

周静，刘松华，谭译，等，2016. 苏州市人为源氨排放清单及其分布特征[J]. 环境科学研究，29（8）：1137-1144.

周君蕊，黄宇，邱培培，等，2018. 武汉市大气污染源排放清单及分布特征研究[J]. 南京信息工程大学学报（自然科学版），10（5）：599-605.

周子航，邓也，谭钦文，等，2018. 四川省人为源大气污染物排放清单及特征[J]. 环境科学，39（12）：5344-5358.

PAATERO P，TAPPER U，1994. Positive matrix factorization: a nonnegative factor model with optimal utilization of error-estimates of data values [J]. Environmetrics，5：111-126.

附录 洒水、雾炮等控尘抑尘作业工作调度

根据住建局组织协调，在城区道路实施洒水、雾炮作业是抑制扬尘、减少PM$_{10}$、PM$_{2.5}$污染的一项重要工作，是科学治霾的有效手段，是保证公众健康利益的实际行动，特别是在春末秋初和夏季，温度较高，洒水、雾炮作业不仅起到抑制扬尘的作用，而且对控制O$_3$污染形成，减轻O$_3$对人体伤害有极其重要的作用。为更加科学、精准、有效地通过实施洒水、雾炮等作业方式治霾战霾，特制订以下吉安市城区洒水、雾炮等控尘抑尘工作作业方案。

一、春、秋季洒水、雾炮等控尘抑尘工作作业方案

春季（2—5月）和秋季（8—11月）是一年中天气变化幅度最大的时期，是气温乍暖还寒和冷暖骤变的时期。大气环流正处于调整期，冷、暖空气势力相当，而且都很活跃。空气相对干燥，极易出现沙尘天气，从而导致大气中各种悬浮颗粒急剧增多，对人体健康造成伤害。因此，应积极开展洒水、雾炮等控尘抑尘工作，但在高湿、静稳天气下，减少或停止洒水、雾炮工作，防止污染物二次转化增加。

（一）目标任务

合理安排路面湿扫、路面洒水及雾炮作业，常态化保持路面干净、整洁、湿润，降低路面温度，增加空气湿度，降低复杂气象对城市空气质量的影响，做到车过不起尘、风起不扬尘。

（二）重点区域重点道路作业规范

重点道路作业方式

1.洒水作业方式

3：00—7：00作业2次；

9：00—17：00每2小时作业1次；

19：00—24：00作业2次。

2. 确定雾炮作业道路

雾炮作业方式：雾炮车1小时作业1次。

3. 确定湿扫车重点道路

作业方式：湿扫车每3小时作业1次。

4. 其他要求

依据天气调度：随时掌握天气状况，如出现沙尘天气时，在原有的洒水、雾炮作业标准基础上，适当增加洒水、雾炮作业频次。

避开上下班高峰时段（7：00—9：00、17：00—19：00），在早、中、晚高峰时段之前（6：00—7：00、11：00—12：00、16：00—17：00）分别作业1次。

二、夏季洒水、雾炮等控尘抑尘工作作业方案

夏季（5—8月）地表温度较高，炎热多雨，极易加剧O_3污染。强化洒水、雾炮等作业，降低区域空气温度。

重点道路作业方式

1. 洒水作业方式

5：00—7：00作业1次；

9：00—17：00每1小时作业1次；

19：00—23：00每2小时作业1次。

2. 确定雾炮作业道路

雾炮作业方式：雾炮车不间断循环作业。

3. 确定湿扫车重点道路

作业方式：湿扫车每2小时作业1次。

4. 其他要求

依据天气调度：随时掌握天气状况，如出现沙尘天气，在原有的洒水、雾炮作业标准基础上，适当增加洒水、雾炮作业频次。

避开上下班高峰时段（7：00—9：00、17：00—19：00），在早、中、晚高峰时段之前（6：00—7：00、11：00—12：00、16：00—17：00）分别作业1次。

三、特殊天气洒水和雾炮等控尘抑尘工作作业方案

根据特殊天气情况，针对性地进行洒水、雾炮等作业，可有效预防、及时控制和消除由于特殊天气带来的影响。

（一）大风扬尘天气（本地源）

出现大风天气，在原有的洒水、雾炮作业标准基础上，适当增加作业频次。

（1）洒水全天常规作业，每2小时作业1次；

（2）雾炮车全天循环作业，主要对上风向路段进行雾炮抑尘；

（3）湿扫车全天循环作业。

避开上下班高峰时段（7：00—9：00、17：00—19：00），在早、中、晚高峰时段之前（6：00—7：00、11：00—12：00、16：00—17：00）分别作业1次。

如遇4级及以上大风天气，建议加大上风向路段及核心区域路段的雾炮、湿扫车频次，减少城区主、次路段的雾炮作业，调整雾炮喷射角度，以防对行人造成影响。

（二）浮尘天气

1. 路面洒水强化作业方式

（1）9：00—17：00（其他时间按常规措施执行），1小时进行1次路面洒水作业；

（2）长时间浮尘天气，24小时连续作业直至浮尘天气消失。

2. 雾炮强化作业方式

（1）9：00—17：00（其他时间按常规措施执行），1小时进行1次雾炮作业；

（2）长时间浮尘天气，24小时连续作业直至浮尘天气消失。

3. 湿扫强化作业方式

长时间浮尘天气，24小时连续作业直至浮尘天气消失。

4. 停止路面洒水、湿扫及雾炮强化作业条件

浮尘天气影响消除、遭遇降雨天气，可提前停止强化作业。

（三）沙尘暴天气（沙尘传输）

（1）沙尘暴天气影响期间暂停路面洒水作业；

（2）沙尘暴天气影响期间暂停雾炮作业；

（3）湿扫强化作业，24小时连续作业直至沙尘暴天气消失。

（四）中雨、大雨以及暴雨天气

暂停洒水、雾炮、湿扫作业。待降雨停止后，路面无明显积水、湿扫车开始循环作业，尤其是核心区域、城乡结合道路、建筑工地周边道路，确保清扫保洁到位。

（五）区域少量降雨

暂停洒水、雾炮作业。降雨过程中，湿扫车循环作业，尤其是核心区域和建筑工地周边的道路，确保清扫保洁到位。

（六）高温高湿天气

全天高温高湿，污染物会快速上升，在原有的洒水、雾炮作业标准基础上，适当减少洒水作业频次，增加雾炮作业频次。

（1）洒水全天常规作业，每3小时作业1次；

（2）雾炮车全天循环作业，核心区域1小时作业1次；

（3）湿扫车全天循环作业，核心区域1小时作业1次。

避开上下班高峰时段（7：00—9：00、17：00—19：00），在早、中、晚高峰时段之前（6：00—7：00、11：00—12：00、16：00—17：00）分别作业1次。

（七）高温干燥天气

如遇高温干燥天气，即当地表温度超过30 ℃且湿度小于40%时，在夏季洒水方案的基础上，午间时段加强洒水、雾炮作业频次，其余时段正常作业。

（1）洒水车高温时段（11：00—16：00）循环作业，核心区域1小时作业1次；

（2）雾炮车高温时段（11：00—16：00）循环作业，核心区域1小时作业1次；

（3）湿扫车高温时段（11：00—16：00）循环作业，核心区域1小时作业1次。

（八）臭氧指数超标天气

高温时段（11：00—16：00）核心区域洒水、雾炮、湿扫车全天不间断循环作业。

（九）低温天气

冬季及初春，气温低于10 ℃时，洒水、雾炮作业全面停止；气温10 ℃以上时段，洒水、雾炮车、湿扫车每3小时作业1次。

四、洒水、雾炮、湿扫等工作特别注意事项

（1）确保水质清洁；

（2）市域内确保至少两辆雾炮车作业，不得用于雾炮降尘以外的工作。作业量增加时，新增加的雾炮车确保储罐及设备清洁，杜绝二次污染；

（3）建立完善的洒水、雾炮等作业方案实施台账，记录每天方案的实施情况。